Cプログラミング 入門以前

第3版　村山公保 [著]

マイナビ

cover image: Pixel-Shot / Shutterstock.com

● 本書のサポートサイト
https://book.mynavi.jp/supportsite/detail/9784839982553.html
• 本書に関する追加情報等について提供します。
• 本書の演習問題の解答例も上記URLで公開します。

はじめに

　「C言語は難しい。」

　そう思っている人が少なくないようです。実際、本書を手にされた方の中には、Cを学んで挫折した人もいるのではないでしょうか？

　なぜCは難しいと思われているのでしょうか？なぜ挫折してしまう人がいるのでしょうか？その最大の理由は、

　「準備ができていない人がいきなり学んだから」

ではないかと私は思うのです。

　C言語はコンピュータのプロ用に作られた言語です。Cを学ぶためには、コンピュータやプログラミングについて、あらかじめある程度の知識を持っている必要があります。これらに関する知識が少ない初心者が うまく理解できないだけでなく、プログラミングが嫌いになってしまうことがあります。初心者がCを学ぶためには、それなりの準備が必要になるのです。

　このことは植物を育てることに例えることができます。植物が生えたことがないようなカチカチに固まった地面が目の前に広がっていたとします。そこにそのまま植物を植えたらどうなるでしょう。育ちが悪くなったり、枯れてしまう可能性が高くなることでしょう。固まった地面を耕して、肥料をすき込んでから植物を植えたらどうなるでしょう。枯れる植物が減り、大きく生き生きと育つ植物が増えることでしょう。

　なぜこのような違いが生まれるのでしょうか。

　地面を耕すと、地面が柔らかくなります。そうすると、根が地中を伸びやすくなり、どんどん根が広がっていきます。しかも柔らかい土壌中では水分が移動しやすくなります。肥料の栄養分が根に届きやすくなるのです。このため栄養分をたくさん吸収して、生き生きと成長することができるのです。

　これに対して、固い地面に根を張るのはとても大変なことです。しかも根を張れたとしても栄養分があまり流れてきません。これでは成長できなくて当然です。

　Cの勉強も同じようなものです。Cは「コンピュータのプロ」が使うプログラミング言語です。初心者にとっては不親切でわかりにくい言語です。コンピュータとプログラミングの知識がない人がいきなりCを学ぶのは、まるで固い地面に植物を植えるようなものです。地面の堅さに打ち勝ち、少ない栄養分でも成長できる「タフさ」が必要です。そうでなければCプログラミングをマス

ターする前に挫折してしまう危険性があります。

　精神論でプログラミングを学ぶこともできるでしょうが、時代は変わってきています。もう少し万人に受け入れられる学習方法は無いでしょうか？

　あります。Ｃを学ぶ前に、Ｃを学ぶための準備をするのです。大地を耕すかのように、自分の頭の中を耕しましょう。Ｃプログラミングに関する知識の吸収力を高めるための準備をしましょう。そうすれば、挫折せずにＣプログラミングがマスターできるようになるはずです。本書がそれを手助けします。

　本書をしっかり読んで、Ｃを学ぶためのやわらかい土壌を作りましょう。Ｃプログラミングを学ぶ上での吸収力を向上させてください。その後でＣプログラミングに挑戦してください。本書を読み終えた後ならば、理解力と吸収力の向上により、Ｃプログラミングの上達速度が飛躍的にアップしているはずです。

　さあ、今日から始めましょう。本書を読まれた方の多くが、将来Ｃプログラミングのプロになれることを願っています。

2006年5月1日

▌追記

　本書は2006年発行の「Ｃプログラミング入門以前」の2回目の改訂版になります。2006年の頃は、コンピュータといえばパソコンでした。しかし現在では最も身近なコンピュータといえばスマートフォンでしょう。スマートフォンはいつでもインターネットにつながっていて、指で画面を触るだけで簡単に情報のやりとりができます。人々は毎日スマートフォンを持ち歩き、暇さえあれば触るようになりました。コンピュータやインターネットがなくてはならない存在になり、プログラミングの重要性が高まり、学校教育や習い事でプログラミングが取り上げられるようになりました。その結果、多くの人がプログラミングの経験をするようになりました。

　しかし、時代が大きく変わってもＣは主流の言語のままでした。生まれては消えていく、流行っては廃れていく言語が多い中、Ｃは普遍的な地位を獲得した言語になっているように感じます。なぜＣは廃れない言語なのでしょうか？それは現在のコンピュータの原理にぴったりと寄り添った言語だからでしょう。コンピュータの原理が変わらないかぎりＣは使い続けられることでしょう。

　これからも長い間、本書が皆さんのお役に立てることを願っています。

2023年1月1日　　　　　　　　　　　　　　　　　　　　村山公保

4

本書の使い方

　本書のコンセプトは「コンピュータ無しで学べる」ことです。

　プログラミングは、コンピュータを使って実際にプログラムを入力したり、実行したり、改造したりしなければ身に付きません。しかし、十分な知識が無いままコンピュータを操作してプログラミングを習得しようとしても、間違いだらけで時間ばかりかかってしまい、効率が上がらないことがあります。

　そこで、本書はコンピュータをさわる前に知っておいてほしいことをまとめました。本書の内容を学んでからコンピュータを使ってCプログラミングを始めれば、プログラミングを効率よく学ぶことができるはずです。

　ですが、人によっては「早くプログラミングを体験してみたい」という人もいるでしょう。そこで本書の使い方をいくつか提案します。

▌モデルコース

　「本書を読む」「Cプログラミングの本を読みながらプログラムを入力する」というステップで進む。プログラムを作る段階になってから、本書の内容を忘れてしまう可能性もあります。本書の内容は、プログラムを作れるようになるために必要なことばかりです。身に付くまでは何度も読み返し、復習することが大切です。

▌並列コース

　「本書とCの本を平行して読みながら、実際にプログラムを入力する」本書とCの本を行ったり来たりしながら、両方の本の内容について同時に理解を深めるコースです。

▌実践重点コース

　Cの本を読みながら実際にプログラムを作ってみる。いろいろなプログラムを作りながら、「理解が足りないなぁ」と思ったときに、本書の該当ページを読む。

　いずれにしても、新しいことを学ぶときには、一度読んだだけで理解できるはずがありません。何度も何度も繰り返し読み返す必要があります。本書の内容が、自分の血や肉になったと感じるまで何度でも読んでください。

もう1つコースを付け加えましょう。

▌失敗、やり直しコース

まず「本書を読まず」に「Cプログラムの学習」をする。途中で挫折したら「本書を読む」。

「失敗は成功の元」と言いますが、人間は、失敗しないと分からないことが多いものです。Cを全く学んだことがない人にとっては、本書を読む意味が分からないかもしれません。そして意味が分からないためにやる気が起きず、熱を入れて本書を読むことができないかもしれません。

それでは時間の無駄ですから、どうぞ「いきなりCプログラミングに取り組んで」みてください。そしてもしも「挫折」したとしたら、本書に戻ってきてください。その時は本書を熱心に読めることでしょう。そうなればしめたものです。ぐんぐん力が付くはずです。

Contents

目次

はじめに 3

本書の使い方 5

序 章 ― Cプログラミングを学ぶ前に

[0.1] Cの上達が早い人 18

[0.2] Cプログラミングができるようになるためには 20

[0.3] 目標プログラム 21

[0.4] 本書の内容 23

第 1 章 ― はじめの一歩

[1.1] プログラムってなんだろう？ 26

   1.1.1　プログラミングとは？ 26

   1.1.2　コンピュータのプログラム 27

   1.1.3　入力、処理、出力 28

   1.1.4　0と1とコンピュータプログラミング 32

[1.2] 2進数と情報の単位 34

   1.2.1　コンピュータの基本はビット 34

   1.2.2　複数桁の2進数を使う 35

   1.2.3　1バイトは8ビット 36

   1.2.4　よく使われる16進数 38

[1.3] プログラムとソフト、ハード 43

   1.3.1　ハードウェアとソフトウェア 43

   1.3.2　コンピュータのソフトは2進数 44

   1.3.3　高級言語と低級言語 45

   1.3.4　ソフトは入れ替えられる 48

[1.4] Cプログラミングを学ぶ前の心構え 51

   1.4.1　プログラミングの適性 51

   1.4.2　物事をするときの段取りをきちんと考える 51

1.4.3　手作業でできないことはプログラミングできない ……………… 52

1.4.4　法則性を見つけ出す ……………………………………………… 53

1.4.5　物事を数値に置き換える力 ……………………………………… 55

1.4.6　巡回する数 ………………………………………………………… 56

1.4.7　入力と出力から中身を考える …………………………………… 58

Exercises：演習問題 …………………………………………………………… 60

第2章 — Cプログラムを観察しよう

[2.1] Cのプログラムを見てみよう ……………………………………………… 64

2.1.1　Cプログラムの例 ………………………………………………… 64

2.1.2　Cプログラムと行番号 ……………………………………………… 66

2.1.3　Cプログラムは文字で作る ………………………………………… 67

2.1.4　Cは英語とは違う …………………………………………………… 69

2.1.5　プログラムの見かけをおそれるな！ …………………………… 71

[2.2] 音読のすすめ ……………………………………………………………… 73

2.2.1　声に出して読んでみよう …………………………………………… 73

2.2.2　それでは実践です ………………………………………………… 74

2.2.3　読み方の例 ………………………………………………………… 76

2.2.4　なぜそう読むの？ ………………………………………………… 78

2.2.5　パターン認識力 …………………………………………………… 81

[2.3] 記号に慣れよう …………………………………………………………… 84

2.3.1　Cの記号に慣れよう ………………………………………………… 84

2.3.2　読みにくい記号 …………………………………………………… 86

[2.4] 英字の省略形に慣れよう ………………………………………………… 87

2.4.1　省略形に慣れる …………………………………………………… 87

2.4.2　printf、stdioの覚え方 …………………………………………… 88

[2.5] Cの流儀を理解しよう …………………………………………………… 91

2.5.1　Cの流儀 ……………………………………………………………… 91

2.5.2　実行開始の場所と終了の場所 …………………………………… 91

2.5.3　カッコに注意しよう ……………………………………………… 94

2.5.4　Cプログラムは関数の集まり …………………………………… 97

2.5.5　インデント（字下げ）を理解しよう …………………………… 99

Exercises：演習問題 …………………………………………………………… 106

第3章 ― プログラムの作り方

[3.1] プログラムを作るときの考え方 ················· 112
3.1.1 手順を考える ··································· 112
3.1.2 入力、処理、出力を考える ················· 113
3.1.3 ファイル入出力 ······························ 114
3.1.4 関数 (ファンクション) と部品 (モジュール) 115
3.1.5 すべてを作る必要はない ··················· 117
3.1.6 決まった処理はコンピュータに任せよう ····· 119
[3.2] プログラムが実行されるまで ················· 122
3.2.1 コンパイル、アセンブル ··················· 122
3.2.2 ライブラリのリンク ························ 129
3.2.3 エラーになると実行できない ··············· 132
3.2.4 実行中にエラーが起きることもある ········· 132
3.2.5 処理系依存 ································· 134
Exercises : 演習問題 ································· 136

第4章 ― データの表現方法

[4.1] 数値の表現方法 ····························· 140
4.1.1 デジタル ··································· 140
4.1.2 コンピュータは有限の桁数を処理する ······· 141
4.1.3 データには型がある ························ 142
4.1.4 2進数の負の数 ····························· 143
4.1.5 オーバーフロー ···························· 148
4.1.6 浮動小数点 (実数型) ······················ 150
[4.2] 文字の表現方法 ····························· 153
4.2.1 ASCII文字セット ··························· 153
4.2.2 制御コードとエスケープシーケンス ········· 153
4.2.3 日本語の表現方法 ·························· 155
Exercises : 演習問題 ································· 158

第5章 — Cを学ぶために必要なコンピュータの知識

[5.1] コンピュータの構造 162

5.1.1 パーソナルコンピュータの構造 162

5.1.2 メモリにはアドレスが付いている 165

5.1.3 メモリへの読み書き 168

5.1.4 CPUとメモリはバスでつながっている 169

5.1.5 ROMとRAM 171

5.1.6 CPUと入出力装置もバスでつながっている 172

[5.2] プログラムが実行されるまで 176

5.2.1 CPUを構成する3つの装置 176

5.2.2 CPUの基本処理 178

5.2.3 プログラムはメモリ上に置かれる 180

5.2.4 マシン語命令の実行 181

5.2.5 演算装置（ALU）による演算処理 187

5.2.6 メモリバスのビット数 189

[5.3] プログラムの構造 191

5.3.1 プログラムの種類 191

5.3.2 ソフトウェアの階層構造 194

5.3.3 プログラムの実行とシェル 195

5.3.4 アプリケーションプログラムの構造 197

5.3.5 プロセスとスレッド 201

[5.4] 入出力 205

5.4.1 入出力とバッファ 205

5.4.2 標準入出力 206

5.4.3 リダイレクト 209

5.4.4 ファイル入出力 210

5.4.5 ストリーム 213

5.4.6 入力の終わりはEOF 214

Exercises：演習問題 215

第6章 ― コンピュータは計算機

[6.1] Cプログラミングと数学 ―――――――――――――――――― 218
　6.1.1　普通の数学とは違う ――――――――――――――― 218
　6.1.2　演算子を使って計算する ―――――――――――― 218
　6.1.3　演算子には優先順位がある ―――――――――― 220
　6.1.4　定数と変数 ―――――――――――――――――――― 221
　6.1.5　イコール（＝）は代入 ――――――――――――― 222
　6.1.6　演算は1つひとつ丁寧に行われる ――――――― 224
　6.1.7　演算の状態は保存される ――――――――――― 226

[6.2] 2進数の計算 ――――――――――――――――――――――― 228
　6.2.1　2進数の基本演算 ―――――――――――――――― 228
　6.2.2　2進数の演算の基本はビット演算 ―――――――― 230
　6.2.3　シフト演算 ―――――――――――――――――――― 231

[6.3] 演算子 ―――――――――――――――――――――――――― 233
　6.3.1　四則演算と剰余 ――――――――――――――――― 233
　6.3.2　カンマ演算子 ――――――――――――――――――― 235
　6.3.3　増分演算子（インクリメント）、減分演算子（デクリメント） ―― 235
　6.3.4　代入演算子 ―――――――――――――――――――― 238
　6.3.5　比較演算子 ―――――――――――――――――――― 240
　6.3.6　論理演算子 ―――――――――――――――――――― 242
　6.3.7　条件演算子 ―――――――――――――――――――― 243

Exercises：演習問題 ―――――――――――――――――――――― 244

第7章 ― 変数とメモリ

[7.1] 変数とメモリ ――――――――――――――――――――――― 248
　7.1.1　メモリを組み合わせて型を作る ――――――――― 248
　7.1.2　変数は宣言しないと使えない ――――――――――― 249
　7.1.3　2種類の変数、自動変数と静的変数 ―――――― 252
　7.1.4　変数には分かりやすい名前を付けよう ――――― 255

[7.2] ポインタ ――――――――――――――――――――――――― 259
　7.2.1　ポインタとは？ ――――――――――――――――――― 259
　7.2.2　ポインタの実際 ――――――――――――――――――― 260
　7.2.3　0番地（NULL）だけ特別 ――――――――――――― 263

[7.3] 配列 ……………………………………………………………………… 264

7.3.1 配列とは ……………………………………………………… 264

7.3.2 配列とメモリ …………………………………………………… 265

7.3.3 文字データをメモリに格納する ……………………………… 269

[7.4] 構造体 ……………………………………………………………… 271

7.4.1 構造体とは ……………………………………………………… 271

7.4.2 構造体とメモリ ………………………………………………… 273

[7.5] 変数をより深く知ろう ………………………………………………… 274

7.5.1 キャスト（型変換）…………………………………………… 274

7.5.2 メモリの動的取得（malloc）………………………………… 274

Exercises：演習問題 ……………………………………………………… 278

第8章 — 処理の流れ

[8.1] 処理の流れとフローチャート ……………………………………… 284

8.1.1 処理の流れ …………………………………………………… 284

8.1.2 フローチャート ………………………………………………… 286

[8.2] 処理の流れの基本形 ………………………………………………… 288

8.2.1 順次処理（sequential）……………………………………… 288

8.2.2 選択処理（select）…………………………………………… 289

8.2.3 反復処理（loop）……………………………………………… 290

8.2.4 while文によるループ ………………………………………… 291

8.2.5 for文によるループ …………………………………………… 293

[8.3] コンピュータの内部での処理の流れ ……………………………… 298

8.3.1 内部の流れを知ろう …………………………………………… 298

8.3.2 基本は順次処理（sequential）……………………………… 298

8.3.3 選択処理（select）…………………………………………… 299

8.3.4 反復処理（loop）……………………………………………… 300

Exercises：演習問題 ……………………………………………………… 303

第9章 ─ 関数

[9.1] 関数とは？ ··· 306
  9.1.1　数学の関数のおさらい ····························· 306
  9.1.2　Cの関数 ··· 307
  9.1.3　関数を作る理由 ····································· 308

[9.2] 関数の基礎知識 ··· 310
  9.2.1　メインルーチンとサブルーチン ················· 310
  9.2.2　引数と戻り値 ······································· 312
  9.2.3　関数を使うときには宣言が必要 ················· 313
  9.2.4　スコープ（通用範囲） ····························· 315
  9.2.5　関数とマクロとインライン関数 ················· 317

[9.3] 関数呼び出しの仕組み ································· 318
  9.3.1　関数とメモリ ······································· 318
  9.3.2　関数呼び出しの実際 ····························· 319
  9.3.3　関数呼び出しとスタック ························· 320

Exercises：演習問題 ·· 324

第10章 ─ ソフトウェア開発の基礎

[10.1] プログラムの開発と実践 ····························· 326
  10.1.1　プログラムを作る目的・使用する目的 ········· 326
  10.1.2　ソフトウェア開発工程 ························· 329

[10.2] ウォーターフォールモデル ························· 330
  10.2.1　要求定義（要件定義） ··························· 330
  10.2.2　外部設計（基本設計）と内部設計（詳細設計） ··· 332
  10.2.3　コーディング（実装） ··························· 333
  10.2.4　テスト ··· 334

[10.3] 開発以外に大切なこと ····························· 336
  10.3.1　運用 ··· 336
  10.3.2　スキルアップ ····································· 337

Exercises：演習問題 ·· 339

おわりに ··· 340

参考文献 ··· 342

付 録

[A.1]　サンプルプログラム ·· 344

[A.2]　演算子の優先順位 ·· 349

[A.3]　2進数と桁数 ·· 350

[A.4]　数の接頭語（接頭辞） ·· 351

[A.5]　10進数 ←→ 16進数変換表 ······································ 352

[A.6]　10進数 ←→ 16進数、2進数変換表 ······················ 353

[A.7]　2進数から10進数に変換する方法 ······················ 354

[A.8]　10進数から2進数に変換する方法 ······················ 355

[A.9]　16進数から10進数に変換する方法 ···················· 356

[A.10] 10進数から16進数に変換する方法 ···················· 357

[A.11] ASCII文字セット（ASCII character sets） ············· 358

[A.12] Cのエスケープシーケンス ····································· 359

[A.13] 読みにくい記号 ··· 360

[A.14] 読みにくい単語 ··· 361

[A.15] for文プログラムのフローチャートの例 ················ 363

[A.16] while文プログラムのフローチャートの例 ············ 364

INDEX：索引 ··· 365

プログラミングとPBL（課題解決型学習） ·· 18

はじめは、厳密さよりも分かりやすさ ·· 24

今日のプログラムは？ ·· 27

「コンピューター」か「コンピュータ」か ··· 30

コンピュータは入力をきっかけに処理をする ·· 31

2進数に強くなるために ·· 37

16進数の表記法 ··· 41

財布の中身が256円！ 車のナンバーが1024！ ·· 42

人間もソフトとハードから構成される？ ··· 44

マシン vs PC ·· 47

マルチコアプロセッサ ·· 49

料理とソフト・ハードの関係 ··· 50

適性検査とプログラミング能力 ··· 54

「C」と「C言語」 ··· 66

「キーボードタイピング」は大切か ··· 68

1行目はおまじない？ ·· 70

よく使うものは短く、たまにしか使わないものは意味が分かるように ····· 72

省略形に慣れよう ·· 80

Cの見栄え ··· 82

関東読みと関西読み ··· 90

PythonとCのインデント ·· 102

インデントの流儀の種類 ··· 104

競技プログラミング ··· 110

ライブラリをおそれるな！ ·· 118

熟練者はライブラリやカーネルのソースコードを読む ···························· 121

コンパイラとインタプリタ ·· 123

マシン語とアセンブラ ·· 124

クロスコンパイル ·· 130

バグ ··· 133

Cの標準 ·· 134

コンパイラ ·· 135

デジタルかディジタルか ··· 141

英語だと two's complement、ones' complement ································ 146

金融計算で使われるCOBOL ·· 146

10進数だと10の補数と9の補数 ··· 147

オーバーフローに気をつける ·· 149

２進数の小数点 ……………………………………… 152

コンピュータの５大要素 …………………………… 167

PLC（Programmable Logic Controller）とメモリ …… 174

クロック周波数とパイプライン処理 ……………… 183

キャッシュでスピードアップ ……………………… 185

話の横道とスタック ………………………………… 200

同期 …………………………………………………… 204

プロセスやスレッドはいつ切り替わる？ ………… 204

日常生活とバッファ ………………………………… 208

USBメモリを取り外す時にはなぜ「安全な取り外し」の作業が必要？ …… 212

最適化処理はコンパイラの仕事 …………………… 227

＝と＝＝を間違えてはいけない！ ………………… 240

メモリの整列（アライメント） …………………… 251

バイトオーダ ………………………………………… 254

キーワード・予約語はシンボルに使えない ……… 257

日常生活とポインタ ………………………………… 260

配列の境界チェックとセキュリティ ……………… 267

なぜint data[4];はdata[0]〜data[4]じゃない？ ……… 267

文字列をメモリに保存する方法 …………………… 270

ガベージコレクション ……………………………… 277

割り込み処理とイベントドリブン ………………… 285

JISのフローチャートと独自のフローチャート …… 287

複雑な条件式を考えるときは図を描こう ………… 290

なぜforなのに、繰り返しなの？ ………………… 294

for文とwhile文は置き換えられる ………………… 297

デフォルト …………………………………………… 301

アルゴリズムと計算量（オーダ） ………………… 302

関数の作成と文書化（ドキュメント化） ………… 309

オブジェクト指向 …………………………………… 311

mainの引数と戻り値 ……………………………… 322

一番短いCプログラムはmain; ……………………… 322

課題を発展させる …………………………………… 327

文書作成は情報技術者の仕事 ……………………… 331

間違いの発見はできるだけ早く！ ………………… 335

続けることの重要性 ………………………………… 338

序章

Cプログラミングを
学ぶ前に

0.1 Cの上達が早い人

　私は長年Cを教えてきましたが、Cをすらすらと理解し、どんどんプログラムが作れるようになる人と、Cがなかなか理解できず全然プログラムが作れない人がいることに気がつきました。Cの上達が早い人と遅い人の間にはどのような違いがあるのでしょうか。

　私はCの上達が早い人、遅い人には、それぞれ右ページの表のような傾向があるように思います。

　必ずしも当てはまらない場合があるかもしれませんが、少しはこのような傾向があるように思うのです。

　本書はCの上達が速くなるようにするための本です。Cを学ぶために必要となる基礎知識を中心にまとめながら、右ページに書いた「Cの上達が早い人の傾向」に近づくための内容がちりばめられています。

● プログラミングとPBL（課題解決型学習）　　　Column

最近の教育現場ではPBL型の学修が増えています。PBLとは「Project Based Learning」の略で日本語では「課題解決型学習」と呼ばれます。

　プログラミングは決まった答えはなく、さまざまな解法があります。このためプログラミングは学修者が自発的に考えて答えに向かって作業を進めていくPBLに向いているとも言えます。プログラミングは結果が正しいかどうかをコンピュータが教えてくれるので、トライアル＆エラーで、失敗を恐れずに試行錯誤しやすいため、学修者が自発的に学ぶのにも向いていると言えます。

　逆に言えば、プログラミングの上達が早い人は、自発的な学びを好む人や、それを意識して学びを進める人とも言えるかもしれません。

Cの上達が早い人	Cの上達が遅い人
• 楽しみながらプログラムを作ろうとする	• プログラムを作りたいと思わない
• 物事をするときの段取りや手順をきちんと考えられる	• 物事をするときの段取りや手順が考えられない
• 与えられた課題を解くだけではなく、自分で課題を考えて作ってみようとする	• 自分では課題を考えられない
• 日常生活でも問題意識を持っていて、それを解決することが好きである	• 問題意識を持っておらず、解決策を考えることもしない
• 1つのことを理解したら、それを発展させて何かできないか試行錯誤する	• 言われたことしかやってみない
• 「法則」が与えられたときに、その「法則」を使って次々に問題を解ける	• 「法則」が与えられても、応用できない
• 似たようなことを繰り返すときに、その「規則」を見つけられる	• 似たようなことを繰り返されても、その「規則」が分からない
• 頭の中で数値を覚えながら計算ができる	• 頭の中で数値を覚えながら計算できない
• 頭の中だけで考えきれないときに、紙や鉛筆を使って、図や数値を書いて考えられる	• 頭の中だけで考えられないときに、紙や鉛筆を使おうとしない
• 最後までやり遂げないと気が済まない	• あきらめが早い
• コンピュータ的な考え方ができる（256や1024が切りが良い数だと思う）	• コンピュータ的な考え方ができない（256や1024を半端な数値だと思う）
• コンピュータの仕組みをよく理解している	• コンピュータの仕組みを知らない

0.2 Cプログラミングができるようになるためには

　Cはコンピュータのプロのためのプログラミング言語です。初心者向けの言語ではありません。どういう意味かといえば、

> 「初心者には取っつきにくい面もあるが、プロがプログラムをすらすら作れる言語」

なのです。

> 「噛めば噛むほど味が出る」

という言葉がありますが、Cはまさにそういう言語です。学びはじめたばかりのときにはその良さが分からないかもしれません。でも、自分の技術力が向上するに従って、次第にその良さが分かってくるのです。

　そこに達するためには、学ばなければならないことがたくさんあります。コンピュータの仕組みや、コンピュータ数学など、情報処理の基礎知識をしっかり持つことが大切です。

　Cはコンピュータの内部の仕組みに密着した言語です。コンピュータの処理方法に即した言語になっています。だから、コンピュータの仕組みを知らないと、高度なプログラムが書けず、Cプログラミングの上級者にはなれないのです。逆にいえば、コンピュータの仕組みが理解できれば、Cプログラミングを習得するのも早くなります。

　また、中学や高校で学ぶ数学と、C言語で処理するコンピュータ数学は異なります。中学や高校で数学が得意だったとしても、Cプログラミングの上達が早いとは限りません。逆に、数学が不得意だったとしても、コンピュータ流の考え方に慣れることができる人ならば、Cプログラミングの上達も早いのです。

　Cの達人になると、コンピュータを思うがままに操れるようになります。それぐらいCはコンピュータと結び付きの強い言語です。このためCプログラミングをマスタするためには、まず最初にコンピュータの仕組みをしっかりと理解して、コンピュータ流の考え方ができるようになる必要があります。しっかりがんばりましょう。

0.3 目標プログラム

　私がCプログラミング入門の授業をするときには、必ずといっていいほど出題する課題があります。それは「プログラムを入力して[*1]、入力したプログラムと実行結果をプリントアウトしてくる」という課題です。入力するプログラムは付録A.1のプログラムです。これはトランプゲームの「ブラックジャック」のプログラムで、コンピュータと対戦できるようになっています[*2]。

　なぜこのような課題を出すのか分かりますか？　それはこれからプログラミングを学ぶ人への「目標」を示すためです。はじめに登る山が見えていれば、そこにたどり着こうとがんばれると思います。プログラミングをこれから学ぶ人たちに、最初の目標にしてほしいのです。そして、

> 「これくらいのプログラムが理解でき、自分で作れるようになるまではプログラミングを続けなければいけませんよ」

と言いたいのです。

　この「ブラックジャック」のプログラムのレベルは、ちょうど情報処理技術者試験の基本情報技術者のレベルです。本書を手にされた人の多くがこの試験を目指しているのではないでしょうか？　だとしたら、本書で「Cプログラミング入門以前」を学んだ後で、本格的な書籍でCを学び、再び本書を開いてこのブラックジャックプログラムを見て、理解できるようになっていたら、ひとまずCの基礎は学び終えたと思ってよいでしょう。

[*1]　入力にはテキストエディタと呼ばれるものを利用します。詳しくは2.1.3項を参照してください。

[*2]　このプログラムはインチキだ！　と分かるようになったらそれなりの実力になった証拠です。せっかくですからそのインチキを直してみましょう。プログラミングの実力が向上すること間違いなしです。なにしろそのためにインチキなプログラムのままにしているのですから。

ところで、付録 A.1「ブラックジャック」ぐらいの長さのプログラムになると、初心者が入力して実行するだけでもいくつもの困難が伴います。

- ●「読めない記号がいっぱいある」
- ●「読めない英単語（?）がいっぱいある」
- ●「キーボードに慣れていないため、入力に時間がかかる」
- ●「入力ミスをたくさんする」
- ●「入力ミスをした部分がなかなか見つからず、探すだけで大量の時間が必要になる」

　長いプログラムで学ぶよりも、短いプログラムで学んだ方が学びやすいのは事実です。しかし、短いプログラムばかり学んでいても上達できません。上級者に近づくためには 100 行、1000 行、…と長いプログラムを経験する必要があるのです。初心者を脱出して上級者になるためには、長いプログラムが理解でき作れるようにならなければなりません。そのための 1 つの目安として、このブラックジャックプログラムは役に立つと思います。皆さんも C プログラムを本当に学びはじめる前に入力して実行してみてください。

0.4 本書の内容

　本書はＣを学ぶためにあらかじめ知っておいてほしいことを網羅した本です。Ｃで書かれたプログラムが出てきたり、Ｃ言語の文法について説明している箇所がありますが、皆さんがＣのプログラムを作れるようになるための直接的な説明はしていません。実際のプログラミングは、本書で読んだ後で学ばなければなりません。

　本書に載っているようなことは、プログラミングを学びながら学んだり、プログラミングを一通り学び終えた後で学ぶ方法もあると思います。でも、本書だけで両方を同時に学べるようにはしませんでした。

　　二兎（にと）を追う者は一兎（いっと）をも得ず

ということわざがあります。いっぺんに二羽の兎（うさぎ）を追うと、一羽も捕まえられないという意味で、「一度にたくさんの物事をやろうとすると中途半端になってどちらも失敗する」ということを例えています。

　1冊の本で「あれもこれも学ぼう」とすると、説明する内容があまりにも膨大になってしまい、どちらも中途半端になってしまいます。ですから、本書はプログラミングを始める前に知っておいてほしいことのみに重点を置いた内容になっています。

　それから、本書では分かりやすさを優先しているため、厳密さに欠ける説明をしている箇所があるかもしれません。厳密に説明しようとすると、断り書きが多くなりすぎてしまい、分かりにくい説明になってしまうのです。これは物事を学ぶためには仕方ないことだと考えてください。

　Ｃとは違う例になってしまいますが、例えば、次のことはみなさんご存じでしょう。

　　「太陽は東から昇り、西へ沈む」

　これは本当でしょうか？　よく考えてみてください。このような当たり前のことさえ、厳密にいえば間違っているのです。

- 太陽は真東の方角から昇るわけではない。夏は北よりの方角から昇り、冬は南よりの方角から昇る
- 南極や北極には、西も東もない
- 太陽は移動していない。地球が西から東に回転している
- 太陽が移動していないというのも間違いだ。太陽は銀河系内を運動している。その銀河系だって....

　だからといって小学生に「太陽が東から昇り西へ沈むのは間違いだ」と教えてしまったら、混乱して何がなんだか分からなくなってしまいます。入門者にとっては正確さよりも理解のしやすさ、学びやすさの方が大切なのです。より正確な知識は学習が進んでから徐々に身に付けていく方がよいのです。

　また、本書には同じことを繰り返し説明している部分があります。「大切なこと」は何度でも繰り返し説明しています。前に書いた説明を繰り返さない方法もあったと思いますが、それでは好きなページから読めなくなってしまいます。完全な積み上げ式ではなく、できるだけ読者が興味を持った章からでも読み進められるようにしました。

　ただし、初めて学ぶ概念の場合には、難しく感じる部分もあるでしょう。難しく感じたら、その部分は飛ばしながら最後まで読んでみてください。読み終わったら、理解できなかった部分を中心に再度読み返してください。1回読んで理解できなくても、何回も繰り返し読んでいるうちに少しずつ理解が深まっていくはずです。そうしたらしめたものです。Cを学ぶ準備が整ってきたということだからです。

はじめは、厳密さよりも分かりやすさ　Column

　　「太陽は東から昇り、西へ沈む」

という説明ですが、前提条件を付ければ、より正確に説明することもできます。

　　「地球上の日本列島付近から太陽の動きを見ると、だいたい東の方角から昇る
　　ように見え、だいたい西の方角に沈むように見える」

このような説明を聞いても、理解はちっとも進まないでしょう。覚えなければならないことが増えてしまい、混乱しやすくなるだけです。はじめは誤りが多くても、簡素でわかりやすい方が覚えやすく、その方が成長しやすくなるのです。そして、たくさんのことがわかるようになってから、より正確な知識を身に付ければ良いのです。

第 **1** 章

はじめの一歩

皆さんはこれからCを学ぼうとしているはずです。Cはプログラミング言語です。プログラミング言語を学ぶためには、まずは「プログラミング」の意味を知らなければなりません。この章ではプログラミングを学ぶ上での基本的な事柄について説明します。

1.1 プログラムってなんだろう?

1.1.1 プログラムとは?

図1.1 プログラムとは？

「プログラミング」とはなんでしょう。どういう意味でしょう。こういう疑問を持ったときには、まず辞書を引いて元の意味を調べることが大切です。Cプログラミングを学んでいると、知らない単語が次から次へとたくさん出てきます。その度に辞書を引くのは手間がかかって大変なようですが、この手間を惜しむと、途中から分からない言葉だらけになり、何が書かれているのか全く理解できなくなってしまうおそれがあります。国語辞典に載っていない言葉が多いので、英和辞典や和英辞典で調べる習慣も身に付けましょう。もちろんインターネットにお気に入りの辞書サイトがあったらそこで調べてもかまいません。調べたら後で参照したり記憶に残すためにメモする習慣を身に付けましょう。

本書では、皆さんにしっかりと理解してほしい用語については、英和辞典の意味を掲載することにします。まずは「プログラミング」です。英和辞典で調べると次のように書かれています。

　programming［名詞］プログラミング、（コンピュータの）プログラム作成

プログラミングとはプログラムを作ることです。ではプログラムとは何のことでしょう？

　program［名詞］番組、計画、予定、学習計画、プログラム（計算機に指
　　　令する作業手順の記述）

「プログラム」にはたくさんの意味があることが分かります。よく考えると日常生活でも「プログラム」という言葉が使われていることを思い出すでしょう。小学校では「運動会のプログラム」や「学芸会のプログラム」という言葉が使われますし、テレビの番組でも「プログラム」という言葉が使われます。

辞書の意味を見て「プログラム」という言葉にどんなイメージを持ちますか？

この本では「プログラム」を「作業内容について精密に書かれた手順書」と考えて話を進めましょう。「精密」という言葉を付けましたが、実際のテレビの番組表は1秒単位（いやそれ以上）で精密に決められているのです。

そして、この「手順書」を作る作業が「プログラミング」ということになります。

今日のプログラムは？   Column

辞書を見ていたら次のような例文が載っていました。

What's the program for today?
[口語] 今日の予定はどうなっていますか？

みなさんも「今日の予定」を聞くという意味で、

「今日のプログラムはどうなってるの？」

と聞いてみましょう。ちょっと白い目で見られるかもしれませんが、プログラムという用語に慣れることができるのではないでしょうか？　:-) [1]

1.1.2　コンピュータのプログラム

「現代社会になくてはならない機械を1つ挙げなさい」と言われたら、なんと答えますか？　本書の読者ならば真っ先に

「コンピュータ」[2]

と答えるに違いありません。

---

[1]　:-) は、スマイリー（笑顔）と呼ばれる顔文字です。本を右回りに90°回転させて見てください。
[2]　「コンピューター」と発音しますが、本書では主に語尾は延ばさないで記載しています。詳しくはp.30のColumnを参照してください。

コンピュータの代表といえば「パソコン*³⁾」ですが、それ以外にも、スマートフォン、タブレットPC、自動車、銀行のATMなど、日常生活で利用するあらゆるものにコンピュータが使われています。

　もちろんテレビゲームや携帯ゲーム機もコンピュータです。「私たちが利用するほとんどの機械（マシーン、マシン）がコンピュータだ」と言っても言い過ぎではないでしょう。

　コンピュータの仕事内容はすべてプログラムで書かれています。コンピュータはプログラムに書かれた通りに働いてくれる機械なのです。パソコンにはパソコン用のプログラムが入っていて、スマートフォンにはスマートフォン用のプログラムが入っています。利用者が使うプログラムはアプリやアプリケーションと呼ばれます。また、自動車には自動車用、金融機関のATMにもそのコンピュータ用のプログラムが入っているのです。

　運動会のプログラムやテレビのプログラムは「日本語」で書きますが、コンピュータのプログラムは「日本語」では書きません。専用の言語で書きます。その代表的な言語が私たちが学ぶC言語です。Cでプログラムを書けば、コンピュータが思い通りの仕事をしてくれるというわけなのです。

　コンピュータに仕事をしてほしかったら、その内容をすべてきちんとプログラムに書かなければなりません。何もかも、一部始終、プログラムとして書かなければならないのです。逆にいえば、コンピュータはプログラムに書かれていないことはしません。すべてのことをプログラムに書いて用意しなければならないのです。プログラムを作ることがどれだけ大切なことかだんだんと実感できてきたでしょう。

1.1.3　入力、処理、出力

　コンピュータはプログラムの指示に従って処理するのですが、プログラムだけではは動作の内容は決まりません。パソコンやスマートフォンを使うときのことをよく観察してください。パソコンというのは、基本的に

　　「キーボードやマウスを操作すると、その内容に応じた処理が行われ、結果が画面に表示される」

という動作をしているのです。スマートフォンはどうでしょう？

---

*3)　パソコンはパーソナルコンピュータのことで、略してPCとも呼ばれます。
　　　personal［形容詞］個人の、本人（財産が）人に属する

「画面を指で触ると、その内容に応じた処理が行われ、結果が画面に表示される」

という動作になります。操作方法が違っていても、基本は似ています。

　パソコンのキーボードやマウスを入力装置と呼び、画面を出力装置と呼びます。スマートフォンの場合には、画面が入力装置と出力装置の両方を兼ねています。

　つまり、コンピュータの動作は「入力装置から入力した内容に応じた処理が行われ、結果が出力装置に出力される」となります。まとめるとコンピュータの基本動作は、

　「入力」→「処理」→「出力」

の3つの段階で行われている、ということです。

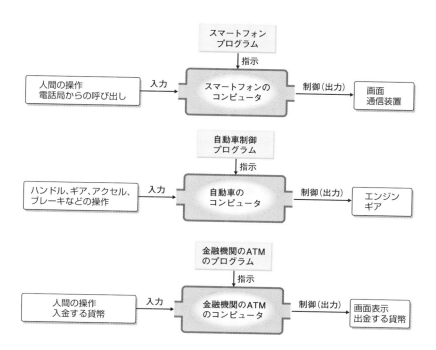

図1.2　コンピュータは入力を処理して出力する装置

「コンピューター」か「コンピュータ」か　**Column**

　書籍や新聞によっては「computer」のことを「コンピュータ」と書き表していることがあります。英語の発音に近いのは「コンピューター（コンピュゥタァ）」です。なぜ「コンピューター」と書かないのでしょうか。

　それは日本工業規格（JISZ8301）で3文字（3音）以上の言葉は末尾の「ー」を原則として省略して書くことになっていたからです。この表記法を使った場合、「文字」と「発音」が一致しないことになります。このような「文字」と「発音」の不一致はコンピュータなどの専門用語にだけ当てはまるわけではありません。例えば「この列車は東京へ行きます」の「は」は「わ」と発音し、「へ」は「え」と発音します。「とうきょう」も「とーきょー」と発音しますよね。書いた言葉と発する声は必ずしも一致しないのです。末尾の「ー」も同じだと思ってください。

　このような言葉の例を表1.1に示します。しかし最近では3文字（3音）以上でも末尾の「ー」を書くことを推奨する機関や組織が増え、日本工業規格（JISZ8301）も改訂され、末尾に「ー」を付けることを容認するようになりました。なお、末尾の「ー」が省略されている本を読んでいる時でも、発音するときには末尾を伸ばして発音することをお勧めします。

表1.1：末尾に「ー」がある言葉の例

JIS表記	発音	もとになった英単語
バイナリ	バイナリー	binary
バッファ	バッファー	buffer
コンパイラ	コンパイラー	compiler
コンピュータ	コンピューター	computer
デバッガ	デバッガー	debugger
ドライバ	ドライバー	driver
ライブラリ	ライブラリー	library
リンカ	リンカー	linker
マネージャ	マネージャー	manager
マスタ	マスター	master
メンバ	メンバー	member
メモリ	メモリー	memory
パラメータ	パラメーター	parameter
プレイヤ	プレイヤー	player
プリンタ	プリンター	printer
プログラマ	プログラマー	programmer
レコーダ	レコーダー	recorder
ルータ	ルーター	router
スケジューラ	スケジューラー	schedular
サーバ	サーバー	server
ユーザ	ユーザー	user

　具体的な例を挙げてみましょう。スマートフォンの中にあるコンピュータは、電話番号を記憶したり表示したり電話をかけたり、さまざまなアプリを動かす処理をします。この場合「画面の操作」が入力で、「画面表示」や「相手の呼び出し」が出力になります。

　AT（オートマチック）車に搭載されているコンピュータは、人間が踏むアクセルの強さに応じて空気やガソリンの注入量を調節して、エンジンの回転数の管理や制御、ギアの制御などをします。この場合「人間がアクセルを踏んだ強さ」が入力になり、出力が「空気やガソリンを注入する量」になります。

　銀行のATMは、お金を預けたり、引き出したり、振り込んだりする作業を受け付けてくれます。この場合「画面をさわる」「入金」が入力で、「画面表示」「お金」が出力になります。

　コンピュータを利用する人を「ユーザ」と呼び、プログラムを作る人を「プログラマ」と呼びます。コンピュータはいつでも全く同じ処理をするわけではありません。ユーザから入力された内容によって、処理内容が変わってくるのです。つまり、プログラムにはたくさんの仕事内容のパターンが登録されていて、ユーザからの入力内容によってパターンを選択して処理しているということです。ですから、プログラマは、ユーザのことを考えて、ありとあらゆるパターンに対応できるようにプログラムを作る必要があります。

コンピュータは入力をきっかけに処理をする　Column

　皆さんの中には「入力しなくても、コンピュータは処理してるよ」と言いたい人がいるかもしれません。

　例えばパソコンに、一定時間、キーボードもマウスもさわらないと、画面が切り替わって、真っ暗になったり、何らかの絵が表示されたり模様が表示されたりすることがあります。これは「スクリーンセーバ」です。同じ絵や文字を長時間表示し続けると、それが画面に焼き付いてしまうことがあるため、それを防ぐための機能です。スクリーンセーバは、入力していないのに動き出します。

　でも、よく考えてみてください。入力はしていませんが、入力に関係がありませんか？

　そうです。「一定時間入力が無かったからスクリーンセーバが実行された」ということなのです。

　「入力がない」ということが、コンピュータに処理をさせるきっかけを作ったのです。

　入力があるだけではなく、入力がないこともきっかけになる場合があるということなのです。

マークシート　　　バーコード　　　QRコード

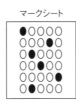

図1.3　白と黒が0と1を表しているマークシート、バーコード、QRコード

　Cで作成するプログラムはとても精密なものです。日本語のような「あいまい」な表現は許されません。つまり「いい加減なCプログラム」というのはあり得ないのです。コンピュータの内部では0と1という2つの数値だけで処理をしています。

　　　「コンピュータは2進数で動いている」

　このことは、どこかで聞いたことがある人も多いことでしょう。コンピュータが扱えるのは、0と1の組み合わせだけなのです。中間はありません。このことからコンピュータは**YES**と**NO**がはっきりしている、白と黒がはっきりしているともいえるのです[4]。C言語もそうです。**YES**と**NO**がはっきりとしている言語ともいえるのです。

　私たちの身近でもそのようなものがよく使われています。マークシートやバーコードなどです。これらはコンピュータに情報を入力するときに使われます。

　マークシートは試験やアンケートなどで使った経験があると思います。自分が答えたいところを「はっきりと黒く」塗りつぶさなければなりません。薄かったり、はみ出たりすると機械が正しく読み取ってくれず、コンピュータで処理できなくなります。

　バーコードは商品に付けられていて、スーパーのレジなどで買った商品の識別に使われます。バーコードも白と黒がはっきりしています。中間はありません。

　中間があると、光の当たり方によって、入力される数値が変わってしまう可能性があります。そうすると、答案の回答内容を間違われたり、買い物かごに

＊4）　このような数の表現方法を「2進法」と呼びます。普段我々が使っている数え方は10進法です。他8進法や16進法については、後ほど解説があります。

入れた商品を違う商品に間違われてしまうかもしれません。これはとても困ったことになります。ですから、0と1がはっきり分かるように、白黒はっきりさせているのです。逆にいえば、コンピュータは白黒はっきりしていないと処理できない融通の利かない機械ともいえます。

　日本語も、文法はかなり厳密に決められています。でも、普段私たちは文法通りにしゃべっているでしょうか？

　人間には応用力があるため、文法に従わなくても話が通じることが多いものです。

　しかしコンピュータプログラムの場合は違います。文法的に間違ったプログラムはコンピュータに「理解不能」といわれてしまいます。文法的には正しくても、ちょっと書き間違えただけで全く異なる動作をしてしまいます。自分が意図する動作と異なる動作をすることを「誤動作」といいます。

　普段みなさんがスマートフォンやパソコンを使っていて「動作が変だ」「強制終了しちゃった」「画面が止まって動かない」「電源が落ちない」など、異常な動作をしたことはないでしょうか？　これらはすべて「誤動作」です。ほとんどの場合、このようなことが起きるのはコンピュータで動いているプログラムに誤りがあったからです。

　コンピュータは「素直で正直」です。人間が作ったプログラムを正しいと信じて処理します。間違ったプログラムでも、正しいと信じて処理してしまいます。

　　「0で割り算をした」

など、場合によってはコンピュータが間違いに気づき、処理が中断されることがあります。しかし、たいていの場合は、コンピュータは間違ったプログラムであることを判断できません。

　プログラムに誤りがあると困ったことになります。作成していた文書ファイルが消えてしまったり、入力したデータが壊れてしまったり、受け取ったはずの電子メールが開けなくなったりなど、人間に被害を与えることがあります。だからプログラマは正しいプログラムを作るように心がけなければなりません。それは難しいことですが、意識している人と意識していない人とでは違いが現れてくることでしょう。はじめから意識してください。

　　「精密なプログラムを書けるようになるぞ！」

という気持ちを持ちながら、Cを学んでください。こういう気持ちを持つことは、プログラミング技術の上達に大きな影響を与えることでしょう。

1.2 　2進数と情報の単位

1.2.1 　コンピュータの基本はビット

　0と1の2つの数値だけで値を表現することを**2進数**といいます。現代のコンピュータは、すべての処理を2進数で行います。2進数のことを英語ではバイナリといいます。

　　binary［名詞］（数学の）二進数、（天体の）二重星

　コンピュータの内部で処理しやすい形にしたデータのことを「バイナリデータ」と呼ぶことがあります。バイナリデータは2進数で表現されていますので、そのままでは人間にとって分かりにくいデータ表現法です[*5]。

　2進数1桁を**1ビット**（**bit**）と呼びます。1ビットは情報の最小単位です。これよりも小さな単位はありません。コンピュータで処理するデータはすべて、この1ビットの整数倍で作られます。

　　bit［名詞］小片、わずか、少し、（劇の）1シーン、（英国）小銭

　厳密にいうと、情報処理で使われるbitという用語は英単語のbitではなく、binaryとdigitから作られた造語です。

　　digit［名詞］指、指幅、アラビア数字

　つまり、bitは2進数を表現する数字、「2進数一桁」と考えればいいでしょう。
　1ビットでは2つの状態を表現することができます。これを「**フラグ**」といいます。

　　flag［名詞］旗、ふさふさした尾

　フラグ（フラッグ）とは「旗」の意味で、昔、手旗信号で使われた「旗」を意味します。旗を上に上げれば「赤」で「止まれ」を意味し、旗を降ろせば「青」で「進む」を意味します。

＊5）　人間にとって分かりやすいデータ表現に「テキストデータ」があります。「テキスト」については2.1.3項で説明します。

これを2進数1桁で表せば、「0ならば赤」で「1ならば青」、または「0なら ば青」で「1ならば赤」という具合になります。どちらを使用するかはその数 値を使って仕事をする「人間」が決めることになります。

このことを応用して、0と1を「ある」「ない」に対応させたり、「正しい」「誤 り」、「Yes」「No」、「白」「黒」に対応させたりします。

1.2.2 複数桁の2進数を使う

2進数1桁（1ビット）では表現できることが0と1の2通りしかなく、大きな 数を表すことができません。そこで実際には、複数個の0と1を組み合わせて、 複数桁の2進数として使われます。2進数2桁（2ビット）ならば、00、01、10、 11という4種類の値を表現することができます。このように表現した2進数と 10進数の対応関係を理解することはとても大切です。対応関係を考えるために、 2進数の値を数え上げてみましょう。

図1.4を見てください。値を数え上げるためには、前の数に1ずつ足していけ ばいいのです。

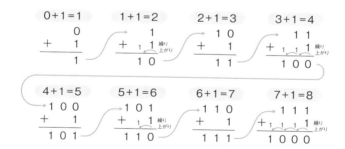

図1.4 2進数と10進数

10進数では0 +1=1、1+1=2、2+1=3、3+1=4...という値になりますが、2進 数では0 +1=1、1+1=10、10 +1=11、11 +1=100...という値になります。2進数 の場合にはすぐに繰り上がりが起きます。図1.4を見て、2回に1回繰り上がり が起きることが分かるでしょうか？　10進数の時には10回に1回繰り上がり が起きることを思い出してください。2進数だから2回に1回繰り上がりが起こ るわけです。分かりますね。

さあ、ここで皆さんにやってほしい課題があります。それは次の課題です。

10進数で0〜16までの値を2進数で紙に書きなさい。

めんどくさがらずにちゃんと紙に書いてください。皆さんは小さい頃、何回も1〜10まで数えさせられたはずです。覚えるまで何度もです。中学校では英語でone〜tenまで数えさせられたかもしれません。今度は2進数の番です。必ずしも覚えなければならないわけではありませんが、2進数を数える作業を通して、2進数とはいかなるものなのかについて理解し、2進数に慣れて ほしいのです。

答えが書いてありますが、それを見ないで書いてみてください。答えを書いた後で、書いた数が17個あるか確認してから答え合わせをしてください。間違ったら、白紙の紙にもう一度書いてください。できるまで何度でも繰り返してください。こういう作業をきちんとすることが、後々Cプログラミングの上達速度に関わってくるのです。

答え： 0 1 10 11 100 101 110 111 1000 1001
1010 1011 1100 1101 1110 1111 10000

1.2.3 1バイトは8ビット

ここで質問があります。

3ビットで表せる数値は何通りですか？

すぐに答えられますか？

1ビットは0と1の2通りです。

2ビットでは00、01、10、11の4通りになります。10進数で表現すると0〜3の4通りです。

3ビットでは000、001、010、011、100、101、110、111の8通りになります。10進数で表現すると0〜7の8通りです。

1ビット増えるだけで、表現できる数が急激に増えています。そうです。1桁増えると表現できる数が2倍になるのです。つまりnビットで表現できる数は

$$2^n$$

になります。

2進数に強くなるために

Column

ところで、みなさんは右手の5本指でいくつまでの値を数えることができますか？ 0〜5まででしょうか？ 折り返しも入れれば、0〜10まで数えられると答える人もいるかもしれませんね。

今説明している2進数を使えば0〜31の32種類（2^5）の値を数えることができます。具体的な数え方は表のようになります。

表1.2：2進数を使って指で数える方法

10進数	2進数	指の折り方	16進数	8進数	10進数	2進数	指の折り方	16進数	8進数
0	0		0	0	16	10000		10	20
1	1		1	1	17	10001		11	21
2	10		2	2	18	10010		12	22
3	11		3	3	19	10011		13	23
4	100		4	4	20	10100		14	24
5	101		5	5	21	10101		15	25
6	110		6	6	22	10110		16	26
7	111		7	7	23	10111		17	27
8	1000		8	10	24	11000		18	30
9	1001		9	11	25	11001		19	31
10	1010		A	12	26	11010		1A	32
11	1011		B	13	27	11011		1B	33
12	1100		C	14	28	11100		1C	34
13	1101		D	15	29	11101		1D	35
14	1110		E	16	30	11110		1E	36
15	1111		F	17	31	11111		1F	37

どうですか？ この指の折り方ができますか？ 2進数に慣れるためにも、2進数の指の折り方で値を数えられる練習をしてみてください。

処理したい情報が何ビットになるかを考えることはとても大切です。コンピュータは2進数で動いています。10進数の1000を2進数で表すには何ビット必要なのか、100000だったら何ビットなのか、そういう考え方や発想ができることはプログラミング能力の向上にとって、とても大切です。

　コンピュータでは複数のビットをまとめて処理するのが普通です。そのときの基本単位を**バイト（byte）**といいます。現在のほとんどのコンピュータで**1バイトは8ビット**になっています。

　　byte［名詞］情報量の一単位をなすビットの列。通常8ビット

　8ビットで表現できる値は何通りでしょうか？　この質問には瞬時に答えられる必要があります。答えは、

　　8ビットで表現できる値は　$2^8 = 256$通り

です。10進数に置き換えたら0〜255になります。負の値も表そうとすると-128〜127まで表現できます。なぜ負の方が表現できる値が多いかですって？　それは4.1.4項で説明しましょう。

1.2.4 よく使われる16進数

　コンピュータを作る人にとっては2進数は便利なのですが、人間にとっては欠点もあります。ちょっとした数を表すのでも桁数が大きくなってしまうことです。例えば1バイトでは10進数で0〜255までの値を表すことができますが、これを2進数で表すと0〜11111111までというとても大きな桁数になってしまいます。これは見て理解するのも入力するのも労力が必要でとても不便です。

　かといって10進数では対応関係が分かりにくくなってしまいます。例えば、256という数値を表すためには8ビットでは足りず、9ビットの情報が必要になります。しかし、255と256には10進数的には切れ目がないためそれがすぐに分からないのです。

　そこでコンピュータの世界では**16進数**が使われます。16進数とは1つの桁で0〜15までの値を表すことができる数値の表現方法です。

　私たちが普段使っているアラビア数字には0〜9までの記号しかありませんので、10〜15までの数字を表すために英語のアルファベットのA〜Fまでの文字を使います。つまり次の16個の記号を使って数値を表現します。

　　0123456789ABCDEF

10進数の10は16進数ではAになり、11はB、12はC、13はD、14はE、15はFになります。そして16は繰り上がりが起きて10になります。「10」と書いたときに、このままでは10進数なのか16進数なのか区別ができません。そこでC言語では16進数のときは数字の頭に0x（または 0X）を付けることになっています。例えば10進数の10は0xA、11は0xBといった具合です。0xaや0xbのように小文字で書いてもかまいません。

　なぜ16進数が使われるのでしょうか？　それは2進数との対応関係が分かりやすいからです。図1.5を見てください。

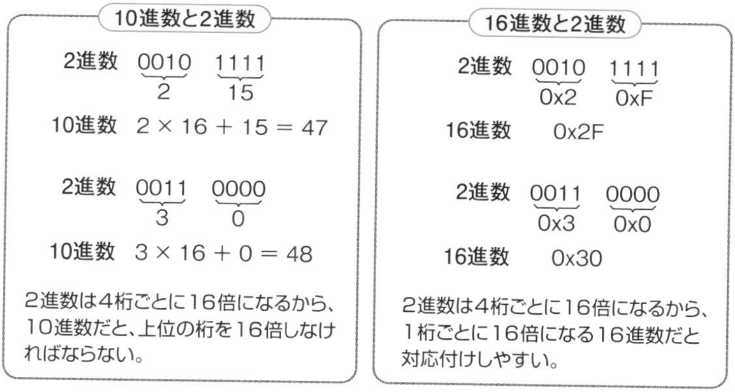

図1.5 00101111と00110000を10進数と16進数で表す

　2進数の00101111と00110000を10進数と16進数で表現してみました。この値は10進数では47と48という何の変哲もない数値になりますが、16進数で表現すると0x2Fと0x30になります。16進数だと2進数の下4桁全部が繰り上がっているのが分かります。どうです、16進数の方が10進数よりも2進数との対応関係が分かりやすいですね。

次の規則を理解してください[6]。

　　2進数4桁 == 16進数1桁

　2進数4桁で表現できる値が16種類です。ですからこのような対応関係があるのです。では、1バイト（8ビット）は16進数では何桁になるでしょう。答えは2桁です。このような対応関係をしっかりと理解してください。

　2進数の桁数ごとの10進数、16進数の値を付録A.3に、10進数と16進数の対応関係を付録A.5に掲載します。このような表を見て、2進数と10進数、16進数の関係に慣れると、知らず知らずのうちにCプログラミングの上達速度が上がっていくことでしょう。

　なお、数値の前に0xではなく、0だけをつけると8進数の意味になります。8進数はC言語の元になったB言語（p.134コラム参照）で使われていました。8進数は0から7までのアラビア数字を使って値を表現します。C言語のプログラム中に010や077と書くと、10進数で8や63という値を意味することになるので注意が必要です。

---

[6]　==と=が2つあるのは誤植ではありません。Cでは「等しい」を意味するときには==と書くのです。本書では「等しい」を意味するときにはできるだけ==と書くことにします。6.1.5節も併せて参照してください。

16進数の表記法   **Column**

　C言語では 0x4a や 0XBFFF のように数値の前に 0x や 0X を付けてその後ろに書いた 4a や BFFF が16進数であることを表現します。16進数は英語で hexadecimal や単に hex と呼ばれます。0x の x は、この単語の3文字目の x に由来します。また、0x4a や 0XBFFF の先頭の0を取って x4a や XBFFF と書き表すと、第7章で説明する「変数名」との区別ができなくなります。これを避けるため先頭に 0 を付けて、変数ではなく「値」であることを明示しています。

　Cが広まってからは、他の言語やドキュメントでも 0x を使うものが増えています。しかしながら、他の言語や、ドキュメント、資料などは別の表記法を使うことがありますので、この際、16進数の表記法に慣れてしまいましょう。

- 先頭に \x、\X を付ける（Cや Pyhton などの文字列）
  例：\x20、\X2E
- 先頭に &#x、末尾に ; を付ける（HTML、XML の文字コード）
  例：™、♨
- 先頭に # を付ける（HTML のカラーコード）
  例：#00bfff、#7FFFD4
- 先頭に % を付ける（URL、URI）
  例：%20、%2e
- 末尾に h や H を付ける（インテル系アセンブラ）
  例：4ah、0BFFFH
- 先頭に $ を付ける（モトローラ系アセンブラ）
  例：$4a、$BFFF
- 先頭に &h、&H を付ける（マイクロソフト BASIC）
  例：&h4a、&HBFFF

　h は hexadecimal の頭文字です。末尾に h や H を付ける表記法では、値が A〜F で始まると変数との区別ができなくなります。このため、値であることを表すために先頭に 0 を付ける必要があります。

　財布の中身が256円だったとします。あなたはどう思いますか？

　　すばらしい！　256円だ！　きりが良い。今日はいい日になりそう！

　目の前を走って行く車のナンバープレートを見たら1024だったとします。あなたはどう思いますか？

　　かっこいい！　いい番号使ってるな！

　こう思う人は少ないかもしれませんが、遊びでときどきこう言ってみるのもとても良いことです。なぜ256や1024が良い数なのでしょう。その理由は2^8=256、2^{10}=1024だからです。コンピュータの考えに慣れた人にとっては、2^nで表せる数はとてもきりが良く感じるのです。

　付録A.3に、2^nで表されるきりの良い数値を掲載しました。
この表の、

　　1、2、4、8、16、32、64、128、256、512

などはプログラミングをしない人でもよく出会う数です。なんだかわかりますか？
USBメモリ、SDカード、スマートフォンのストレージの容量、パソコンのメモリ容量がこれらの値になっているのです。つまり

　　1GB、2GB、4GB、8GB、16GB、32GB、64GB、128GB、256GB、512GB、
　　1TB、2TB、4TB、8TB、16TB、32TB

のように、ぐるぐる回りながら値が増えていきます。これは2進数ととても深い関係があるのです。ですからこれらの値に慣れることはコンピュータをより深く知るためにとても重要なことなのです。さらにプログラミングではもう少し大きな値までよく使われます。

　　1、2、4、8、16、32、64、128、256、512、1024、2048、4096、8192

などはプログラム中でもよく使われる値です。普段からこういう値に敏感になっていると、Cプログラミングの実力向上の速度も速くなることでしょう。
　せっかくですから、

　　「いち、にー、よん、ぱー、いちろく、ざんにー、ろくよん、いちにっぱ、にごろ、ごーいちに、いちぜろにーよん、にーぜろよんぱー、よんぜろきゅーろく、はちいちきゅーにー」

と読んで、覚えてしまいましょう。
　なお、スマートフォンのゲームで、このような2^nの値を集めたり、並べたりするパズルゲームがあるようです。そのようなゲームをやって、2^nになれたり、2^nに敏感になることも、プログラミングの能力向上に役立ちそうです。

1.3 プログラムとソフト、ハード

1.3.1 ハードウェアとソフトウェア

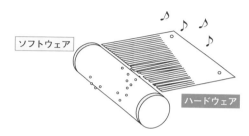

図1.6 オルゴールのソフトとハード

　コンピュータ本体のことをハードウェアと呼びます。ハードウェアは「金物」という意味で、物体としてのコンピュータを意味します。これに対してプログラムのことをソフトウェア[*7]と呼びます。ソフトウェアという言葉はコンピュータが誕生してから使われるようになった造語で、「ハードウェアで再生するシナリオ」のような意味を持っています。スマートフォンの場合には、スマフォ本体がハード、皆さんが使うアプリやOS（iOSやAndroid OSなど）がソフトになります。

　コンピュータのソフトとハードを理解するのにとても良い例があります。それは「オルゴール」です。

　オルゴールは音を奏でる「クシのような形をした歯」、「ゼンマイ」などの部分と、どの音を鳴らすかを決めている「ピンが付いているドラム」から構成されます。このうちの、クシ、ゼンマイがハードで、ドラムがソフトになります。

　オルゴールの、音を奏でる「歯」と「ゼンマイ」という「ハード」だけがあっても意味がありません。「ハード」だけでは音楽を奏でることができないからです。逆に、ドラムというソフトだけがあっても意味がありません。ドラムには音楽の音が刻まれていますが、それだけでは音楽を奏でることができないからです。

[*7] 略して「ハード」「ソフト」と呼ばれることも多いです。

「ソフト」と「ハード」の両方が必要なのです。つまり、ソフトであるドラムを、音を奏でてくれるハードに取り付けて、ゼンマイを巻いてドラムを回すことで、ドラムに刻まれている音楽を奏でることができ、ドラムの意味も歯とゼンマイの意味も出てくるということです。

コンピュータのハードとソフトも同じです。ハードだけでもソフトだけでも意味がありません。両方があって初めて意味が出てくるのです。

1.3.2   コンピュータのソフトは2進数

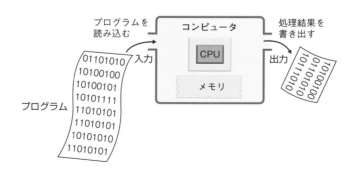

図1.7　コンピュータはプログラムを読み込んで処理結果を書き出す

コンピュータのソフトは2進数で表現されます。2進数とは0と1だけで表現

された数です。オルゴールもコンピュータに似ています。ドラムには0と1の情報が刻まれていて、その情報を元に音楽を奏でている、ともいえるのです。ドラムのピンがない平面の部分が0で、ピンがある部分が1です。ピンの位置によって、奏でられる音階とタイミングが表現されているのです。

コンピュータもオルゴールととてもよく似ています。音階ではありませんが、0と1の位置の組み合わせで、命令や数値を表現しているのです。これを機械語やマシン語（machine language）と呼びます。コンピュータはマシン語（機械語）で書かれたソフトを読み込んで、処理を行い、結果を書き出してくれる装置なのです。

マシン語を理解して処理する装置を中央処理装置と呼びます。英語ではcentral processing unitといい、頭文字を取って**CPU**と呼びます。CPUは人間でいえば「頭脳」にあたり、オルゴールでいえば音を奏でる「クシ」になります。

実は、コンピュータのCPUは、Cで書かれたプログラムを直接理解して実行することはできません。CPUが理解できるのはマシン語だけなのです。そこには人間がプログラムを作りやすくするためにちょっとした細工があるのです。

1.3.3 高級言語と低級言語

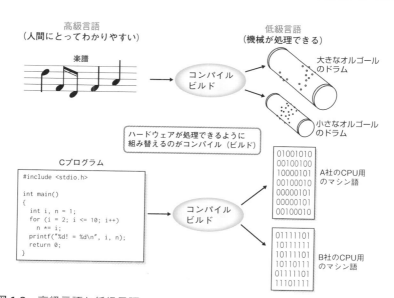

図 1.8 高級言語と低級言語

オルゴールのソフトを作るときに、いきなりドラムに突起を付け始める職人さんはいないでしょう。オルゴールは音楽を奏でる楽器です。音楽は楽譜という形で表現されます。オルゴールのソフトを作るときには、まず楽譜を書いて、その楽譜からドラムのどの位置にピンを付けたらよいか計算し、その後でピンを付ける作業をするのではないでしょうか。

　Ｃプログラミングも同じです。Ｃ言語は音楽の「音符」のような役割を果たします。

　いきなり０と１の組み合わせでプログラムを作るのは大変です。音楽では「まず楽譜が必要」というのと同じように、プログラミングの場合には、「まずＣでプログラムを書く」のです。そして、プログラムを実行したいときには、Ｃで書かれたプログラムをマシン語に変換してからコンピュータで実行するのです。Ｃプログラムをマシン語（機械語）に変換する作業を「コンパイル」や「ビルド」と呼びます。

　　compile［動詞］集める、編集する、（プログラムを）機械語に翻訳する
　　build［動詞］　　建てる、作る、組み立てる

　楽譜やＣ言語は人間にとって分かりやすい表記方法になっています。これを「高級言語」といいます。ドラムや２進数のマシン語はオルゴールやコンピュータが直接理解して実行できる表記法になっています。これを「低級言語」といいます。

　高級、低級、という言葉は、質の高さや上下関係を意味しているのではなく、人間よりか機械よりか、を意味しています。高級は人間よりで、低級は機械よりになっているという意味です。

　低級言語は人間にとって大変覚えにくいものです。オルゴールのピンの位置は、ミリ単位、いや0.1ミリ単位で付ける位置が決まっていることでしょう。マシン語を覚えることは、ピンの位置と音階やタイミングの対応関係を覚えるのと同じようなことです。ピンの位置よりも楽譜の方が人間にとってどれだけ分かりやすいか想像できますよね。だから作曲をするときには楽譜で行い、作曲が終わった後でオルゴールを作成すれば、効率よくオルゴールを作ることができます。

　プログラミングも全く同じことです。マシン語でプログラムを作るより、Ｃでプログラムを作った方が楽なのです。

　また、ハードウェアの種類によって低級言語が異なるという問題もあります。オルゴールの場合、ハードが違えば、ドラムの大きさや回転する速さが異なりますし、音階の範囲や位置も異なります。つまり、オルゴールの種類ごとに、ド

ラムにピンを打つ位置が変わることになります。これをいちいち覚え直すのは
とても大変な作業です。

　これに対して楽譜は、音楽の世界で共通の表現方法として利用されています。
楽譜を覚えて、楽譜を書く作業を覚えれば、オルゴールに限らず、さまざまな
楽器に応用できます。

　コンピュータの場合も同じです。低級言語はハードが違えばまるっきり違い
ます。これに対してC言語のような高級言語はハードが違っていてもほとんど
同じです。C言語は音楽の楽譜のように、人間にとって覚えやすく、書きやす
く、ハードが違っていても共通に使え、全世界の技術者が使っているとても便
利なプログラムの表現方法なのです。

マシン vs PC

Column

　あなたやあなたの周りの人は学校や事務所、家庭にあるコンピュータのことを
なんと呼びますか？

　　　パソコン？　　PC（ピーシー）？　　計算機？

　私は「マシン」と呼びます。そう呼んでいる人もいるでしょ？　えっ？「マシ
ン」なんて呼ぶ人なんかいないですって!?　学生とこういう会話をしたことがあ
りました。

学生　「先生おかしい。パソコンのことマシンって呼ぶの先生だけですよ。友達と
　　　　話して笑っちゃった」

私　　「えーー。おかしくないよ。ほかの先生はなんと呼んでいるの？」

学生　「年取ってる先生は計算機と呼んでます。若い先生はパソコンとかPCと呼
　　　　んでますよ」

私　　「パソコン好きの人達の間では、昔からパソコンのことはマシンって呼ばれ
　　　　ているんだよ」

学生　「聞いたことありません」

私　　「それは君がまだ初心者だからだよ。証拠、証拠」

と言って、パソコンマニア向けの書籍を取り出して必死に「マシン」を探す。

私　　「ほら、マシン、って書いてある。Windowsマシン、Linuxマシン。K&R
　　　　第2版[8]にも載ってるよ。熟練者はみんな『マシン』という言葉を知って
　　　　いるんだよ」

---

[8]　B.W.カーニハン、D.M.リッチー著、石田晴久訳、「プログラミング言語C第2版」、共立出版、1989
　　（本文中では『K&R第2版』と記載しています。）)

学生　「えっ。ほんとですね。知らなかった。でも、なんでマシーンじゃなくてマシンなんですか？　やっぱり、おかしいですよ」

私　　「それはねぇ。昔からそうなんだけど…。こういうときはインターネットの検索エンジンに聞いてみよう。多数決の結果、マシンがマシーンの5倍も使われているね[*9])」

学生「うっそー、検索エンジンの多数決で決めるんですか？」

　最近では、バーチャルマシンやマシンラーニングなどの言葉も使われています。バーチャルマシンは仮想機械やVM（Virtual Machine）とも呼ばれ、ソフトウェア的に作られたコンピュータのことです。

　マシンラーニングは機械学習とも呼ばれ、AI（人工知能）の学習に使われます。このように「マシン」という言葉は身近な所で使われていますので、気をつけてみてください。

　とはいえ、最近、学生が「PC、PC」と言うので、その影響で、気がついてみると「PC」と言ってしまうことが増えてしまいましたが、やっぱり「マシン」は「マシン」です。好きな言葉を失わないように日々注意しています。

1.3.4　ソフトは入れ替えられる

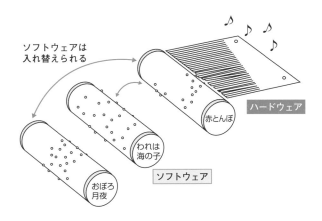

図1.9　ソフトは入れ替えられる

[*9]　この会話が行われたのは2002年ごろのことです。今ではだいぶ比率が変わってしまったようです。

オルゴールの場合、オルゴール全体を取り替えなくても、ドラムの部分だけを入れ替えることができたら、流れる音楽を変えることができます。つまり、ハードは同じでも、ソフトを入れ替えれば、流れる音楽を変えることができるということです。ハードとソフトとはこのような関係なのです。

コンピュータの場合も同じです。有名な川柳があります。

　「コンピュータ、ソフトなければ、ただの箱」

これをスマートフォンで言えば次のような川柳になるでしょう。

　「スマートフォン、アプリなければ、ただの板」

コンピュータは使うソフト（アプリ）によって、文書が作成できたり、計算ができたり、絵を描けたり、音楽が鳴ったり、ゲームで遊べたりします。スマートフォンで頻繁にアプリを切り替えながら使っている人もいることでしょう。コンピュータは、ソフト次第、プログラム次第で何でもできるのです。だからプログラミングというのはとても大切なことなのです。

マルチコアプロセッサ
Column

スマートフォンやパソコンのCPUは、1つの半導体チップの中に入っています。この半導体チップのことをマイクロプロセッサと呼びます。マイクロプロセッサの中には、CPUやキャッシュ（5.1節）、MMU（5.3.5項）などが入っています。マルチコアプロセッサとは半導体チップに複数のCPUを内臓したものです。「マルチ」は「複数」、「コア」は「1つのCPU」という意味です。

デュアルコアの場合は2つのCPU、クアッドコアの場合は4つのCPUを内蔵しています。複数のコアを内蔵している場合には、その数のプログラムを同時に実行・処理することができます。

このことをオルゴールで例えれば、1つのオルゴールで、複数のドラムに刻まれた音程を同時に鳴らせるということです。メロディと伴奏を同時に鳴らすこともできれば、異なる曲を同時に鳴らすこともできます。

プログラムの場合も、1つの仕事を並列でこなす場合と、異なる仕事を並列で行う場合があります。

一般的にはコアの数が多いほど性能が高いのですが、その性能を発揮できるかどうかはプログラミングをする側の工夫にも依存します。

どういうことかと言えば、次のコラムの「料理」で考えてみると、より深い洞

察力を鍛えられるかもしれません。CPU のコアは、料理で言えば「シェフ」です。マルチコアの場合には、シェフが複数いることに例えることができます。複数のシェフがいたら、1 つの料理を早く作ることができたり、複数の料理を短い時間で作ることができることでしょう。しかし、料理の種類によっては複数のシェフがいても時間が短くならなかったり、フライパンや包丁などの道具の数が限られていたら時間の短縮はできないかもしれません。段取りの良し悪しによって、料理の生産性が変わるのです。このことについて考えてみることは、プログラミングの上達にとってとても効果のある方法だと思います。

料理とソフト・ハードの関係　　Column

　ソフトとハードについて別の角度からも考えてみましょう。いろいろなものの見方・考え方を知ることは、応用力を付けるためにも大切です。

　ソフトとハードの関係は、料理に例えることもできます。このときのソフトとハードは次のようになります。

- ハード ... 食品、調味料などの材料。調理器具。
- ソフト ... レシピ（料理の作り方）

　同じハード（材料、器具）を使っても、ソフト（レシピ）が違えば違う料理になります。同じハード（材料、器具）を使って、ソフト（レシピ）が同じならば、同じ料理になるはずです。

　でも、一流のシェフとそうでない人とでは、同じ料理を作ったとしても味が違ってしまいます。なぜでしょうか？

　一流のシェフはおいしく調理する方法を知っていて、その通りに調理できるからです。そうでない人も一流シェフのレシピを手に入れて、完全にその通りに作れば同じ様な味になるはずです。ならないのは、同じように作っているつもりが、微妙に異なっているからです。素材を生かすのも殺すのも調理人の腕次第です。

　どんなにすばらしい調理器具があっても、使い方がうまくなければ宝の持ち腐れになってしまいます。コンピュータも同じです。どんなにハードが素晴らしくても、ソフトがだめならばコンピュータは役立たずになってしまいます。コンピュータを生かすも殺すもソフト次第です。ソフトを作る人、つまりプログラムを作る人の腕にかかっているのです。

　「一流シェフプログラマ」を目指してがんばりましょう。

1.4　Cプログラミングを学ぶ前の心構え

1.4.1　プログラミングの適性

　プログラミングの上達が速い人と遅い人がいます。これを「適性」と呼ぶことがあります。上達が早い人は適性があり、上達が遅い人は適性がないと言うのです。でも本当にそう言い切れるでしょうか？

　人間、努力すれば、誰でもある程度の実力者にはなれるはずです。でも、間違った努力をしていたら、いつまでたっても実力が付かないかもしれません。

　この章ではCプログラミングを学ぶための心構えについて考えていきましょう。

1.4.2　物事をするときの段取りをきちんと考える

　コンピュータに仕事をさせようとしたら、何から何まできちんと指示をしなければなりません。コンピュータは「素直で正直」です。言われたことしかしません。間違った指示をしたら、間違ったことをしてしまいます。手順や段取りをきちんと考えて、それを丁寧に1つずつプログラムに書かなければなりません。「物事をするときの段取りをきちんと考える」ことが大切です。

　プログラムを作るときに、イメージだけで作ろうとする人がいます。プログラミングの達人になればイメージが先で、後から理屈がついてくることもあるでしょう。しかし入門したての人は、まずはじっくりと手順を考えることから始めてください。コンピュータにプログラムを入力する前に、頭の中でプログラムの動作をリハーサルして、正しく動くかどうかを考えてください。この作業ができるようにならないと、いつまでたってもすらすらとプログラムを作れるようにはなりません。

手作業でできないことはプログラミングできない

　自分が手作業でできないことをプログラミングできると思いますか？　できるはずがありません。例えば、次の問題が解けますか？

次の数の最大値と最小値を答えなさい。
100 25 50 45 90 40 55 95 5 70

　紙と鉛筆を使ってかまいません。実際に解いてみてください。これが解けない人が、この問題を解くプログラムを作れるでしょうか？　作れたとしても、正しく動作しているか自分で検証できません。検証できなければ、結果が信用できないプログラムになってしまいます。

　例えば次のようにすると「最大値」を求めることができます。

　「一番最初の値を「最大の値」として脳に記憶する。そして、次の値、その次の値、と順番に比較していく。記憶している値より大きかったら、「最大の値」を記憶し直す。このようにして最後まで比較していく」

答え：最大値:100 最小値:5

簡単すぎましたか？　では次の問題はどうでしょう？

次の数を小さい順に並べなさい。
100 25 50 45 90 40 55 95 5 70

　これも、紙と鉛筆を使って解いてみてください。そして解いた方法を日本語で明確に説明してください。頭の中にモヤモヤしていたらそれを言語化してみてください。言語化はプログラミング能力の向上にとっても重要です。

　いろいろな方法がありますが、例えば次のようにします。

　「先ほどのやり方で、全部の値を見て一番小さな値を見つける。
　見つけたら、その値に×を付けて、その値を書き出す。
　次に×が付いた値を無視して、一番小さな値を見つける。
　見つけたら、その値に×を付けて、先ほど書き出した値の次に書く。
　書いたら、全部の値に×が付くまで同じ作業を繰り返す」

答え：　5 25 40 45 50 55 70 90 95 100

　今度は先ほどよりちょっと面倒だったかもしれません。最大値や最小値を求

めたり、小さい順番、大きい順番に並べ替えたり、というプログラムを作る課題は、ほとんどの人が経験することになるでしょう。手作業でできないのに処理するプログラムを作れるでしょうか？　作れるはずがありません。プログラムを作る前に、紙と鉛筆だけでこの問題をやってみてください。

とはいえ、数が10000個もあったら、人間の手でやると時間がかかりすぎて、「物理的にできない」「めんどくさくてやってられない」と思うかもしれません。しかしながら、大昔、コンピュータが無かった時代には、人間は工夫してそれをやっていたのです。現在の我々ができないとしたら、退化してしまったことになります。頭を使って考えれば、よいアイディアが浮かぶかもしれません。そのアイディアをプログラミングに生かせば、よりよいプログラムが作れるようになるはずです。

「手計算でできなければプログラムは作れない」

このことは肝に銘じてください。そして手計算するときには紙に書くことを忘れないでください。

先ほどの問題をやらずに飛ばして読んだ人は、面倒でも、先ほどの問題をやってみましょう。この程度の個数ならば手作業でもすぐに終わるはずです。

1.4.4　法則性を見つけ出す

プログラムを作るには、似たような処理をするときに、同じ手順でできないかを考える力が必要です。先ほどの、最大値・最小値の課題と、数の並べ替えの課題もそうです。

次の数の最大値と最小値を答えなさい。
22 99 100 -50 1 62 -44 0 88 65 55 20 -33

答え：最大値100　最小値：-50

次の数を小さい順に並べなさい。
22 99 100 -50 1 62 -44 0 88 65 55 20 -33

答え：-50 -44 -33 0 1 20 22 55 62 65 88 99 100

先ほどと似ていますが、値が違います。個数も違います。負の数も混ざっています。でも、同じ方法で答えを求めることができるはずです。プログラミングの適性検査には次のような問題が出題されることがあります。

法則に従って数が並べられている。その法則に従ったとき、次に現れる数を答えなさい。

```
1 3 5 7 9 11 13  [  ]
2 6 10 14 18 22  [  ]
-10 -5 0 5 10 15 [  ]
1 2 4 7 11 16 22 [  ]
```

答え：順に 15 26 20 29

「法則性を見つけ出す」ということは、プログラミングをする上でとても大切な能力です。コンピュータは毎回同じ処理をするのではなく、「同じようだけど、少しずつ違う処理をする」のです。そこには決まった手順や法則が隠れているのです。

例えば「10の階乗を求める」というプログラムを作ったとします。同じプログラムで「15の階乗を求める」「5の階乗を求める」ということができなければ意味がありません。

このように、同じような問題を解決するために編み出された手順のことを「アルゴリズム」と呼びます。

algorithm［名詞］演算法（方式）、算法、アルゴリズム

私たちは、入力する数値が変わっても情報を処理して結果を出力できるように、きちんとアルゴリズムを考えてプログラムを作らなければなりません。だから適性検査では先のような問題が出題されるのです。

適性検査とプログラミング能力　　　Column

IT系の企業の入社試験ではプログラミングの適性検査が行われることがあります。その中には1.4.4項や1.4.5項、1.4.6項のように、数値や英字列が与えられ、その次の数値や英文字を答える問題も含まれます。

このような適性検査や知能検査（IQ検査）は訓練次第で点数がよくなることが分かっています。適正検査では本当に適正があるかどうかを調べることはできないのです。逆にいえば、点数が高くても安心できないということです。何事も努力です。訓練すればできるようになります。上達が早いか遅いかの違いがあるだけです。うまくできなくても、プログラミングができるようになりたかったら、根気よく練習していきましょう。

そして続けることが大切です。

途中でやめてしまうと、すぐにできなくなってしまいます。少なくとも半年以上は続けなければいけません。半年以下だと、完全に忘れてしまうことがあるからです。半年、1年、2年、毎日毎日続けていれば、誰でもある程度のプログラムは書けるようになります。がんばりましょう！

1.4.5 物事を数値に置き換える力

　数に表れる法則性が分かるようになるだけでは足りません。数が別のものに置き換わったとしても、その法則性が分かる必要があります。なぜなら C 言語では、すべての現象を数値で表現するからです。

法則に従って英字を並べたとき、その次に現れる英字を答えなさい。
```
a  b  c  d  e  f  g  [ ]
a  c  e  g  i  k  m  o  [ ]
g  j  m  p  s  v  [ ]
c  e  h  l  q  [ ]
y  w  u  s  q  o  m  k  [ ]
ay bx cw dv eu  [ ]
```

答え：順に h q y w i f t

　このような英字でも法則性を見つけ出せる必要があるのです。並べ替える作業も、数だけではありません。

次の文字列（単語）をabc順（辞書順）に並べなさい。
```
dog cat horse cow pig bear giraffe elepant
```

答え：bear cat cow dog elepant giraffe horse pig

　基本は同じですが、大きいか小さいかを判断する方法が変わります。このことが理解できるかどうかは、Cプログラミング習得にとって大きな分かれ目になります。

　　aとbはどちらが大きいか

答えがあります。

　　aよりbが大きい

なぜaよりbの方が大きいのでしょうか？
　詳しくは 4.2.1 項で説明しますが、ほとんどのコンピュータは英文字を付録A.11に示した **ASCII** 文字セットと呼ばれる表に従って数値に置き換えて処理しています。この表をみると、aは 97 で、bは 98 という数値になります。97 より 98 が大きいわけですから、bの方が大きいのです。では次の場合はどうでしょう？

abとacはどちらが大きいか

　1文字目は同じですが、2文字目が異なります。こういう場合は違う文字になった部分の大小で考えます。2文字目はbよりcが大きいので結局、

　　abよりacが大きい

ということになります。次のように途中まで同じ文字列になっていて、長さが違う場合には、長さが長い方が大きくなります。

　　abcよりabcdの方が大きい

　他にも数値で表す例がたくさんあります。例えば曜日です。日、月、火、水、木、金、土を、それぞれ0から6に対応付けて考えられたら、プログラミングの頭になっているといえます。付録A.1のブラックジャックプログラムでは、Aは1、Jは11、Qは12、Kは13という具合に数値で処理しています。C言語はありとあらゆるものを数値で表現するプログラミング言語ですので、そのことを頭に入れておいてください。

1.4.6　巡回する数

　プログラミングをするときには、算数でおなじみの四則演算をよく使います。「足す、引く、かける、割る」ですね。算数では＋－×÷という記号を使いましたが、Cでは×と÷の記号は使いません。×は＊で表し、÷は／で表します。
　プログラミングではこれらの四則演算以外によく使う演算があります。それは「割った余り」です。「剰余（じょうよ）」ともいいます。記号は％を使います。この％を理解することもCプログラミングの上達には欠かせません。％が表す計算内容はコンピュータの性質をよく表しているからです。
　％は巡回する数値を処理するときによく使われます。巡回する数値とは、例えば月日で使われます。1月、2月、3月...11月、12月と来たら、次の月は何月でしょう？　13月ですか？　違いますね。1月です。12の次は1に戻るのです。
　数値だけとは限りません。日曜日、月曜日、火曜日...土曜日ときたら、次の日の曜日はなんですか？
　天曜日？　海曜日？　冥曜日？　違います。日曜日です。曜日も最初に戻ってきます。
　このように、月日も曜日もぐるぐる回っているのです。図1.10を見てくださ

い。時計の時刻も回っています。このように日常生活では巡回する数をよく使います。これらの数を処理するときには％を使うと楽に処理ができます。

　例えば今、午前10時0分だとします。200分後は何時何分でしょう。こういう計算をするときには、「割り算」とともに、「割った余り」を計算する必要があることは分かることでしょう。

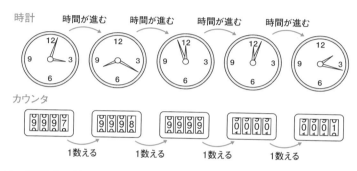

図1.10　巡回する数

　コンピュータでプログラミングをしてみると、巡回している数が結構出てきます。だから巡回する数について慣れ親しむことはとても大切なことなのです。

　更にいえば、図1.10の下のような数を数えるカウンタを知っていますか？4桁のカウンタなら、0〜9999まで数えられます。9999を超えたらどうなるでしょう。答えは「0に戻る」です。数え切れない数の場合には繰り上がった数が消えてしまうのです。これを桁あふれ（オーバーフロー）といい、コンピュータを理解するための重要な概念です。詳しくは4.1.5項で説明します。

法則に従って数が並べられている。その法則に従ったとき、次に現れる数を答えなさい。

1 2 3 4 5 6 7 8 9 10 11 12 1 2 3 4 5 6 7 8 9 10 11 12 [　]

5 6 7 5 6 7 5 6 7 [　]

-2 1 0 1 -2 1 0 1 [　]

x y z a b x y z a b x y z [　]

a b c d e a b c d e [　]

月 水 金 日 火 木 土 月 水 金 日 [　]

月 水 金 月 水 金 月 水 金 [　 　]

答え：順に　1　5　-2　a　a　火　月

入力と出力から中身を考える

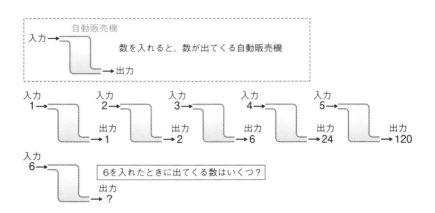

図1.11 入出力

　コンピュータは何かを入力して、何かを出力する装置です。入力と出力の関係を理解できることはとても大切です。

　図1.11では、1つの値を入力すると1つの値を出力する箱が書かれています。イメージしやすいように自動販売機と書かれていますが、コンピュータの内部にはこのように「値を入力すると、何らかの演算をして値を出力する装置」がたくさん使われます。プログラミングではサブルーチン（3.1.4項参照）、関数（2.5.4項参照）と呼びます。

　図1.11の自動販売機は、1を入れたら1、2を入れたら2、3を入れたら6という出力結果が書かれています。数の規則性や法則が分かりますか？　6を入れたら何が出てくるか分かりますか？

　プログラミングをするためには、このような法則を見抜く力が必要です。そして法則が分かったら、それを利用できる力が必要になるのです。

　6を入れたときに出てくる値は720です。その理由は図1.11の自動販売機は階乗の処理をしているからです。階乗とはnが与えられたとき、

　　　n!= 1 × 2 × 3 × ・・・× n

のように、「1〜nまでの掛け算をして求めた値」ということは知っていますね。図1.11の値が正しいかどうか、1から順番に確認してみましょう。

　入力とそれに対する出力の法則は分かっているが、中の仕組みが分からないことを**ブラックボックス**といいます。

　　blackbox［名詞］大きな装置の構成単位となる装置（自動制御装置・フライトレコーダなど）、機能は分かっているが中の構造が不明の装置

　先ほどの自動販売機は仕組みが書かれていませんので、中身はブラックボックスです。しかし、入力に対する出力の法則は分かりますのでそれを利用することができます。

　多くの人はコンピュータをブラックボックスとして利用しています。中の仕組みを知らずに、使い方だけを学んでいるのです。しかしCプログラミングをマスタするためにはそれではだめです。コンピュータ内部の仕組みについてある程度は理解しておく必要があるのです。コンピュータをブラックボックス的に使っているだけでは、コンピュータの能力を生かしたプログラムが作れないからです。コンピュータの能力を生かすためには、コンピュータの仕組みに関するしっかりとした知識とCの知識の両方が必要になるのです。

　でもコンピュータの仕組みを完全に理解するのはとても大変で、時間がかかることです。いつまでたってもプログラミングに取りかかれなくなってしまうかもしれません。プログラミングを作れるようになるためには、時と場合に応じて「ブラックボックスとして割り切って使う」「ある程度の仕組みまで理解する」を使い分けてプログラミングをする必要があるでしょう。本書はそれを手助けします。

 **Exercises** 演習問題

Ex1.1 | 次の英単語の読み方、意味が分かりますか？

	読み方	意味
programming	( )	( )
program	( )	( )
binary	( )	( )
bit	( )	( )
flag	( )	( )
byte	( )	( )
compile	( )	( )
build	( )	( )
algorithm	( )	( )
blackbox	( )	( )

Ex1.2 | 5ビットで表せる数値は何通りですか？　7ビットで表せる数値は何通りですか？

Ex1.3 | 指を折りながら0〜31まで数えてみましょう。

Ex1.4 | 自分の年齢を2進数で表してみましょう。指を使って表現してみましょう。32歳以上の人は両手を使ってください。

Ex1.5 | 2進数で0〜16までの数を紙に書いてみましょう。

Ex1.6 | 次の数の最大値と最小値を答えてください。

```
25 87 200 -30 9 76 -32 5 0 32 15 37 -52
```

Ex 1.7 | 次の数を小さい順に並べてください。

```
2 99 128 -20 1 32 -25 0 27 51 49 6 -15
```

Ex 1.8 | 法則に従って数が並べられています。その法則に従ったとき、次に現れる数を推測してください。

```
1 3 5 7 9 11 13 15  [  ]
2 6 10 14 18 22 26  [  ]
-10 -5 0 5 10 15 20  [  ]
1 2 4 7 11 16 22 29  [  ]
```

Ex 1.9 | 法則に従って英字を並べたとき、その次に現れる英字を推測してください。

```
a  b  c  d  e  f  g  h  [  ]
a  c  e  g  i  k  m  o  q  [  ]
g  j  m  p  s  [  ]
c  e  h  l  q  [  ]
y  w  u  s  q  o  m  k  i [  ]
az by cx dw ev fu [  ]
```

Ex 1.10 | 次の文字を abc 順に並べてください。

```
one two three four five six seven eight nine ten
```

Ex 1.11 | 法則に従って数が並べられています。その法則に従ったとき、次に現れる数を推測してください。

```
1 2 3 4 5 6 7 8 9 10 11 12 1 2 3 4 5 6 7 8 9 10 11 12 1 [ ]
5 6 7 5 6 7 5 6 7 5 [ ]
-2 1 0 1 -2 1 0 1 -2 [ ]
x y z a b x y z a b x y z a [ ]
a b c d e a b c d e a [ ]
月 水 金 日 火 木 土 月 水 金 日 火 [ ]
月 水 金 月 水 金 月 水 金 月 [ ]
```

第2章

Cプログラムを観察しよう

Cとはどんなプログラミング言語なのでしょうか？

Cを学ぶためには、どのような知識が必要なのでしょうか？

それはCで書かれたプログラムを見れば分かります。

まずはそのプログラムを見ることにしましょう。

プログラムを見る前に注意しなければならないことがあります。実はCで書かれたプログラムを見て拒絶反応を示してしまう人がいるのです。その人達は「宇宙語みたいに見える」と言うのです。実際にはそんなことはありません。

Cはプロ用のプログラミング言語です。熟練者がプログラミングしやすいようにきちんと考えて作られている言語なのです。怖がらずに付いてきてください。

2.1 Cのプログラムを見てみよう

2.1.1 Cプログラムの例

テレビや運動会のプログラムを作るのであれば、紙と鉛筆を用意して、日本語で書けばよいのですが、コンピュータの場合にはそうはいきません。「プログラミング言語」というコンピュータ用に作られた言語を使い、コンピュータに入力しなければなりません。みなさんは数あるプログラミング言語の中でもC言語を学び、その言語を使ってプログラムを作ろうとしています。

Cとは一体どのようなプログラミング言語なのでしょう。具体的なプログラムを見てみましょう。そうすれば、プログラミングを始めるときまでに知っておかなければならないことがいろいろと分かってくるはずです。

右ページのプログラムは階乗を求めるCのプログラムです。

このプログラムは5の階乗でも、10の階乗でも求めることができます。でも、50の階乗や100の階乗を求めることはできません。その理由を知ることはとても大切ですが、説明は4.1節まで待ってください。

本書ではこのプログラムのそれぞれの行がどのような意味を持っているのかについては説明しません。個々の命令を覚える前に知ってほしいことがたくさんあるからです。本書ではそれらについて説明します。本書で説明することを理解してからCを学べば、Cをすらすらと理解できるようになるはずです。

まずはこのプログラムをじっと見てください（プログラムの観察）。隅から隅までちゃんと見てください。次のことを考えながら見てください。

- 英語のアルファベットの小文字がたくさん使われている。意味や読み方を考えてみよう。
- カッコがたくさん使われている。何種類あるか、考えてみよう。
- 左側に空白が入っている行がある。
- 行間に空いているところがある。

■ 階乗プログラム[*1)]

```c
#include <stdio.h>
#include <stdlib.h>

int factorial(int n);

int main(int argc, char *argv[])
{
  int x, n;

  if (argc < 2) {
    fprintf(stderr, "Usage: %s number\n", argv[0]);
    return 1;
  }
  n = atoi(argv[1]);
  x = factorial(n);
  printf("%d! = %d\n", n, x);
  return 0;
}

int factorial(int n)
{
  int i, x = 1;

  for (i = 2; i <= n; i++)
    x *= i;
  return x;
}
```

　目の焦点を合わせながらきちんと隅から隅まで見ることができましたか？それができてから先に進みましょう。

---

*1)　\（バックスラッシュ）は、日本製のキーボードやディスプレイでは￥（円マーク）で表されることが多くなっていますが、本書では\で表すことにします。\と￥の関係については4.2.3項で説明します。

2.1.2　Cプログラムと行番号

　先ほどのプログラムは正しいプログラムなのですが、説明するときには不便なので、次のように先頭から何行目かが分かるように、番号を付けて説明することにします。この番号を「行番号」といいます。実際にプログラムを入力するときには行番号は書いてはいけません。

階乗プログラム（行番号付き）

```
 1: #include <stdio.h>
 2: #include <stdlib.h>
 3:
 4: int factorial(int n);
 5:
 6: int main(int argc, char *argv[])
 7: {
 8:   int x, n;
 9:
10:   if (argc < 2) {
11:     fprintf(stderr, "Usage: %s number\n", argv[0]);
12:     return 1;
13:   }
14:   n = atoi(argv[1]);
15:   x = factorial(n);
16:   printf("%d! = %d\n", n, x);
17:   return 0;
18: }
```

```
19:
20: int factorial(int n)
21: {
22:   int i, x = 1;
23:
24:   for (i = 2; i <= n; i++)
25:     x *= i;
26:   return x;
27: }
```

2.1.3 Cプログラムは文字で作る

C言語のプログラムは「テキスト」で表されます。

　text［名詞］本文、原文、原本、教科書（textbook）

「テキスト」とは「文字で作られた文章」のことです。具体的にいえば、C言語のプログラムは英語のアルファベットのA〜Z、a〜z、アラビア数字の0〜9、記号の ! " # $ % & ' ( ) * + , - . / : ; < = > ? @ [\ ] ^ _ ` { | } ~、それから 空白、タブ、改行 の組み合わせで表されます。

　プログラミングをするときには、これらの文字を「キーボード」から入力することになります。ということは、プログラムを作るためには、キーボードから文字を早く正確に入力できる必要があります。このため、プログラミングを上達するためには、キーボードのタイピング速度が早い方が有利です。キーボードをたたくのに慣れていない人は、タイピング練習も同時にした方がよいでしょう。ぜひとも両手で入力できるようになってください。なお、Cプログラムの命令は「半角（1バイト文字）」でなければなりません。日本語の文章で使われる「全角（2バイト以上の文字）」を使うことはできません。[*2]

　プログラムを入力するときには「テキストエディタ」というソフトを使います。

　editor［名詞］編集者、（新聞・雑誌の）編集長、（コンピュータの）文字
　　　　　　　　編集プログラム

────────────

[*2]　サイトにログインするときなどに使われるユーザIDやパスワードの多くも「半角（1バイト文字）」になっていると思います。「半角（1バイト文字）」は全世界共通で使える文字であり、Cに限らず、多くの言語が「半角（1バイト文字）」でプログラムを記述するようになっています。なお「半角の空白」「全角の空白」はエディタによっては区別できないことがあります。「全角の空白」がプログラム中に紛れ込むとエラーになることがありますので注意をしてください。

テキストエディタとは、文字を入力し、編集するための専用ソフトです。入力したプログラムを編集しやすいように、コピー&ペースト、検索、置換などの処理が行えたり、Ｃ言語の文法規則に応じて色を変えて表示してくれたりします。「統合開発環境」といって、プログラム開発に必要な機能が一通り使えるようになっている場合もあります。統合開発環境のことを IDE と英字３文字で表現することもあります。IDE は integrated development environment の頭文字から作られた呼び名です。プログラムを効率よく作るためには、使用するテキストエディタや IDE を使いこなせるようになることも大切なことです[*3]。

「キーボードタイピング」は大切か　　　Column

私は学生に対して良く問いかける質問があります。

「中学校、高校の授業を受けるときに一番大切な技能は何か」

という質問です。私の考えはこうです。

「黒板に書かれたことを素早く正確にノートに写す技術」

その理由を説明しましょう。多くの先生は黒板に書きながら説明するでしょう。黒板を写すのに時間がかかったら、先生の説明を聞き逃してしまいます。ノートを取るだけでせいいっぱいで、説明を全く聞けないかもしれません。これでは理解はちっとも進みません。

黒板に書かれたことを素早く正確にノートに写せれば、時間に余裕が生まれ、先生の説明をしっかり聞くことができるでしょう。こうなれば理解が進むことになるのです。

「ノートに写す技術」

こんなことで成績の良し悪しが決まってしまうとしたらちょっとショックですが、全く無関係ではないと私は確信しています。

これをプログラミングに当てはめたらどうなるでしょうか？

「プログラミングを学ぶ上でまず一番に修得すべき大切な技能は何か」

私の答えは、

「プログラムを素早く正確にタイピングする能力」

です。タイピングが遅ければ、それだけで授業や研修についていけなくなります。タイピングが速くても、間違いだらけだと、その間違いを探しているうちに講義

[*3]　エディタとして代表的なものには、Unix系OSの vi、Emacs や Windows のメモ帳などがあります。マイクロソフト社の Visual Studio Code は、マルチプラットホーム（Windows、mac、Linux）で使えるプログラミングに特化したエディタです。

内容が先に進んでしまい、やはりついていけなくなります。最初でつまづいたら大変です。

　さあ、Cプログラミングを始める前からタイピング練習をしておきましょう！そして、授業や研修を受けるときには、さっさと入力を済ませてしまい、のんびりと講師の話を聞きましょう。

2.1.4　Cは英語とは違う

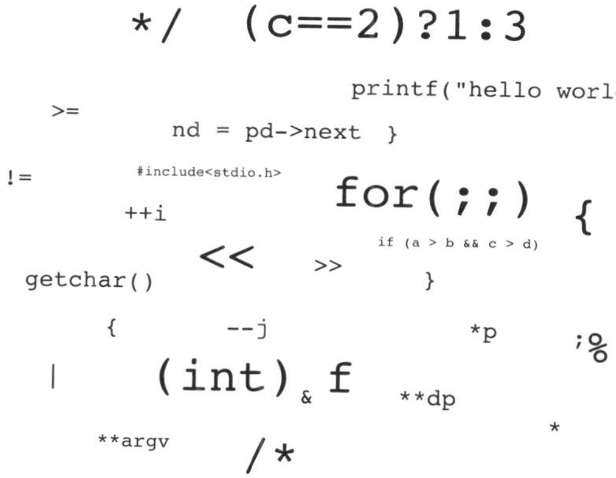

図2.1　Cではたくさんの記号を使う

　さてみなさんは先ほどのプログラムを見てどのような印象を持たれたでしょうか？　どこに目がいったでしょうか？

　include、factorial、main、for、returnなどの英単語に目がいったでしょうか？　stdio.h、stdlib.h、int、argc、argv、fprintf、printfなどの、普通の英単語とは思えない英文字列に目がいったでしょうか？　それとも # < > ( ) [ ] { } ; " \ * = などの記号に目がいったでしょうか？

　日本語で文章を書くときには、漢字や仮名を使いますが、それだけで事足りるわけではありません。点（、）、丸（。）などの句読点、発言、引用などを表すカギカッコ、疑問や強調などを意味する疑問符？や感嘆符！も使用します。しかし、これらの記号は日本語で書いた文章を補助するのが目的であり、漢字、仮名に比べたら重要度が低いものでした。

　しかし、Cプログラミングの場合にはそうではありません。英語のアルファベットだけではなく、記号にも重要な役割があります。どちらかといえば、記

号が主役で、アルファベットの方が脇役に感じられることもあります。例えば printf や return の行末の ; を : に変えただけでプログラムは動かなくなってしまいます。記号を少し書き間違えただけで、誤動作を起こしてしまいます。それぐらい C では記号が大切なものになっています。

　記号は声に出して読みにくい場合があり、慣れるのが大変ですが、慣れてしまえば簡単です。恐れずに先を読み進めてください。

1 行目はおまじない？　　　　　　　　Column

　本書が C プログラミングの入門書ならば「しばらくはおまじないだと思って、プログラムの先頭には必ず #include<stdio.h> を書くようにしてください。」と説明するかもしれません。

　なぜ後回しにするのでしょうか？　多くの書籍は

　　「動作するプログラム」

を早く作ることを目標にして書かれています。このためにはたくさんのことを学ばなければなりません。それにもかかわらず、#include<stdio.h> のことを説明していたら、なかなか先に進めず、動作するプログラムの説明に入れなくなってしまうのです。しかも、#include<stdio.h> の機能や意味を知らなくても、とりあえず動くプログラムを作れるようにはなるのです。

　しかも、最初に #include<stdio.h> を学んでも、それ以外の重要なことを学んでいるうちに #include<stdio.h> のことを忘れてしまい、後から #include<stdio.h> について学び直さなければならなくなる可能性があります。これでは二度手間になってしまい非効率的な学び方になってしまいます。

　しかしここに 1 つの問題があります。いつまでも「おまじない」だと思ってしまう可能性があるということです。「おまじない」だと思っていると C プログラミング能力の向上は望めません。しかも、おまじないを 1 つ作ると、次々におまじないが増えてしまい、プログラムが全く分からなくなってしまうことにもなりかねません。初心者だからこそ、プログラミングを学び始める時だからこそ、きちんと理解してほしいのです。本書では 3.1.6 項で説明します。

2.1.5　プログラムの見かけをおそれるな!

　このようなCの略号は、初めて見た人はなにを意味しているのか全く分からず、拒絶反応を示してしまう人もいるほどです。このため、C言語は初心者には取っつきにくく、また、Cが使われ出したはじめの頃は、他の言語を学んできた熟練プログラマからも「とても理解しにくい言語」だと思われていました。

　なぜこのような省略形や特殊な記号をCではたくさん使っているのでしょうか。一言で言えばそれは

　　「プロが使うプログラミング言語だから」

でしょう。

　英語そっくりなプログラミング言語ならば、英語圏の人にとっては分かりやすいかもしれません。しかし、英語にそっくりであれば、キーボードから入力しなければならない文字数が多くなってしまい、入力するのに時間がかかってしまいます。

　長々と英単語が書かれたプログラムは読むのが大変です。1行の長さが長くなってしまうのも問題です。画面が小さい場合には、横にはみ出してしまうことが多くなるかもしれません。そうするとプログラムを作るのも大変になります。プログラムリストをプリントアウトしたときにも読みにくくなります。例えばC言語では '\n' は改行（Enter、Return）を意味しますが、

　　\n が newline character の頭文字で「改行文字」を意味する。

ということをも含めて覚えれば、'\n' を覚える手間も小さく、またこれを見た瞬間にその意味を理解できるようになると思います。英語が苦手でも newline character という熟語をがんばって覚えてください。

　Cがわかりにくいという人のなかには、'\n'という表記法に問題があるという人がいます。

　例えば改行を表す記号を<newline>と書くことにすれば、わざわざ「\nがnewline の頭文字で改行を表す」ということをあらかじめ知っておく必要がないというのです。

　でもよく考えてみてください。本当にその方がよいでしょうか？　毎回<newline>と入力するのですか？

　　「分かる人にとっては手間が増えるだけ」

だとは思いませんか？

　'\n'のような略号の方がキータイプの量が減ります。プログラム全体の文字数も少なくなります。

　その結果、プログラムを入力する手間が減り、ミスタイプも少なくなり、小さい画面でもプログラムを読みやすくなり、大規模なプログラムが作りやすくなります。「C はプロ用」という意味が少しは分かったでしょうか？

　<newline>という表記法は、「初めて学ぶ人」にとってはよい表記法かもしれませんが、一度覚えた人にとっては便利でも何でもないのです。「C はプロ用」ですので、初めてプログラミング言語を学ぶ人にとっては不親切な言語かもしれませんが、「一度覚えたら楽ができる」ようになっているのです。

　C はプログラミング言語をこれから学ぶ人が楽をできるようになっているのではなく、プログラムを作る「プロ」が楽できるように作られた言語なのです。

2.2 音読のすすめ

2.2.1 声に出して読んでみよう

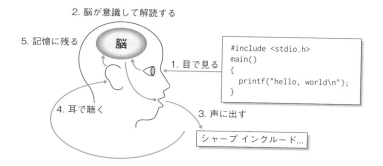

図2.2 音読すれば記憶しやすい

あなたは先ほどのプログラムが読めますか？ 声に出して読んでみましょう。

「えー、めんどくさい」

そんな声が聞こえてきそうです。

「国語や英語の授業じゃあるまいし、音読なんてしたくない」

しかし、音読することはとても大切なことなのです。プログラムについて他人と話をするときには、プログラムの内容を声に出して伝えなければなりません。プログラムについて教えるときも、質問するときも「声」に出して読める必要があるのです。そして、それを「聞いて」理解できなければ困るのです。

それだけではありません。声に出して読めるかどうかは、物事を覚えたり理解する上でかなり重要なことです。物事を記憶するとき、目で見た情報だけでなく、口や耳を働かせた方が記憶の定着率が良くなることはご存じでしょう。

読み方が難しい文字に出会ったときに「どう読むんだろう」と考えることも大切です。「目で見るだけ」では細かいところを見逃してしまうことがあります。「声に出して読む」となると、1つひとつの文字を丁寧に見て、頭の中で形状を

分析（パターン認識）し、どのように読むかを考えなければなりません。このため細かいところまで気が付くようになるのです。

　Ｃプログラミングをマスタするためには、細かいところに気が付く必要があります。Ｃプログラムは１字１句間違ってはいけないことがほとんどです。「何となく」や「こんな感じ」ではなく、細かいところまで目配りができるようになる必要があります。ぼーっと眺めているだけでは見逃してしまうことがあります。特に学びはじめて間がないときは、細かいところを見逃してしまいがちです。そうならないためには、１字１句声に出して読んでみることが大切です。

　　　読めない ＝＝分かっていない

という事もいえると思います。声に出して読めたとしても理解しているとは限りませんが、読めなければどうしようもないのです。音読できることは、Ｃプログラミングをマスタするために必要なことです。プログラムを音読し、読み方が分かっているかどうかをきちんと確認しましょう。

2.2.2　それでは実践です

　では、本当に読んでみましょう。何となくのイメージですまさず、「記号の１つひとつ」「アルファベットの１文字１文字」を逃さず丁寧に見て、声に出して発音してみてください（読み方が全く分からない場合は、2.2.3節を参照してください）。

階乗プログラム（行番号付き、再掲）

```
 1: #include <stdio.h>
 2: #include <stdlib.h>
 3:
 4: int factorial(int n);
 5:
 6: int main(int argc, char *argv[])
 7: {
 8:   int x, n;
 9:
10:   if (argc < 2) {
11:     fprintf(stderr, "Usage: %s number\n", argv[0]);
12:     return 1;
13:   }
```

```
14:    n = atoi(argv[1]);
15:    x = factorial(n);
16:    printf("%d! = %d\n", n, x);
17:    return 0;
18: }
19:
20: int factorial(int n)
21: {
22:   int i, x = 1;
23:
24:   for (i = 2; i <= n; i++)
25:     x *= i;
26:   return x;
27: }
```

　さて、声に出して読めましたか？　読みにくい記号がたくさん並んでいると
感じられたことでしょう。どちらかというと、Cは声に出して読みにくいプロ
グラミング言語です。C以外のプログラミング言語の中には、まるで英語の文
章のように英単語が並べられていて、「英語が分かる人にとって読みやすいプ
ログラミング言語」もあります。その言語に比べたらCは読みにくい言語です。
記号が多く、なおかつ、一見英単語のように見える単語も、ふつうの英単語で
はない特殊な単語ばかりだからです。

　これは欠点でしょうか。いいえそうではありません。英語が苦手な人でも学
びやすいということになるからです。Cと英語は全く異なる言語です。「英語に
似たプログラミング言語」の場合には、英語が苦手な人が学ぶのはとても大変
です。でもCは英語の力とは関係ありません。逆にいえば、英語が得意な人も
安心してはいけません。英語とCは全く異なる言語だという認識を持って学ん
でください。読みにくい単語も記号も、Cではちゃんとした意味を持っていま
すから、正しく決められた通りに書かなければいけません。少しでも変更する
と正しく動作しなくなることがあります。細かいルールについては、本書を読
み終わってから他の本で学んでもらうことになりますが、その前に単語や記号
を声に出して読めるようになりましょう。Cの理解力が格段に向上するはずで
す。

2.2.3 読み方の例

　これらの記号や単語の読み方は「絶対このように読まなければならない」という決まりはありません。いろいろな読み方をする人がいると思いますが、ここではオーソドックスだと思われる読み方で、一字一句丁寧に発音してみましょう（注：空白（スペース）については 2.3.1 項で説明する " " で囲まれた部分のみ発音することにします）。

```
 1:  #include <stdio.h>
```
　「シャープ、インクルード、山カッコ開く、スタンダード・アイ・オー、ドット、ヘッダー、山カッコ閉じる」

```
 2:  #include <stdlib.h>
```
　「シャープ、インクルード、山カッコ開く、スタンダード・リブ、ドット、ヘッダー、山カッコ閉じる」

```
 4:  int factorial(int n);
```
　「イント、ファクトリアル、丸カッコ開く、イント、エヌ、丸カッコ閉じる、セミコロン」

```
 6:  int main(int argc, char *argv[])
```
　「イント、メイン、丸カッコ開く、イント、アーギュ・シー、カンマ、キャラクター、アスタリスク、アーギュ・ブイ、角カッコ開く、角カッコ閉じる、丸カッコ閉じる」

```
 7:  {
```
　「波カッコ開く」

```
 8:      int x, n;
```
　「イント、エックス、カンマ、エヌ、セミコロン」

```
10:      if (argc < 2) {
```
　「イフ、丸カッコ開く、アーギュ・シー、小なり、に、丸カッコ閉じる、波カッコ開く」

```
11:          fprintf(stderr, "Usage: %s number\n", argv[0]);
```
　「エフ・プリント・エフ、丸カッコ開く、スタンダード・エラー、カンマ、ダブルクォーテーション、ユーセージ、コロン、スペース、パーセント・エス、スペース、ナンバー、バックスラッシュ・エヌ、ダブルクォーテーション、カンマ、アーギュ・ブイ、角カッコ開く、ゼロ、角カッコ閉じる、丸カッコ閉じる、セミコロン」

```
12:          return 1;
```
　「リターン、いち、セミコロン」

```
13:      }
```
　「波カッコ閉じる」

```
14:  n = atoi(argv[1]);
```
　「エヌ、イコール、エー・トゥー・アイ、丸カッコ開く、アーギュブイ、角カッコ開く、いち、角カッコ閉じる、丸カッコ閉じる、セミコロン」

```
15:  x = factorial(n);
```
　「エックス、イコール、ファクトリアル、丸カッコ開く、エヌ、丸カッコ閉じる、セミコロン」

```
16:  printf("%d! = %d\n", n, x);
```
　「プリント・エフ、丸カッコ開く、ダブルクォーテーション、パーセント・ディー、びっくりマーク、スペース、イコール、スペース、パーセント・ディー、バックスラッシュ・

```
           エヌ、ダブルクォーテーション、カンマ、エヌ、カンマ、エックス、丸カッコ閉じる、
           セミコロン」
17:      return 0;
         「リターン、ゼロ、セミコロン」
18: }
    「波カッコ閉じる」
20: int factorial(int n)
    「イント、ファクトリアル、丸カッコ開く、イント、エヌ、丸カッコ閉じる」
21: {
    「波カッコ開く」
22:      int i, x = 1;
         「イント、アイ、カンマ、エックス、イコール、いち、セミコロン」
24:      for (i = 2; i <= n; i++)
         「フォー、丸カッコ開く、アイ、イコール、に、セミコロン、アイ、小なりイコール、エヌ、
         セミコロン、アイ、プラスプラス、丸カッコ閉じる」
25:          x *= i;
             「エックス、アスタリスク・イコール、アイ、セミコロン」
26:      return x;
         「リターン、エックス、セミコロン」
27: }
    「波カッコ閉じる」
```

さてどうでしたか、読めましたか？

Cで書かれたプログラムを声に出して読み上げるのは、難しいことだと思った人が多かったのではないかと思います。だからといって、声に出して読まなくていいということにはなりません。あえて声に出して読むことにより、その単語や記号の意味をより深く理解し、覚えることができるようになるのです。そして結果的に、Cプログラミングを早くマスタできるようになるのです。

また、プログラムの内容について教えてもらったり、相談したりするときにも、プログラムの読み方を知っている必要があります。読み方を知らなければ、説明を聞いても理解できないでしょうし、相談することもできないからです。

もっと本格的なプログラムになると、読みにくい記号や単語[*4]が次々と出てきます。例えば付録A.1のようなプログラムです。このプログラムと比べたら階乗のプログラムは初心者向けのごくごく簡単なプログラムです。すらすら読めるようになるまで何度でも練習しましょう。

[*4]　「A.13 読みにくい記号」「A.14 読みにくい単語」も参照してください。

2.2.4 なぜそう読むの?

アルファベットで書かれる部分には、英語に由来する単語が多数使われます。でも、

```
stdio.h、stdlib.h、int、argc、argv、fprintf、atoi、printf
```

これは英単語でしょうか? どのような意味でしょうか?

最初の「stdio.h」はなんと読むか分かりますか? 何も知らない人は「stdio」を「スタジオ」や「ストゥディオ」と読んでしまうかもしれません。しかしCに慣れた人ならば必ずといってよいほど「スタンダード・アイ・オー」と読みます。ですからあなたがCプログラミングをマスタしたいならば、「stdio」を「スタンダード・アイ・オー」と読まなければなりません。「h」は「エイチ」と読む人もいるでしょうが、本書では「ヘッダ」と読むことにします。

なぜ「stdio.h」を「スタンダード・アイ・オー・ドット・ヘッダ」と読むのでしょう?

その理由は、stdio.hが次の英単語から作られているからです。

```
stdio.h ... standard input output header
```

もう少し細かく説明すると図2.3のようになります。

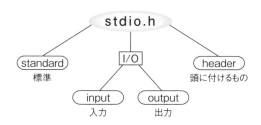

図2.3 stdio.hとは

つまり、

- stdio は、Standard I/O という言葉から作られています。日本語では「標準入出力」と呼ばれます。Standardがstdになり、I/Oがioになっています。さらにI/Oという言葉はInput and Outputという言葉から作られています。

- ファイル名が.hで終わるファイルは「ヘッダファイル」と呼ばれます。.hのhはheaderの頭文字になっていますので「ヘッダ[*5]」と呼びます。

えっ！？　いきなり難しくて意味がさっぱり分からないですって！そうなのです。1行目のstdioの読み方を説明するだけでも、いろいろな予備知識が必要になるのです。だから「おまじない」と言って、説明を後回しにする講師や書籍が多いのです。これらについてきちんと理解するためには、コンピュータの仕組みが分かっている必要があります。コンピュータの仕組みを理解していない人には、説明することができないのです。

逆にいえば、コンピュータの仕組みが分かっている人にとっては理解しやすいということです。本書ではコンピュータの仕組みと合わせて5.2.4項で説明することにします。

まとめてみましょう。先ほどの単語は次のように発音します。

```
stdio.h   ... スタンダード・アイ・オー、ドット、ヘッダ
stdlib.h  ... スタンダード・リブ（ライブラリー）、ドット、ヘッダ
int       ... イント（インテジャー）
argc      ... アーギュ・シー
argv      ... アーギュ・ブイ
fprintf   ... エフ・プリント・エフ
atoi      ... エー・トゥー・アイ
printf    ... プリント・エフ
```

なぜこのように発音するかといえば、次の単語の省略形になっているからです。

```
stdio.h   ... standard input output header
stdlib.h  ... standard library header
int       ... integer
argc      ... argument counter
argv      ... argument vector
fprintf   ... file print formatted output
atoi      ... ascii to integer
printf    ... print formatted output
```

Cではこのような省略形がよく使われます。プログラミングができるようになるためには、このようなC特有の省略形の意味が分かり、発音できるようになる必要があります。付録A.14に「読みにくい単語」と「元になった単語」を

*5)　ネットワークのプロトコルを勉強しても「ヘッダ」という言葉が出てきます。同じ用語ですので知っていたら関連付けて覚えた方がよいでしょう。

掲載しました。Ｃプログラムを学び始めてから、辞書を調べても載っていない単語に出会ったとき、調べてみてください。

　新しい省略形が登場したときにいちいち元の意味を調べて覚えるのは大変です。省略形にはある程度の規則性がありますので、体系付けながら理解した方がよいでしょう。その方が結果的に楽に覚えられ、応用力も付くからです。応用力が付いたらしめたものです。新しい省略形が登場したときに、覚えようとしなくても、すんなりと頭の中に記憶できるようになっていきます。つまり、

　　　応用力を身に付けることが、プログラミング上達の近道

なのです。2.4.1項では省略形に慣れるための方法を説明します。こういった省略形を見て意味が分かるようになればプログラミングの上達も早くなることでしょう。

省略形に慣れよう　　　　　　　　　　　　　　　　　Column

　コンピュータを使っていると、ドキュメントやAPI（9.2.2項参照）やアプリを使う時に、プログラミング言語由来の省略形が出てくることがあります。何も知らないと「宇宙文字みたいだ！」と覚えなければならないことが増えてしまい、面食らってしまうことがあります。ところが熟練者は労力なく、いとも簡単に理解できてしまうことがあります。その理由は、熟練者はコンピュータの世界で昔から使われていることを知っていて、それと関連付けができるからです。少し慣れておきましょう。

省略形	元の単語の意味	C言語での表記
eq	equal	==
ge	greater or equal	>=
gt	greater than	>
le	less or equal	<=
lt	less than	<
ne	not equal	!=

これらの省略形はFORTRANというプログラミング言語に由来します。法則性があるので、元の単語の意味を知れば、必要な時に思い出せるようになるでしょう。ltやgtはホームページを記述するHTMLで<や>を表示したい時に利用されることがあります。

2.2.5 パターン認識力

　形状を分析することを「パターン認識」といいます。C プログラミングをマスタするためには、脳の中に新たな神経回路を作り、C プログラムのパターン認識力を高める必要があります。

　ここであなたのパターン認識力をテストをしてみましょう。

　次のプログラムは K&R 第 2 版の最初に登場するプログラムで、「世界でもっとも有名な C プログラム」と言われています。左のプログラムが正しく、右のプログラムには 7 つの間違いがあります。C プログラミングに慣れた人なら 20 秒以内に全部見つけられるでしょう。C プログラミングを始める前の人ならば 5 分ぐらいかかるかもしれません。

　さあ、間違い探しゲームのつもりでトライしてください。時計を見て、かかった時間を調べてください。

（挑戦した日　　年　　月　　日　かかった時間　　分　　秒）

7つの誤り

```
正しい
#include <stdio.h>

main()
{
    printf("hello, world\n");
}
```

```
誤り
%include <stbio,h>

moin()
{
    printf(hello, world/n"):
}
```

　何分でできましたか？　楽しかったですか？　つまらなかったですか？

　プログラムというものは、正しく入力しなければなりません。でも人間はすぐに間違えてしまいます。間違えた場合には、後から間違いを探さなければなりません。

　初心者にとっては、書籍に掲載されているプログラムをそのまま入力して実行するだけでも大変な作業です。全く同じように入力したつもりが、実行できないことも多いでしょう。どこかに「入力ミス」があるからです。ここからが大変です。間違いを探さなければなりません。

　「入門者が 10 分かかっても発見できない間違いを、熟練者はひと目で分かる」

これはよくあることです。なぜこんなに違うのでしょうか？　それは、熟練者は長年の訓練によって、間違いをたやすく見抜く力が備わっているからです。つまり頭の中には「Cプログラムのパターン認識回路ができあがっている」のです。

　最初は誰でも間違いを探すだけでかなりの時間がかかってしまいます。問題なのは「10分かけて間違いを発見できてパターン認識力が向上した」ならばよいのですが、「10分かけて、プログラミングが嫌いになった」ならば困ったことになります。

　ひと目で分かるようになるためには、長い期間訓練を続ける必要があります。毎日数時間、3ヶ月ぐらいは続ける必要があるでしょう。プログラムの間違い探しをするときには「ゲーム感覚」で取り組むようにしてください。そして間違いを素早く発見できたときには「パターン認識力がちょっとは向上したかな」と思うことが大切です。

Cの見栄え

　私の知り合いには次のような人がいます。

　まだバブルが崩壊する前（1990年前半）、彼は機械工学科に通う大学生でした。これからはコンピュータの時代になると信じていた彼は、独学でコンピュータの勉強をして情報系の企業に就職しました。その会社の新入社員研修はCとCOBOLを学ぶことになっていました。それぞれの言語を学んだ後で、理解度を確認するためにプログラム演習や試験が行われました。

　最初にCの研修がありました。彼はCの研修で新入社員の中で断突のトップの成績を修めました。講師をしていた先輩社員達は彼にとても期待するようになりました。

　ところがCOBOLの研修では彼はどん底の最下位になってしまったのです。これには先輩社員達も大変驚きました。なんとか彼がCOBOLのプログラムが書けるようにならないかと指導しましたが、全くうまくいかないことが分かりました。そして先輩社員達は彼に言いました。

　　「無理してCOBOLを学ぶ必要はない。Cで君の才能を存分に伸ばしてほしい」

　その後彼はCの才能を伸ばし、優秀な技術者になりました。なぜ、こんなことが起きるのでしょうか？

　それは「Cは記号中心の言語」、「COBOLは英語中心の言語」で、見栄えが全然違うからではないでしょうか。実際、長年COBOLでプログラミングをしてきた

人達は C 言語に対して拒絶反応を示し、「何も知らない人」よりも学習が困難な場合が多いのです。

　COBOL だけではありません。かくいう私も最初は C が理解できずに悩みました。C を学ぶ前に BASIC、アセンブリ言語、MODULA2、FORTRAN などの言語を学び、プログラムを作れるようになっていました。ところが C を学ぼうとしたとたんにわけが分からなくなり、なかなか理解できなかったのです。

　このような経験があるのは私だけではありません。かつては次のような書式でプログラムが書かれていた書籍が販売されていました。

```
#include <stdio.h>
#define begin {
#define end }

int main ()
begin
    printf ("Hello, world\n") ;
    return 0;
end
```

　これは C の「プリプロセッサ（3.1.6 項参照）」の機能を使って、C 言語の文法を Pascal に似た書式に置き換えたものです。このような書き方がされていた本は 1 冊だけではなく、複数の本でこのような書き方がされていました。その後 C++、Java など C の見栄えに似た言語が広まりましたので、今ではとても考えられないことですが、かつてはその見栄えに「拒絶反応」を示す人が少なくなかったのです。

　なおこれは、AI（人工知能）でも語られることがあります。「過学習」です。過学習とは、特定のパターンについてたくさん学習した結果、本質ではない部分まで深く学習してしまい、判断した結果がそこに引っ張られて、識別してほしいことを識別してくれなくなることです。AI が「頑なになってしまう」とも言えるかもしれません。人間も同じで、特定の狭いことを深く学びすぎると、違うことが学びにくくなってしまうようです。物事を学ぶときには「過学習」にならないように気をつけた方が良いでしょう。

2.3 記号に慣れよう

2.3.1 Cの記号に慣れよう

　C言語ではたくさんの記号が使われます。2.2節で解説した先ほどのプログラムから、C言語で決められている記号を抜き出してみましょう。（注：1、2行目の . はファイル名の拡張子、11、16行目の % は printf 関数独自の記号なので省いている）

■ 階乗プログラム（記号のみ）

```
 1: #include <stdio.h>
 2: #include <stdlib.h>
 3:
 4: int factorial(int n);
 5:
 6: int main(int argc, char *argv[])
 7: {
 8:   int x, n;
 9:
10:   if (argc < 2) {
11:     fprintf(stderr, "Usage: %s number\n", argv[0]);
12:     return 1;
13:   }
14:   n = atoi(argv[1]);
15:   x = factorial(n);
16:   printf("%d! %d\n", n, x);
17:   return 0;
18: }
19:
20: int factorial(int n)
21: {
22:   int i, x = 1;
23:
24:   for (i = 2; i <= n; i++)
25:     x *= i;
26:   return x;
27: }
```

　なんだか不思議な模様のようになってしまいましたが、たくさんの記号が使われていたことが分かると思います。

　これらの記号は大きく2つの種類に分けられます。

- 1つの記号で意味を持つもの
- 2つの記号がセットで使われるもの

　先ほどのプログラムの場合、次の記号は1つ（1組）で意味を持ちます。（注：<は10、24行目の記号）

　　# ， ＊ ; ＜ ＼ = ++ ＊=

　ただし#も＼もその記号だけでは意味がなく、#include、＼nのように、記号の後ろに続く文字と組み合わせて1つの意味を表現します。; はＣ言語の文の終わりを意味する記号で、日本語でいえば句読点の「。」に相当する記号です。「。」というと、日本語では省略しても通じる場合があったり、詩では「。」を書かない場合もあります。でもＣ言語では ; を書き忘れるとプログラムが動かなくなります。なくてはならない記号なのです。

　次の記号は2つで1つの意味になります。いずれも「何か」を囲むときに使われます。囲む物が無いときもあります。＊6)

　　< > ( ) [ ] { } " "

　「英単語」の場合はアルファベットを読まなければ意味が分かりません。つまり、論理をつかさどる左脳が働くのです。これに対して、「記号」は「目で見た瞬間に意味が分かる」ようになります。つまり、イメージ処理をつかさどる右脳が働くのです。記号は、その形を見ただけでは意味が分からないため、意味を覚えないといけません。でも意味を覚えたら後は楽ができるのです。

　初心者のうちは無理でも、プログラミングに慣れていくにしたがって、脳の中にパターンを認識する回路が作られていきます。記号が多用されるＣ言語は、慣れると見た瞬間にプログラムの要点が理解できるようになります。まさにプロ用の言語なのです。

＊6)　ここで挙げたもの以外に ' ' や /＊ ＊/ もあります。これらの意味については 2.5.3項で説明します。

2.3.2 読みにくい記号

　Cではたくさんの記号が使われます。でもほとんどのCの本には読み方が書かれていません。読み方が分からなければ覚えるのも大変です。付録A.13に、読みにくい記号の読み方の例を掲載しました。読み方が分からない記号に出会ったときに見てください。

　付録A.13を見ると、ところどころ不思議な読み方をしていると感じられる部分があるかもしれません。例えば != です。「ノットイコール」と「びっくりイコール」の2つの読み方が書かれています。「びっくりイコール」は分かっても、「ノットイコール」は分からないかもしれません。でも知っている人ならば != を見たら必ず「ノットイコール」と読むでしょう。なぜ「ノットイコール」なのでしょうか?
それは

　　!= は ≠

と考えれば理解が早いでしょう。4.2.1項で ASCII 文字セットという話が出てきますが、Cプログラミングで使える文字、記号は ASCII 文字セットで決められているものだけです。ASCII 文字セットには「≠」という記号が含まれていません。ですからC言語では「≠」を意味する記号を別の記号の組み合わせで作っているのです。

　ほかにもこのように元の意味から想像すると覚えやすい記号があります。 -> などはとても重要な記号です(付録A.1のブラックジャックのプログラムでもたくさん使われています)。

　　-> は →

　これも ASCII 文字セットで定義されている記号だけで「右向きの矢印」を作っています。 -> を見たら→に見えますか[*7)]?

　見えるようになればC言語に慣れた証拠です。「マイナス・以下」のように見えるようではプログラムを書くことができません。 -> が矢印 (→) に見えるように訓練してください。

[*7)]　実は道路の信号機の矢印も「→」ではなく「 ->」になっています。知っていましたか?

2.4 英字の省略形に慣れよう

2.4.1 省略形に慣れる

stdioは、何という言葉から作られた単語だったか覚えていますか？　standard input output でしたね？

> standard［名詞］標準、しきたり、模範
> input［名詞］　　入力、投入
> output［名詞］　出力、産出

standard input output を日本語に訳すと「標準入出力」になります。stdio を「スタンダード・インプット・アウトプット」とは呼ばずに、「スタンダード・アイ・オー」と呼んできました。io をそのまま「アイ・オー」と呼ぶのには理由があります。コンピュータの世界では入出力の意味で I/O という用語が使われるからです。もちろん「アイ・オー」と発音し、元の意味は input and output です。

では printf はどうでしょう？　これも英語の辞書に載っている単語ではありません。もうすでに printf を見て print と f がつなげられて作られた単語に見えるならば、かなり C 言語流の考え方に慣れてきたといえるでしょう。そう見えなかった人はそう見えるように訓練しましょう。

printf は print formatted output という単語から作られた造語だと言われています。printf の f は format だったのです。

> print［動詞］印刷する、プリントする、押し印する、（写真を）焼き付ける
> format［動詞］体裁を整える
> 　　　　［名詞］型、構成、方式

formatted は動詞の format に ed を付けた単語です。「体裁を整えた」という意味になります。ですから全体としては printf は「体裁を整えて印刷する」のような意味になります。ですから「プリント・エフ」と発音するのです。

図 2.4 略字を見るともとの言葉に見える

　ここまで説明を聞いてもまだまだ分からないと言う人が少なくないでしょう。

　「体裁を整えて印刷する」と言われても意味が分からない。
　「標準入出力」ってどんな意味？

　これらのことはとても大切なのですが、細かくすべてを説明していると肝心なことがなかなか説明できなくなってしまいます。「入出力」という言葉が持つ意味については後の章で説明しますので、ここでは少し待ってください。Cでは「英単語の省略形がよく使用される」ということを覚えてください。付録A.14に省略形と元になった単語を列挙しました。このような「省略形」に慣れることが、Cをきちんと理解するために必要なことだということを理解してください。

2.4.2　printf、stdioの覚え方

　ここでちょっと考えてみてください。あなたはprintfとstdioという単語を覚えなければならなかったとします。どのようにして覚えますか？
　単語をそのまま覚えようとしますか？　それとも print formatted や standard input output という言葉と一緒に覚えようとしますか？

　　「たくさんのことを覚えるのはめんどうだ。printf や stdio をそのまま覚え
　　た方がいい」

　printf や stdio をそのまま覚えようとすると、それぞれ1つの単語を覚えるだけですから、楽に思えるかもしれません。なにしろ関連する print formatted や standard input output も一緒に覚えようとすると、覚えることが増えてしまいますから。

　ところがそれは大きな間違いだと言わざるを得ません。「記憶の天才」でない限り、後々苦労することになるのです。

　何でもかんでも「暗記」で済ますのは良くないことです。覚えることが膨大になってしまうとともに、覚えた端から忘れてしまう危険性もあるからです。そうならないためには単に「覚える」のではなく、「応用力を高める覚え方」が必要です。プログラミングを上達するためには、未知の単語を見たときに、

　　「これは、あの言葉と、この言葉から作られた造語だ！」

と推測できる力を身に付けている必要があるのです。

　Cを学んでいくと、stdio に似た単語に stdin、stdout、stderr、stdlib などの単語が出てきます。printf にも、fprintf や snprintf、scanf など似た単語がたくさんあります。図 2.5 の右のような関連性があります。あなたはこれらを個別に覚えた方が良いと思いますか？

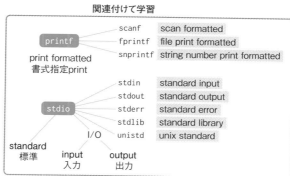

図2.5　printf と stdio を覚える

　似たような項目、関連する項目について、その関連性を理解しながら学習した方が、覚えやすく、忘れにくくなるのです。さらに、似たような項目が出てきたときに関連性について推測できる応用力も身に付くのです。熟練Cプログラマは関連付ける技術を持った人ばかりです。

とは言っても、初めのうちはなかなか関連性が分からないでしょう。すぐに関連性が分からなくてもあきらめてはいけません。できるようになるには「慣れる」しかありません。本書を読みながらだんだんと慣れていきましょう。慣れれば知らない単語に遭遇したときでも「これはこの単語とこの単語がくっついたものだ」と推測できるようになるからです。

関東読みと関西読み Column

興味深いことに、同じ言葉でも、関東と関西で読み方が違う場合があります。次の文字を見たとき、あなたは何と読みたいですか（役割の説明は7.5.2項参照）。

malloc

関東では「エム・アロック」と読む人が多いでしょう。もとの単語がmemory allocationで、m＋allocという形で作られた言葉だからです。printfが「プリント・エフ」ならばmallocは「エム・アロック」と読むだろうという理屈です。しかし、関西では「マロック」と読む人の方が多くなっています。

「char」も関東では「キャラ」や「キャラクタ」と読む人の方が多いのですが、関西では「チャー」と読む人ばかりです。

もちろんどちらの読み方を使ってもかまいません。ほとんどの場合、どちらでも会話は成り立ちますから。

2.5 Cの流儀を理解しよう

2.5.1 Cの流儀

　Cには書き方の流儀があります。流儀に従ってプログラムを書くことはとても大切です。ところが、プログラミングを学びはじめると、学ばなければならないことが多すぎて、その流儀についておろそかになってしまうことがあるのです。でも、その流儀を理解したうえで、それに則ってプログラムを作っていった方が、上達が早くなるはずなのです。プログラミングを学びはじめる前だからこそ、学ぶことができる、そう思って、じっくりと付き合ってください。

2.5.2 実行開始の場所と終了の場所

　階乗のプログラムを実行したとき、処理はどこから始まってどこで終わるのでしょうか？　このことが分かることはとても大切です。プログラムには必ず処理が開始される場所と終了する場所があるのです（例外もあります。処理が永遠に終わらないプログラムもあります。無限ループのプログラムと呼ばれます）。

　プログラムが実行開始される地点を「エントリーポイント」と呼びます。

　　entry［名詞］入場、入り口、記入、参加登録、（辞書などの）見出し語、参
　　　　　　加者、（土地・家への）立ち入り
　　point［名詞］先端、点、小数点、句読点、地点、点数、問題点

　エントリーポイントは日本語に直すと「入点」になりますが、これはプログラム実行開始の地点のことだと思ってください。

図2.6では、6行目から実行が開始され、17行目で終わります[*8]。そして6行目がエントリーポイントです。なぜ6行目になるかというと、そこにmainという名前が付けられているからです。mainというのは特別な名前でプログラムの実行開始場所を意味しているのです。

```
 1:  #include <stdio.h>
 2:  #include <stdlib.h>
 3:
 4:  int factorial(int n);
 5:
 6:  int main(int argc, char *argv[])    ←── プログラムはここから実行開始
 7:  {
 8:    int x, n;
 9:
10:    if (argc < 2) {
11:      fprintf(stderr, "Usage: %s number\n", argv[0]);
12:      return 1;
13:    }
14:    n = atoi(argv[1]);
15:    x = factorial(n);
16:    printf("%d! = %d\n", n, x);
17:    return 0;    ←── プログラムはここで終了
18:  }
19:
20:  int factorial(int n)
21:  {
22:    int i, x = 1;
23:
24:    for (i = 2; i <= n; i++)
25:      x *= i;
26:    return x;
27:  }
```

図2.6 プログラムには始まりと終わりがある

このプログラムでは main 以外にもさまざまな名前が使われています。具体的にいえば factorial、fprintf、atoi、printf、x、n、i、argc、argv です。これらの名前のことをシンボルと呼びます。

　symbol ［名詞］象徴、記号、しるし、符号

「シンボル」は日常では使われない言葉なので、難しいように感じるかもしれませんが、「名前」の意味という認識で大丈夫です。ただし、名前よりもシンボルの方が厳密です。名前だと意味の重複が許されるかもしれませんが、シ

[*8]　ただし12行目で終わることもあります。プログラムの実行のしかたがおかしかった場合に、プログラムの使い方を表示して、処理を中断します。

ンボルは意味の重複が許されません。「1つのシンボルは1つのものやことを表す」のです（ただし9.2.4項で説明するスコープの範囲内で）。

つまり、Cで作られたプログラムのエントリーポイントは main というシンボル（名前）で指定するということになります。main というシンボルが無かったらプログラムは始まりません。main シンボルはプログラムのエントリーポイント（実行開始場所）ですから、必ず必要なのです。

図 2.6 のプログラムを図 2.7 のように書くこともできます。main と factorial の位置が変わっています。入れ替わっていても、main から実行が開始されるのです。図 2.7 の場合は 13 行目から処理が開始され、24 行目で処理が終わることになります。

```
 1:   #include <stdio.h>
 2:   #include <stdlib.h>
 3:
 4:   int factorial(int n)
 5:   {
 6:     int i, x = 1;
 7:
 8:     for (i = 2; i <= n; i++)
 9:       x *= i;
10:     return x;
11:   }
12:
13:   int main(int argc, char *argv[])   ◄──  プログラムはここから実行開始
14:   {
15:     int x, n;
16:
17:     if (argc < 2) {
18:       fprintf(stderr, "Usage: %s number\n", argv[0]);
19:       return 1;
20:     }
21:     n = atoi(argv[1]);
22:     x = factorial(n);
23:     printf("%d! = %d\n", n, x);
24:     return 0;   ◄──  プログラムはここで終了
25:   }
```

図2.7 書き方を変えても変わらない

main 以外の factorial、fprintf、atoi、printf、x、n、i、argc、argv というシンボルにも重要な意味があります。これらについては後で説明します。

エントリーポイントやシンボルといった言葉を初めて聞いた人は、急に難しくなったと感じるかもしれませんが、焦らずについてきてください。

```
 1:  #include <stdio.h>
 2:  #include <stdlib.h>
 3:
 4:  int factorial(int n);
 5:
 6:  int main(int argc, char *argv[])
 7:  {
 8:    int x, n;
 9:
10:    if (argc < 2) {
11:      fprintf(stderr, "Usage: %s number\n", argv[0]);
12:      return 1;
13:    }
14:    n = atoi(argv[1]);
15:    x = factorial(n);
16:    printf("%d! = %d\n", n, x);
17:    return 0;
18:  }
19:
20:  int factorial(int n)
21:  {
22:    int i, x = 1;
23:
24:    for (i = 2; i <= n; i++)
25:      x *= i;
26:    return x;
27:  }
```

図2.8 カッコの対応関係

　Cプログラミングで使われる記号の中でも、一番注意して見なければならないのは「カッコ」を表す記号でしょう。カッコが何を囲んでいるか、カッコが囲む範囲を理解することはとても重要です。

　先ほどのプログラムでは次のような記号が使われています。

　< > ( ) [ ] { } " "

このプログラムでは出てきませんでしたが、次の記号も「何か」を囲むために使われます。

    ' ' /* */

それぞれ「カッコ」としての役割があり、始まりのカッコと終わりのカッコを表します。表2.1のように「何か」を囲むように使います。

表2.1：Cで使われるかっこ

始まり	終わり	例	この例で囲んでいるもの
<	>	`<stdio.h>`	ファイル名
(	)	`(a * b)`	演算の順位
{	}	`{10, 20, 30}`	配列、構造体の初期値
[	]	`[10]`	配列の要素番号
"	"	`"hello, world\n"`	文字列
'	'	`'a'`	文字
/*	*/	`/*コメント */`	プログラムの説明

最後の `/* */` は、他とのカッコとは意味が異なり、「囲んだ部分を無視する」ときに使うとても便利な命令です。何に利用するかというと、コメントを書くときです。

comment［名詞］批評、コメント、注釈、解説、（世間の）うわさ話

コメントは「注釈」や「解説」という意味で、プログラムの説明を日本語や英語で書いたり、一時的にプログラムの特定の行を使わないようにするときに利用できます。特定の行を使わないようにすることを「コメントアウトする」といいます（`//` という記号もコメントを書くときに使われます）。

`"` と `'` は、囲む部分の始まりと終わりを同じ記号で表します。さきほどのプログラムの中から `"` が使われている行を抜き出してみましょう。

```
11:     fprintf(stderr, "Usage: %s number\n", argv[0]);
16:   printf("%d! = %d\n", n, x);
```

これらの行では `"` という記号で

```
  Usage: %s number\n
  %d! = %d\n
```

が囲まれています。このように `"` は文字列などのメッセージを囲むときに使わ

れます。なお、" や ' は、始まりと終わりが同じ記号なので、カッコのように思えなかったり、違和感を感じる人がいるかもしれません。しかし、プログラミングに慣れてくると同じ記号で囲むことの合理性に気がつくようになります。同じ記号で囲んだ方が無駄が省かれシンプルになるのです。

　<、>はどうでしょう。<や>は数学で使われる「不等号」の意味でも使われますが、#includeの直後に書かれたときは「カッコ」の意味になります。このプログラムの場合には、

```
 1:  #include <stdio.h>
 2:  #include <stdlib.h>
```

を囲んでいます。不等号で使う記号でカッコを表現することに違和感を感じる人もいることでしょう。それも慣れです。プログラミングでは / を割り算に使いますが、I/Oの / はその割り算に使う記号です。誰も I÷O には見えないと思います。このように前後のシチュエーションによって記号の意味が変わることを理解しましょう。

　[と]は何を囲んでいるでしょう。

```
 6:  int main(int argc, char *argv[])
11:      fprintf(stderr, "Usage: %s number\n", argv[0]);
14:    n = atoi(argv[1]);
```

11行目と14行目は数字を囲んでいますが、6行目は何も囲んでいません。

　　「何も囲んでいないのは気持ち悪い。何か囲んでくれ～」

と思う人もいるかもしれませんね。Cでは「カッコ自体に意味がある」のです。物が何もないとき、理屈の上では

　　0個ある

という表現を使うことができるのと同じようなことだと考えてもいいでしょう。[]を書かなければ「0個ある」ことすら分からないのです。2.2.5項の7つの間違いで紹介したプログラムには、

```
    main()
```

という行がありました。()自体に意味があるため、何も囲まなくても()が必要なのです（mainの()を省略した場合の意味について、9.3.3項のコラム「一番短いCプログラムはmain;」で解説していますので、興味のある人は読んでみてく

ださい)。

2.5.4 Cプログラムは関数の集まり

Cのプログラムは「関数」から構成されます。関数という言葉は中学や高校の数学で学んだかもしれませんが、数学の関数とは例えば次のようなものです。

$$y = f(x) \;\; ただし \;\; f(x) = \frac{x(x-1)}{2}$$

この場合 $f(x)$ が関数です。Cの関数は、数学の関数と似ているともいえるし、似ていないともいえます。Cの関数は英語の「function」を訳した言葉です。

　function［名詞］機能、働き、作用、目的、職務、役目

英語の function にはたくさんの意味があります。でも日本語で「関数」というと、計算しかできないように感じられるかもしれません。Cの function は計算だけではありません。画面に文字を表示したり、大文字を小文字に変換したり、いろんなことができます。さらに発展したプログラムでは、カメラから画像を取り込んだり、画像に写っている文字列を抜き出してくれるような function が使われることがあります。だから「関数」ではなく「機能」と呼んだ方がいいのかもしれません。しかしながらすでに定着している専門用語を変更するのは容易ではありません。Cプログラミングに上達したければ、固定観念を捨てて、C言語の function は「機能」という意味だけど「関数」と呼ぶ、というような、柔軟な考え方をしましょう。

先ほどのプログラムでは、main、factorial、fprintf、atoi、printf という5個の関数が使われています。関数は、関数の定義の部分と、関数の機能を呼び出す部分に分かれます。このうちの main と factorial については、プログラム中で関数の内容が定義されています。図2.9を見てください。main 関数の定義は6〜18行目、factorial 関数の定義は20〜27行目です。数学の関数は1行で定義されるものも多いですが、Cプログラムの場合には複数行になります。長い関数の定義では1000行を超えることもあります。fprintf、atoi、printf は、このプログラム中では定義は書かれていません。3.2.2項で説明しますが、fprintf、atoi、printf はライブラリで定義されていて、プログラムを実行する前にくっ付ける（リンクする）ことになります。

プログラムの実行中に関数が書かれているところに来ると、プログラムの処理は関数に飛びます（ジャンプします）。factorialと書かれているところではfactorialの処理に飛び、factorialの処理が終わったところで元の処理に戻ってから、処理が続行されます。2.5.2項で説明したエントリーポイントとシンボルという用語を覚えていますか？　factorialというシンボルは、factorialのエントリーポイントを表しているのです。

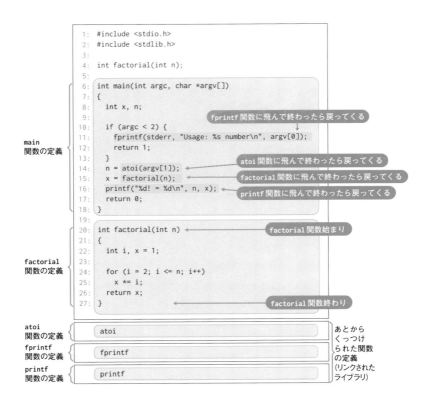

図2.9　Cプログラムは関数の集まり

2.5.5　インデント（字下げ）を理解しよう

　先ほどのプログラムは所々に何も書かれていない「空行」が入っています。また、左端に空白があったり無かったりして、まるで波打っているかのように「字下げ」して書かれています。

　「空行」も「字下げ」もC言語の文法規則ではありません。しなくてもプログラムの動作には影響しません。プログラムを作成する人が「自主的」に行う慣習的な作業です。

　なぜ「空行」を入れたり「字下げ」したりするのでしょうか？　Cを少しかじったことがある人なら次のように答えるかもしれません。

　　「見やすくするため」

　この答えは正しそうですが少し違います。見やすければどう書いても良いのでしょうか？　そんなことはありません。見やすさは人によって違うかもしれません。ですからこれらの目的は見やすくすることにあるのではないのです。

　「空行」は特に決まったルールは無いと思ってください。ではどのようなときに空行を入れるかというと、プログラムの意味ががらりと変わる部分に入れたりします。そうすると、関連する部分がひとつの固まりになって見えるという効果があり、プログラムを理解しやすくなるのです。「空行」は全く入れなくてもかまいません。逆に一番やってはいけないのが、1行ごとに「空行」を入れることで、これはよくありません。本人は見やすいつもりなのでしょうが、全く空行を入れない方がましです。逆にいえば、空行の入れ方が分からないうちは「空行を全く入れない」ようにした方が良いでしょう。

　「字下げ」はルールに則って必ず行う必要があります。「字下げ」のことをインデントといいます。

　　indent［動詞］ぎざぎざを付ける、（契約書など）2通に作成する、（章・
　　　　　　　　　節の1行を）他の行より下げて書く

　「字下げ」よりも「インデント」の方がよく使われますので、以下、本書でも「インデント」と呼ぶことにします。

インデントをする目的は、

1）カッコで囲まれた範囲がひと目で分かるようにする。
2）制御文（第8章参照）の範囲がひと目で分かるようにする。

ということです。ここでは1）について説明しましょう。2）については第8章を読むときに思い出してください。

int main(int argc, char *argv[])の次の行で{のように中かっこを開いています。

```
6: int main(int argc, char *argv[])
7: {
```

このかっこがどこで閉じられるかといえばここです。

```
18: }
```

{で開いたかっこは}で閉じなければなりません。Cプログラムの場合は、この間にたくさんの命令が入るため、1行には収まりません。1行で書こうとすると次のようになってしまいます。

階乗プログラム（1行にまとめようとした場合）

```
1: #include <stdio.h>
2: #include <stdlib.h>
3:
4: int factorial(int n);
5:
6: int main(int argc, char *argv[]) { int x, n; if (argc < 2) {
   fprintf(stderr, "Usage: %s number\n", argv[0]); return 1; } n = atoi
   (argv[1]); x = factorial(n); printf ("%d! = %d\n", n, x); return 0; }
7:
8: int factorial(int n) { int i, x = 1; for (i = 2; i <= n; i++) x *=i;
   return x; }
```

こう書いても正しいCのプログラムです。コンパイル（ビルド）して実行することができます。でもこうは書きません。なぜ1行に書かないのでしょうか？

　このように書いてしまうと {} の対応関係が一目でわかりません。かといって、改行しすぎても見づらくなってしまいます。基本的には、

　　1行に1つの文を書く

ということをします。そして { と } の対応関係を視覚的に分かりやすくするためにインデントをする、ということなのです。

　カッコの中にカッコがあればさらに1段下げます。そうするとカッコを閉じた段階で同じ高さに戻るため分かりやすくなるのです。さらにこの考え方は5.3.4項で説明する「スタック」の考え方にも通じます。

```
{
  {
    {
    }
  }
}
{
  {
  }
}
```

　{ と } で囲まれている部分を「ブロック」と呼びます。カッコの中にカッコがあるなど、同じ種類のものの中に同じ種類のものがあることを「入れ子」や「ネスト」といいます。

　　nest［名詞］巣、休み場所、入れ子、ひと組、ひとそろい、セット

　ネストしている場合はさらに「インデント」します。インデントをすると、ネストの状態がよく分かります。開いたカッコの数と閉じたカッコの数に間違いがないかチェックするのにも役立ちます。このことをしっかりと心の中に刻んでおいてください。

PythonとCのインデント

　Cのインデントはプログラマが自主的に行う作業です。インデントをしなくてもプログラムは動作します。その結果、行儀が悪いプログラマが育ち、インデントがめちゃくちゃで、他人にとって読みにくいプログラムを平気で書く人がいるなどの批判を受けることがあります。

　そこで、インデントを強要する言語が登場しています。有名なのがPythonです。C言語で{ 〜 }で囲んで表現するところを、Pythonでは「インデント」で表現します。詳しくは説明しませんが、雰囲気を感じられるように、本書の階乗プログラムをPythonで書いてみました。

　インデントを崩すと正しく動作しなくなります。Cを学び始めたら「インデントはとても大切」ということを理解して、実践してください。

Python版階乗プログラム（行番号付き）

```
 1:  import sys
 2:
 3:  def factorial(n):
 4:    x = 1
 5:    for i in range(2, n + 1):
 6:      x *= i
 7:    return x
 8:
 9:  args = sys.argv
10:
11:  if len(sys.argv) < 2:
12:    print("Usage: {} number".format(sys.argv[0]))
13:    sys.exit()
14:
15:  n = int(sys.argv[1])
16:  x = factorial(n)
17:  print("{}! = {}".format(n, x))
```

先ほどのプログラムをインデントしていなかったら、次のようになります。

▌階乗プログラム（インデントしなかった場合）

```
 1: #include <stdio.h>
 2: #include <stdlib.h>
 3:
 4: int factorial(int n);
 5:
 6: int main(int argc, char *argv[])
 7: {
 8: int x, n;
 9:
10: if (argc < 2) {
11: fprintf(stderr, "Usage: %s number\n", argv[0]);
12: return 1;
13: }
14: n = atoi(argv[1]);
15: x = factorial(n);
16: printf("%d! = %d\n", n, x);
17: return 0;
18: }
19:
20: int factorial(int n)
21: {
22: int i, x = 1;
23:
24: for (i = 2; i <= n; i++)
25: x *= i;
26: return x;
27: }
```

int main()の次の行で開いたかっこが、どこで閉じられているのか、見てすぐに分かりますか？　分かりませんね。本格的なプログラムを書くと、{ と } の間が数10行、数100行になることがあります。そのようなときでも、インデントしていればカッコの対応関係を見つけやすくなるのです。

　インデントにはルールがあります。だいたい次の通りです。

　　1）{ が始まると、1段下げる。（ブロックの始まりで一段下げる）
　　2）} で閉じると、1段戻る。（ブロックの終わりで一段戻す）

3）for、while、if、else で制御される範囲は{}が無くても1段下げる。
その次の行は1段戻る。

　3）についてはC言語の文法を学んでからしか分からないと思いますが、「インデントには規則がある」ということはしっかりと覚えてください。そして実際にCでプログラムを書くときにはきちんと「インデント」をするようにしてください。

インデントの流儀の種類　　　　　　　　　　　　　　Column

　インデントにはいくつかの流儀があります。どの書き方が良いかは一概には言えません。会社では書き方の流儀を決めている場合がありますので、それに従うのが良いでしょう。
　次のプログラムはカッコの始まりを前の行の文末に書くようにした書き方です。

```
 1: #include <stdio.h>
 2: #include <stdlib.h>
 3:
 4: int factorial(int n);
 5:
 6: int main(int argc, char *argv[]) {
 7:   int x, n;
 8:
 9:   if (argc < 2) {
10:     fprintf(stderr, "Usage: %s number\n", argv[0]);
11:     return 1;
12:   }
13:   n = atoi(argv[1]);
14:   x = factorial(n);
15:   printf("%d! = %d\n", n, x);
16:   return 0;
17: }
18:
19: int factorial(int n) {
10:   int i, x = 1;
21:
22:   for (i = 2; i <= n; i++)
23:     x *= i;
24:   return x;
25: }
```

　次のプログラムはカッコを文末ではじめず、行頭に統一した書き方です。インデントする箇所の前後には必ず{ }を付けています。

```
 1: #include <stdio.h>
 2: #include <stdlib.h>
 3:
 4: int factorial(int n);
 5:
 6: int main(int argc, char *argv[])
 7: {
 8:   int x, n;
 9:
10:   if (argc < 2)
11:   {
12:     fprintf(stderr, "Usage: %s number\n", argv[0]);
13:     return 1;
14:   }
15:   n = atoi(argv[1]);
16:   x = factorial(n);
17:   printf("%d! = %d\n", n, x);
18:   return 0;
19: }
10:
21: int factorial(int n)
22: {
23:   int i, x = 1;
24:
25:   for (i = 2; i <= n; i++)
26:   {
27:     x *= i;
28:   }
29:   return x;
30: }
```

　インデントする文字数もです。2文字、3文字、4文字、8文字などのインデントが使われます。8文字は[tab]キーで入力できる「タブ」という制御コードと同じ幅で、よくインデントに利用されますが、インデントが深くなるとプログラムが右に寄りすぎて、画面からはみ出しやすいという欠点があります。K&R第2版では4文字のインデントが採用されています。本書はさらに小さい、2文字のインデントを採用しています。

 **Exercises** 演習問題

Ex2.1 | 次の英単語の読み方、意味が分かりますか？

	読み方		意味	
text	(	)	(	)
editor	(	)	(	)
standard	(	)	(	)
input	(	)	(	)
output	(	)	(	)
print	(	)	(	)
format	(	)	(	)
entry	(	)	(	)
point	(	)	(	)
symbol	(	)	(	)
comment	(	)	(	)
function	(	)	(	)
indent	(	)	(	)
nest	(	)	(	)

Ex2.2 | 次の単語は何と読んだらいいでしょう？　元になった単語も分かりますか？

	読み方	意味
argc	( )	( )
argv	( )	( )
atoi	( )	( )
fprintf	( )	( )
int	( )	( )
printf	( )	( )
stdio.h	( )	( )
stdlib.h	( )	( )

Ex2.3 | 付録A.1のプログラムについて、{ と } の対応関係を調べてみましょう。

Ex2.4 | 付録A.1のプログラムについて、入れ子になったカッコを探してください。

Ex2.5 | 付録A.1のプログラムで、プログラムがどこから実行開始され、どこで終了するか考えてみましょう。

Ex2.6 次のプログラムはインデントが間違っています。正しく直してください（プログラムのそれぞれの行頭を解答欄の点線に合わせるようにインデントしてください）。

```c
#include <stdio.h>
#include <stdlib.h>

    int factorial(int n);

    int main(int argc, char *argv[])
{
int x, n;

if (argc < 2) {
    fprintf(stderr, "Usage: %s number\n", argv[0]);
    return 1;
}
n = atoi(argv[1]);
x = factorial(n);
    printf( "%d! = %d\n", n, x);
    return 0;
    }


        int factorial(int n)
{
int i, x = 1;

    for (i = 2; i <= n; i++)
      x *= i;
        return x;
          }
```

解答欄

競技プログラミング

　他人と競うことによってプログラミング能力を高める大会が開かれています。競技プログラミングと呼ばれます。インターネット上のサイトで競技者を募集し、出題し、情報を入力することによって、正解・不正解の判定がされたり、他の競技者との順位を競います。

　参加するための資格は特に必要なくプログラミングができる人であれば誰でも参加できます。情報処理やゲーム、セキュリティ、AI系など色々なジャンルがありますが、問題を解決をするための手順を思い付いたり、速く計算結果を出す方法を実装するアルゴリズム分野の人気が高まっています。

　出された条件を満たすプログラムを書いて提出する競技の場合、解いている間は競っている感じが少ないのですが、結果が点数やランキングとして反映されますのでゲーム感覚でさらにレベルアップを目指したくなる人が多いようです。

　他人と競い合うことは、闘争心が芽生え、集中力を高め、頭脳が活性化し、スキルアップにはもってこいです。競技プログラミングではプログラミング言語が指定されます。Cは大抵使えますので安心してください。また競技以外でも演習問題に取り組めるようになっていることも多いので、試してみると良いでしょう。

　なお、競技プログラミングの人気の言語はC++です。競技プログラミングの例題の解説等はC++になっていることがあるので、C++を理解できる人の方がスキルアップしやすくなります。C++は、Cを学んだ人にとっては学びやすい言語ですので、本書を読まれた後でC++を学んでみても良いでしょう。

第3章

プログラムの作り方

授業や研修でプログラミングの課題を出すと、例題プログラム（サンプルプログラム）を見て、意味も分からず適当に書き換えて、試行錯誤だけでプログラムを作ろうとする人がいます。これでは、

> コンピュータを使うためプログラミングをするはずが、
> コンピュータに使われている

といえるでしょう。こんなことをしているようでは、いつまで経ってもプログラムを作れるようにはなりません。闇雲に盲目的な試行錯誤をしても、実力の向上は望めません。時には試行錯誤が必要になることもありますが、基本をおさえ、きちんと筋道を立てた上で試行錯誤しなければ意味がないのです。

この章では、プログラムを作るときの考え方を学びましょう。

そうすれば、プログラミングの習得も早くなるはずです。

3.1 プログラムを作るときの考え方

3.1.1 手順を考える

プログラミングの考え方をちょっとした算数で考えてみましょう。日常生活でよく計算するものです。

今年は 2024 年だとします。2008 年生まれの人は、2024 年末までには何歳になるでしょう。

これはとても簡単ですね。

2024 − 2008 ＝ 16

と計算すると答えは 16 歳になります。今の年を Y、生まれた年を y、Y 年の末までになる年齢を old とすると、次のような式になります。

$$old = Y - y$$

では次の問題はどうでしょう。

今日は 2024 年 7 月 7 日だとします。2008 年 7 月 10 日生まれの人は何歳でしょう。

先ほどよりちょっと難しくなりました。今日の月日が、誕生日よりも前か後かで年齢が 1 つ変わってしまうからです。この例の場合は

7 月 7 日は、7 月 10 日の前だから、年齢が増える前

ということになります。よって、

2024 − 2008 − 1 ＝ 15

となり、15 歳ということになります。分かりますか？　分からない人はもう一度じっくり考えてみましょう。ここに書いてあることが分からなければ先には進めません。

さて、なぜこのような例を出したのでしょう。それはプログラムとは何かについて考えてほしかったからです。プログラムとは次のような計算ができるような処理を考えて作ることなのです。

今日は Y 年 M 月 D 日だとします。y 年 m 月 d 日生まれの人の年齢を old とすると、どのような計算式で表せるでしょう。

とたんに難しくなったと思いますか？　プログラムを作るということは、このように値が変わっても処理できるようにすることなのです。

3.1.2　入力、処理、出力を考える

先ほどの例の、

今日は Y 年 M 月 D 日だとします。y 年 m 月 d 日生まれの人の年齢を old とすると、どのような計算式で表せるでしょう。

という内容の処理ができるプログラムを作ったとします。そうすると、人間が Y、M、D、y、m、d に当てはまる数値を与えると、コンピュータが処理をして年齢を教えてくれるということになります。このとき、人間が与える値を「入力」といい、コンピュータが教えてくれる値を「出力」といいます。

コンピュータに何かを処理してほしいときには、必ずと言っていいほど入力があります。コンピュータへの入力は必ず「数値」で行われ、出力も必ず「数値」で行われます。

と言っても、コンピュータに数値を入力するときに使うのはキーボードだけではありません。自動車の場合には、アクセルやブレーキ、ハンドルなどから入力することになるかもしれません。アクセルを踏んだ強さ、ブレーキを踏んだ強さ、ハンドルのまわす向きと角度、速さなど、これらの状態が「数値」に変換されてコンピュータに入力されます。そしてコンピュータは、ガソリンの量を調整したり、ブレーキの強さを調整したりするのです。

繰り返しますが、コンピュータの処理の基本は、

「入力」「処理」「出力」

です。複雑なシステムになってもこの基本原理は変わりません。プログラムを作るときには、「何を入力するか」「何を出力するか」をしっかり意識して考えながら作る必要があります。

3.1.3 ファイル入出力

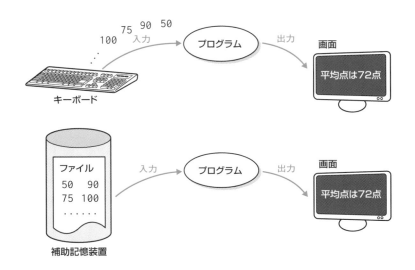

図3.1 ファイルを活用しよう

　入力するデータがキーボードから簡単に入力できる量ならばキーボードから
入力すればいいのですが、

　　100人受験したテストの点数の平均点を求める。

などのように、入力するデータ量が大きくなると、毎回キーボードから入力す
るのは手間です。

　　キーボードから数値を入力してみたら、プログラムが間違っていて正しい
　　結果が得られなかった。

ということになるかもしれません。プログラムを直してから、再度全部の数値
を入力し直さなければなりません。

　　99人分の数値を入力したところで、数値を入力し間違えてしまった。

という可能性もあります。最初から全部の数値を入力し直さなければならなく
なります。コンピュータは人間の作業を手助けしてくれて、人間が楽をするた

めの機械なのに、かえって手間が増えてしまうことになるのです。

　こういうときには、入力データを「ファイル」に保存し、ファイルから入力するようにします。そうすると、「ファイルの数値が間違っている場合」も「プログラムに間違いがある場合」でも、手間を減らすことができます。また、プログラムが正しく動いているかどうかをチェックするときにも使えます。プログラムの動作チェックをしているときに、

　　　入力データを正しく入力したかどうか分からない

ということになってしまったら、プログラムが正しいかどうか分かりません。

　出力結果が大量にある場合には、それもファイルに保存した方がいいでしょう。正しく動作したかどうかを後からいくらでも確認できるからです。ファイル入出力については5.4.4項、5.4.5項でもふれます。

3.1.4 関数（ファンクション）と部品（モジュール）

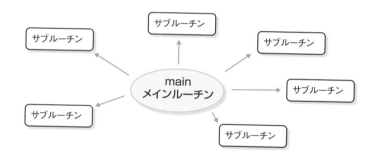

図3.2　メインルーチンとサブルーチン

　自動車が、エンジンやタイヤ、ボディなどから構成されるように、プログラムもたくさんの部品から構成されます。プログラミングの世界では、部品と呼ぶ人は少なく、モジュールと呼ぶ人が多いでしょう。もちろん、車などの機械の世界でも部品をモジュールと呼ぶことがあります。

module［名詞］（建築材料・家具などの）基準寸法、基本単位、（家具な
　　　　　　　　ど）組み立てユニット、（宇宙開発の）モジュール（宇宙
　　　　　　　　船の中で母船から独立して独自の機能を果たすように設計
　　　　　　　　された部分）

　モジュールは「取りかえられる部品」のような意味で使われます。ソフトの
場合もハードの場合も、不具合の修正や機能向上などは、モジュール単位で行
えると、とても効率がよくなります。
　プログラミングの場合、モジュールは複数のサブルーチンから構成されるの
が普通です。
　「ルーチン」という言葉は、日常生活でも「ルーチンワーク（routine work）」
という言葉で使われますが、「決まった仕事」という意味です。

　　sub［接頭語］下、下位、副
　　routine［名詞］決まった日常の仕事・操作、型にはまった演技、（情報用
　　　　　　　　語の）ルーチン（プログラムによる一連の作業）

　「サブ」は「副」「補助的な」という意味です。サブルーチンはメインルーチ
ンの下請けと考えればいいでしょう。Cのプログラムには1つのmainと、たく
さんのサブルーチンから構成されるのが普通です。
　階乗のプログラムの場合は、mainがメインルーチン、factorial、atoi、fprintf、
printfがサブルーチンだったのです。Cではメインルーチンもサブルーチンも関
数として定義されます。関数がルーチンの単位になっているのです。

3.1.5 すべてを作る必要はない

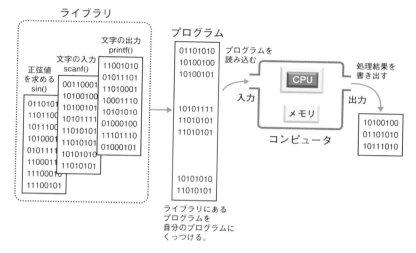

図3.3 ライブラリを使えば、プログラミングが楽になる

　プログラムを作るときには、すべてのプログラムを作成する必要はありません。大部分のプログラムはすでに用意されているからです。キーボードから文字を入力したり、画面に文字を出力するためにはたくさんのプログラムが必要です。ですが、これらの処理をするプログラムはあらかじめ用意されているのです。だから、あなたはすでに用意されているプログラムを利用しながらプログラムを作ればいいのです。

　すでに用意されているプログラムのことを「ライブラリ」といいます。ライブラリは「図書館」「書庫」という意味です。

　library［名詞］図書館、書庫、書斎、コレクション

　プログラムの世界のライブラリは、プログラムを開発する人がいつでも使えるように、よく使う機能をあらかじめプログラムとして作成してまとめた「書庫」という意味になります。「書庫」に入っているプログラムは、自分で作る必要はありません。すでに用意されているわけですから、使えばいいのです。そうするとプログラムを作るのがとても楽になります。

ライブラリはランタイムルーチンとかランタイムライブラリ、単にランタイムと呼ばれることもあります。

　　runtime［名詞］（プログラムの）実行時間、（プログラムの）実行時

「実行時に使われるライブラリ」、「実行時に使われる誰かが用意してくれたプログラム」という意味になります。

　階乗のプログラムの場合には、factorialは自作のプログラムで、atoi、fprintf、printfがライブラリに入っているプログラムです。atoiは文字列を整数に変換するときに使われる関数で、fprintfとprintfは文字を出力するときに使われる関数です。このようにライブラリには関数という形でプログラムが入っています。

　これらの3つの関数は「標準ライブラリ」に含まれています。標準ライブラリは、異なる環境でも利用できることが多い関数群です。標準ライブラリは誰かが作ったプログラムですが、多くのCプログラミングの開発環境で利用することができます。ですから、あなたがatoiやfprintf、printfと同じ機能を必要としているなら、それをあなたが作る必要はありません。利用すればいいのです。

ライブラリをおそれるな！　　　　　　　　　Column

　「すでに用意されているライブラリは、使えばよい」と言いましたが、使うためにはどのようなライブラリが用意されているかを知っていなければなりません。知らなければライブラリと同じものを自分で作ってしまうかもしれません。これは「無駄な作業」といえるでしょう。

　ライブラリを知ったり理解するためには「時間」や「労力」が必要ですが、その分、プログラムを開発する「時間」や「労力」を減らすことができるので、知っておくことはとても大切なことだといえるでしょう。

　ところが、ライブラリはすべてを覚えられるほど少なくありません。非常に多くの種類があります。Cの標準ライブラリだけでも130以上あります。

　　「全部覚える必要があるの！？」

　一度に覚えるのは大変ですが、どのような種類のライブラリがあるかは一通り見ておいた方がいいでしょう。

　ウィンドウプログラミングやグラフィックプログラミング、AI（人工知能）プログラミングなどを始めると、利用できるライブラリが莫大な数になります。もはや、すべてを覚えるのは不可能ともいえるでしょう。

「覚えられなくてもプログラムを作れるの？」
作れます。どのような種類のライブラリがあるかを一通り知ったら、あとはマニュアルやネットで調べながらプログラムを作ればいいのです。

　プログラムを作るときに、マニュアルやネットで調べないで作ろうとする人がいます。それはだめです。熟練プログラマだって、印刷されたマニュアルやオンラインマニュアル（コンピュータの中で読める電子的なマニュアル）を見たり、ネットで情報を調べながらプログラムを作っているのです。何も見ないでプログラムを作れるようになる必要なんてありません。マニュアルやネットで調べながらプログラムを作れるようになりましょう（ただし、資格試験や講義の試験は例外ですが）。

3.1.6　決まった処理はコンピュータに任せよう

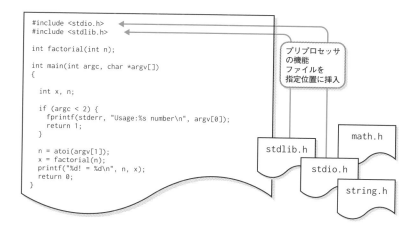

```
#include <stdio.h>
#include <stdlib.h>

int factorial(int n);

int main(int argc, char *argv[])
{
  int x, n;

  if (argc < 2) {
    fprintf(stderr, "Usage:%s number\n", argv[0]);
    return 1;
  }

  n = atoi(argv[1]);
  x = factorial(n);
  printf("%d! = %d\n", n, x);
  return 0;
}
```

プリプロセッサの機能
ファイルを指定位置に挿入

stdlib.h

math.h

stdio.h

string.h

図3.4　include

　プログラムを作るときに、

　「毎回のように書かなければならない決まった書き方」

というのがあります。毎回同じことをたくさんするのは、面倒だと思いませんか？　せっかくコンピュータを使っているのです。楽をしたいですね。そんなときに活躍するのがプリプロセッサです。プリプロセッサを英語で書くと

preprocessorになります。情報分野の専門用語であり、辞書には載っていないかもしれません。この言葉はpreとprocessorという2つの言葉から作られています。

pre［接頭語］あらかじめ、以前の
processor［名詞］（コンピュータの）処理装置

つまり「あらかじめ処理する装置」という意味になり、「前処理プログラム」とも呼ばれます。具体的には次のような機能があります。

- 特定の箇所に特定のファイルを挿入する。（#include）
- 特定の文字列を特定の文字列で置換する。（#define）
- 条件に合わせて、特定の行を削除、または、挿入する。
  （#ifdef #else #end）

「ファイルの挿入」「置換」「削除」「挿入」は、テキストエディタが備えている基本的な機能と同じともいえるでしょう。そうです。一言で説明すれば

プリプロセッサはテキストエディタ[*1]

なのです。

#includeは指定したファイルをその位置に挿入する命令です。Cプログラムを作成するときには、いくつかの機能を複数のファイルに分けて作成します。本格的なプログラムになれば、10〜100以上のファイルを結合させて1つの実行プログラムを作ります。

stdio.hのように、ファイルの拡張子が.hになっているファイルを「ヘッダファイル（header file）」と呼びます。

header［名］逆さ飛び込み、まっさかさまに落ちること、（サッカーの）ヘ
ディングによるシュート（パス）、頭（部）をとる人、穂先
を摘む機械

ヘッダは「頭の部分」を意味します。「ヘッダファイル」は「頭に置くファイル」という意味になります。本格的なCのプログラムでは、プログラムの先頭に#includeがたくさん並ぶようになります。これは、

---

*1）　Unix系OSにはsed（ストリームエディタ）というプログラムがありますが、プリプロセッサもその仲間のエディタといえます。

「プログラムを作るときには毎回のように決まった書き方をしなければならないことがある。毎回同じプログラムを何行も書くのは面倒なので、決まった書き方の部分は別のファイルに保存しておき、それを挿入（コピー＆ペースト）して使用する」

ということをするためです。たった1行 #include <stdio.h> と書くだけで、実際には 100行から 1000行ものプログラムが挿入されるのです。 stdio.hの中でさらに別のヘッダファイルを include している場合もあります。たった1行 #include <stdio.h> と書くだけでこのような面倒な処理をしてくれるのです。

　我々人間にとって、同じ事を繰り返すのは苦痛です。その苦痛を軽減するためにプリプロセッサの #includeが使用されるのです。stdio.hというファイルには、標準入出力に関する標準ライブラリ関数（3.1.5項参照）を使うときに、プログラムの先頭部分に書くべきことがあらかじめ書かれています。#includeを使うことで、その中身を知らなかったり、理解していなくても、それを利用してプログラムを作ることができます。

　自分で作ったプログラムやヘッダファイルを #includeで読み込むこともできます。大規模なプログラムになると、プログラムの先頭部分に共通となる事項を書くことが多くなってきます。そういうときにはプログラマがヘッダファイルを作ることも多くなります。

熟練者はライブラリやカーネルのソースコードを読む　Column

　この章では「ネットやマニュアルで調べながらプログラムを作れば良い」と説明しました。しかし、ネットで調べたり、マニュアルを読んでも「これを使えば良い」とわかっても使い方がわからなかったり、結果が思った通りにならないことがあります。この場合には色々と試して、調べる方法がありますが、さらにその先には最終手段があります。

- ライブラリやOSカーネルのソースコードを読む。

　OSS（Open Source Software、オープンソースソフトウェア）の場合にはソースコードが公開されていますので、動作が不明なライブラリやシステムコール（5.3.2項参照）についてはライブラリやOSカーネル（5.3.1項参照）のソースコードを読んで調べることができます。プログラミングの経験を重ねていくと、ライブラリにバグがあったり、マニュアルに誤植があったりすることもあります。ネットやマニュアルを盲目的に信じるのではなく、疑問が生じたら、自分で検証していく必要もあります。

3.2 プログラムが実行されるまで

3.2.1 コンパイル、アセンブル

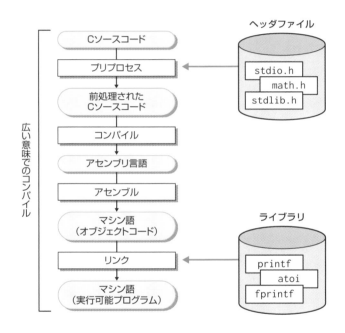

図3.5 ビルド（広い意味でのコンパイル）処理の流れ

　コンピュータが直接処理できるのはマシン語（機械語）と呼ばれる言語という話を覚えていますか（1.3.2項参照）。つまりコンピュータはCで書かれたプログラムを直接実行することはできないのです。

　Cでプログラムを作成したら、コンピュータで実行する前に「コンパイル」という作業をしなければなりません。コンパイルとは「Cで書かれたプログラムを、コンピュータが理解できる機械語に翻訳する」という意味です。オルゴールの場合に、楽譜は同じでも、オルゴールの規格に合わせてドラムを作る作業と同じことです。

コンパイラとインタプリタ　　　　　　　　　　**Column**

　C言語は「コンパイラ型言語」と言われます。ほとんどの処理系でソースコードの全体を機械語に翻訳してから実行するからです。これに対して「インタプリタ型言語」というものがあります。これはソースコードを1行翻訳して実行し、1行翻訳して実行する、というプログラミング言語のことです。インタプリタ型言語の代表はPythonです。インタプリタ型言語は実行速度が遅いのですが、プログラムに文法エラーがあっても、できているところまで実行できるという利点があります。

　なお、インタプリタ型言語でも、実行時にコンパイル＆アセンブルして高速に処理する手法が使われることがあります。これをJITコンパイラと呼びます。JITはJust In Timeの意味です。

翻訳する前のCのプログラムを「ソースプログラム」といいます。翻訳された機械語のプログラムを「オブジェクトプログラム」といいます。

　　source［名詞］（もの・事の）源、元、情報源、出所
　　object［名詞］物、物体、対象、目的

ソースは「源（みなもと）」という意味で、オブジェクトは「目的」という意味です。コンパイルとは源となるプログラムから目的となるプログラムを作る処理なのです。なおオブジェクトという言葉は、「オブジェクト指向」というプログラミングパラダイムでも使われる言葉で、さまざまなニュアンスがあります。ここでのオブジェクトは「目的」という意味です。また後の章では変数オブジェクトや関数オブジェクトという言葉が出てきます。この時の意味は「実体」で「メモリ上に配置された領域」を意味します。オブジェクトは色々な意味で使われますので、その都度、意味について考えてみてください。

　一言で「コンパイル」といっても、実際には「プリプロセス、コンパイル、アセンブル、リンク」という複数の処理が含まれています。注意しなければならないのは、コンパイルには2つの意味で使われることがある、ということです。

狭い意味

ソースプログラムからアセンブリ言語のプログラムを作る処理[2]。

広い意味

オブジェクトを作るのに必要な「プリプロセス、狭い意味のコンパイル、アセンブル、リンク」をすべてひっくるめた意味。ビルドと呼ぶこともある。

＊2）　アセンブルを行ってマシン語のファイルを作るまでの意味で使われることもある。

アセンブルはアセンブリ言語をマシン語に変換する処理です。アセンブルを行うソフトウェアをアセンブラといいます。

> assemble［動詞］（人を）集める、集合させる、召集する、（ものを）集めて整理する、（機械などを）組み立てる

狭い意味でのコンパイルは、ソースプログラムからアセンブリ言語を作る処理です。アセンブリ言語とはマシン語と1対1で対応した言語です。

> assembly［名詞］集会、会合、会議、朝礼、（立法）議会、（部品の）組み立て、組み立て（部）品、（軍隊の）集合の合図（らっぱ）

マシン語は2進数や16進数を使った言語なので人間が覚えるのはとても大変です。このため、マシン語で直接プログラムを作ることは少なく、どうしてもマシン語のプログラムを作る必要があるときにはアセンブリ言語で作るのが普通です。アセンブリ言語ならば、2進数や16進数よりも人間にとって分かりやすく覚えやすい英文字や10進数を使ってプログラムを作ることができます。

Cプログラムをマシン語に変換できても、そのままでは実行できません。実行するためには3.2.2項で説明する「リンク」の処理が必要です。リンクをすると実行可能なプログラムが作られます。

このようにしてCのソースプログラムから、実行可能プログラムを作ることができるのです。

マシン語とアセンブラ　　Column

階乗のプログラムをコンパイルして実際にアセンブリ言語とマシン語に変換したプログラムをお見せしましょう。インテルのCore i プロセッサ向けと、ARM プロセッサ向けに、コンパイル、アセンブルした結果です。C言語のプログラムとは見栄えが全然違っていますが、main や factorial など、見覚えのある文字列が見つかるでしょう。これは2.5.2 項で説明した「エントリーポイントを表すシンボル」です。

インテルのCore iプロセッサ向けにコンパイル（アセンブル）したマシン語とアセンブリ言語

```
アドレス マシン語（データ）    アセンブリ言語
（16進数）（16進数）
1                             .section __TEXT,__text,regular,pure_instructions
                                                    ↑プログラム命令のセクションの始まり
2                             .build_version macos, 10, 14
3                             .globl  _main          ←_mainはグローバルシンボル
4                             .p2align        4, 0x90
```

5	`_main:` ← `_main`はmain関数のエントリーポイントを表すシンボル
6	`.cfi_startproc`
7 0000: 55	`pushq   %rbp`
8	`.cfi_def_cfa_offset 16`
9	`.cfi_offset %rbp, -16`
10 0001: 48 89 e5	`movq    %rsp, %rbp`
11	`.cfi_def_cfa_register %rbp`
12 0004: 48 83 ec 20	`subq    $32, %rsp`
13 0008: c7 45 fc 00 00 00 00	`movl    $0, -4(%rbp)`
14 000f: 89 7d f8	`movl    %edi, -8(%rbp)`
15 0012: 48 89 75 f0	`movq    %rsi, -16(%rbp)`
16 0016: 83 7d f8 02	`cmpl    $2, -8(%rbp)`
17 001a: 7d 2b	`jge     LBB0_2`
18 001c: 48 8d 35 a4 00 00 00	`leaq    L_.str(%rip), %rsi`
19 0023: 48 8b 05 00 00 00 00	`movq    ___stderrp@GOTPCREL(%rip), %rax`
20 002a: 48 8b 38	`movq    (%rax), %rdi`
21 002d: 48 8b 45 f0	`movq    -16(%rbp), %rax`
22 0031: 48 8b 10	`movq    (%rax), %rdx`
23 0034: b0 00	`movb    $0, %al`
24 0036: e8 00 00 00 00	`callq   _fprintf` ← `fprintf`関数のエントリーポイントに飛ぶ
25 003b: c7 45 fc 01 00 00 00	`movl    $1, -4(%rbp)`
26 0042: 89 45 e4	`movl    %eax, -28(%rbp)`
27 0045: eb 39	`jmp     LBB0_3`
28	`LBB0_2:`
29 0047: 48 8b 45 f0	`movq    -16(%rbp), %rax`
30 004b: 48 8b 78 08	`movq    8(%rax), %rdi`
31 004f: e8 00 00 00 00	`callq   _atoi` ← `atoi`関数のエントリーポイントに飛ぶ
32 0054: 89 45 e8	`movl    %eax, -24(%rbp)`
33 0057: 8b 7d e8	`movl    -24(%rbp), %edi`
34 005a: e8 00 00 00 00	`callq   _factorial` ← `factorial`関数のエントリーポイントに飛ぶ
35 005f: 48 8d 3d 73 00 00 00	`leaq    L_.str.1(%rip), %rdi`
36 0066: 89 45 ec	`movl    %eax, -20(%rbp)`
37 0069: 8b 75 e8	`movl    -24(%rbp), %esi`
38 006c: 8b 55 ec	`movl    -20(%rbp), %edx`
39 006f: b0 00	`movb    $0, %al`
40 0071: e8 00 00 00 00	`callq   _printf` ← `printf`関数のエントリーポイントに飛ぶ
41 0076: c7 45 fc 00 00 00 00	`movl    $0, -4(%rbp)`
42 007d: 89 45 e0	`movl    %eax, -32(%rbp)`
43	`LBB0_3:`
44 0080: 8b 45 fc	`movl    -4(%rbp), %eax`
45 0083: 48 83 c4 20	`addq    $32, %rsp`
46 0087: 5d	`popq    %rbp`
47 0088: c3	`retq` ← main関数の呼び出し元に戻る
48	`.cfi_endproc`
49	`.globl  _factorial` ← `_factorial`はグローバルシンボル
50	`.p2align     4, 0x90`
51	`_factorial:`
	↑ `_factrial`はfactorial関数のエントリーポイントを表すシンボル
52	`.cfi_startproc`
53 0090: 55	`pushq   %rbp`
54	`.cfi_def_cfa_offset 16`
55	`.cfi_offset %rbp, -16`
56 0091: 48 89 e5	`movq    %rsp, %rbp`
57	`.cfi_def_cfa_register %rbp`
58 0094: 89 7d fc	`movl    %edi, -4(%rbp)`
59 0097: c7 45 f4 01 00 00 00	`movl    $1, -12(%rbp)`

```
60 009e: c7 45 f8 02 00 00 00    movl    $2, -8(%rbp)
61                               LBB1_1:
62 00a5: 8b 45 f8                movl    -8(%rbp), %eax
63 00a8: 3b 45 fc                cmpl    -4(%rbp), %eax
64 00ab: 7f 15                   jg      LBB1_4
65 00ad: 8b 45 f8                movl    -8(%rbp), %eax
66 00b0: 0f af 45 f4             imull   -12(%rbp), %eax
67 00b4: 89 45 f4                movl    %eax, -12(%rbp)
68 00b7: 8b 45 f8                movl    -8(%rbp), %eax
69 00ba: 83 c0 01                addl    $1, %eax
70 00bd: 89 45 f8                movl    %eax, -8(%rbp)
71 00c0: eb e3                   jmp     LBB1_1
72                               LBB1_4:
73 00c2: 8b 45 f4                movl    -12(%rbp), %eax
74 00c5: 5d                      popq    %rbp
75 00c6: c3                      retq                    ⟵ factorial関数の呼び出し元に戻る
76                               .cfi_endproc
77                               .section __TEXT,__cstring,cstring_literals
                                                         ⟵ 文字列データのセクションの始まり
78                               L_.str:                 ⟵ 1つ目の文字列データの先頭アドレス
79 0000: 55 73 61 67 65 3a 20 25 .asciz  "Usage: %s number\n"
80       73 20 6e 75 6d 62 65 72
81       0a 00
82                               L_.str.1:               ⟵ 2つ目の文字列データの先頭アドレス
83 0012: 25 64 21 20 3d 20 25 64 .asciz  "%d! = %d\n"
84       0a 00
85                               .subsections_via_symbols
```

ARMプロセッサ向けにコンパイル（アセンブル）したマシン語とアセンブリ言語

アドレス　マシン語（データ）　　アセンブリ言語
（16進数）（16進数）

```
1                                .section __TEXT,__text,regular,pure_instructions
                                                         ⟵ プログラム命令のセクションの始まり
2                                .build_version macos, 13, 0    sdk_version 13, 1
3                                .globl  _main
4                                .p2align    2            ⟵ _mainはグローバルシンボル
5                    _main:                               ⟵ _mainはmain関数のエントリーポイントを表すシンボル
6                                .cfi_startproc
7                    ; %bb.0:
8  100003e58: ff 03 01 d1        sub     sp, sp, #64
9  100003e5c: fd 7b 03 a9        stp     x29, x30, [sp, #48]    ; 16-byte Folded Spill
10 100003e60: fd c3 00 91        add     x29, sp, #48
11                               .cfi_def_cfa w29, 16
12                               .cfi_offset w30, -8
13                               .cfi_offset w29, -16
14 100003e64: bf c3 1f b8        stur    wzr, [x29, #-4]
15 100003e68: a0 83 1f b8        stur    w0, [x29, #-8]
16 100003e6c: a1 03 1f f8        stur    x1, [x29, #-16]
17 100003e70: a8 83 5f b8        ldur    w8, [x29, #-8]
18 100003e74: 08 09 00 71        subs    w8, w8, #2
19 100003e78: ea 01 00 54        b.ge    LBB0_2
20 100003e7c: 01 00 00 14        b       LBB0_1
21                   LBB0_1:
22 100003e80: 08 00 00 b0        adrp    x8, ___stderrp@GOTPAGE
23 100003e84: 08 01 40 f9        ldr     x8, [x8, ___stderrp@GOTPAGEOFF]
```

```
24 100003e88: 00 01 40 f9          ldr     x0, [x8]
25 100003e8c: a8 03 5f f8          ldur    x8, [x29, #-16]
26 100003e90: 08 01 40 f9          ldr     x8, [x8]
27 100003e94: e9 03 00 91          mov     x9, sp
28 100003e98: 28 01 00 f9          str     x8, [x9]
29 100003e9c: 01 00 00 90          adrp    x1, l_.str@PAGE
30 100003ea0: 21 50 3e 91          add     x1, x1, l_.str@PAGEOFF
31 100003ea4: 36 00 00 94          bl      _fprintf      ⊖ fprintf関数のエントリーポイントに飛ぶ
32 100003ea8: 28 00 80 52          mov     w8, #1
33 100003eac: a8 c3 1f b8          stur    w8, [x29, #-4]
34 100003eb0: 14 00 00 14          b       LBB0_3
35                          LBB0_2:


36 100003eb4: a8 03 5f f8          ldur    x8, [x29, #-16]
37 100003eb8: 00 05 40 f9          ldr     x0, [x8, #8]
38 100003ebc: 2d 00 00 94          bl      _atoi      ⊖ atoi関数のエントリーポイントに飛ぶ
39 100003ec0: e0 1b 00 b9          str     w0, [sp, #24]
40 100003ec4: e0 1b 40 b9          ldr     w0, [sp, #24]
41 100003ec8: 12 00 00 94          bl      _factorial    ⊖ factorial関数のエントリーポイントに飛ぶ
42 100003ecc: a0 c3 1e b8          stur    w0, [x29, #-20]
43 100003ed0: e8 1b 40 b9          ldr     w8, [sp, #24]
44                          ; implicit-def: $x10
45 100003ed4: ea 03 08 aa          mov     x10, x8
46 100003ed8: a9 c3 5e b8          ldur    w9, [x29, #-20]
47                          ; implicit-def: $x8
48 100003edc: e8 03 09 aa          mov     x8, x9
49 100003ee0: e9 03 00 91          mov     x9, sp
50 100003ee4: 2a 01 00 f9          str     x10, [x9]
51 100003ee8: 28 05 00 f9          str     x8, [x9, #8]
52 100003eec: 00 00 00 90          adrp    x0, l_.str.1@PAGE
53 100003ef0: 00 98 3e 91          add     x0, x0, l_.str.1@PAGEOFF
54 100003ef4: 25 00 00 94          bl      _printf      ⊖ printf関数のエントリーポイントに飛ぶ
55 100003ef8: bf c3 1f b8          stur    wzr, [x29, #-4]
56 100003efc: 01 00 00 14          b       LBB0_3
57                          LBB0_3:
58 100003f00: a0 c3 5f b8          ldur    w0, [x29, #-4]
59 100003f04: fd 7b 43 a9          ldp     x29, x30, [sp, #48]   ; 16-byte Folded Reload
60 100003f08: ff 03 01 91          add     sp, sp, #64
61 100003f0c: c0 03 5f d6          ret                  ⊖ main関数の呼び出し元に戻る
62                          .cfi_endproc
63                          ; -- End function
64                          .globl  _factorial    ⊖ _factorialはグローバルシンボル
65                          .p2align        2
66                          _factorial:   ⊖ _factrialはfactorial関数のエントリーポイントを表すシンボル
67                          .cfi_startproc
68                          ; %bb.0:
69 100003f10: ff 43 00 d1          sub     sp, sp, #16
70                          .cfi_def_cfa_offset 16
71 100003f14: e0 0f 00 b9          str     w0, [sp, #12]
72 100003f18: 28 00 80 52          mov     w8, #1
73 100003f1c: e8 07 00 b9          str     w8, [sp, #4]
74 100003f20: 48 00 80 52          mov     w8, #2
75 100003f24: e8 0b 00 b9          str     w8, [sp, #8]
76 100003f28: 01 00 00 14          b       LBB1_1
77                          LBB1_1:
```

3

プログラムの作り方

```
78 100003f2c: e8 0b 40 b9          ldr     w8, [sp, #8]
79 100003f30: e9 0f 40 b9          ldr     w9, [sp, #12]
80 100003f34: 08 01 09 6b          subs    w8, w8, w9
81 100003f38: 6c 01 00 54          b.gt    LBB1_4
82 100003f3c: 01 00 00 14          b       LBB1_2
83                         LBB1_2:
84 100003f40: e9 0b 40 b9          ldr     w9, [sp, #8]
85 100003f44: e8 07 40 b9          ldr     w8, [sp, #4]
86 100003f48: 08 7d 09 1b          mul     w8, w8, w9
87 100003f4c: e8 07 00 b9          str     w8, [sp, #4]
88 100003f50: 01 00 00 14          b       LBB1_3
89                         LBB1_3:
90 100003f54: e8 0b 40 b9          ldr     w8, [sp, #8]
91 100003f58: 08 05 00 11          add     w8, w8, #1
92 100003f5c: e8 0b 00 b9          str     w8, [sp, #8]
93 100003f60: f3 ff ff 17          b       LBB1_1
94                         LBB1_4:
95 100003f64: e0 07 40 b9          ldr     w0, [sp, #4]
96 100003f68: ff 43 00 91          add     sp, sp, #16
97 100003f6c: c0 03 5f d6          ret                    ⬅factorial関数の呼び出し元に戻る
98                                 .cfi_endproc
99
100                                .section     __TEXT,__cstring,cstring_literals
                                                           ⬆文字列データのセクションの始まり
101                        l_.str:                         ⬅1つ目の文字列データの先頭アドレス
102 100003f94: 55 73 61 67         .asciz  "Usage: %s number\n"
103 100003f98: 65 3a 20 25
104 100003f9c: 73 20 6e 75
105 100003fa0: 6d 62 65 72
106 100003fa4: 0a 00
107                        l_.str.1:                       ⬅2つ目の文字列データの先頭アドレス
108 100003fa6: 25 64 21 20         .asciz  "%d! = %d\n"
109 100003faa: 3d 20 25 64
110 100003fae: 0a 00
111                                .subsections_via_symbols
```

　このプログラムの場合、インテルのCore iプロセッサではマシン語の1命令が
1バイト～7バイト長になっています。これに対してARMプロセッサではマシン
語の1命令が4バイト長になっています。歴史的にはCore iはCISC（Complex
Instruction Set Computer）プロセッサと呼ばれ、ARMはRISC（Reduced
Instruction Set Computer）プロセッサと呼ばれます。

　CISCはマシン語命令を多様化し、アセンブリ言語でのプログラミングのしやす
さを目指したのに対し、RISCはパイプライン処理（p.183コラム参照）をスムー
ズに進められるようにマシン語命令を厳選し、高速化を目指しました。しかしな
がら、現在はCISCとRISCは明確に区別できず、Intel Core iプロセッサは、マ
シン語レベルではCISCですが、CPU内部の処理はRISC的になっています。

3.2.2 ライブラリのリンク

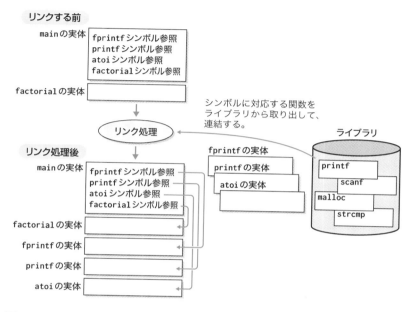

図3.6 リンク

3.1.5項で、プログラムを作るときには「すべてを作る必要はない」と説明しました。あらかじめ用意されているライブラリを使えばいいからです。だからといって何もしなくていいわけではありません。利用するライブラリを自分のプログラムに取り込む必要があります。この処理を「リンク」といいます。

link［名詞］（鎖の）輪、（鎖状のソーセージの）一節、結び付けるもの（人）
［動詞］つなぐ、連接する、結合する

リンクとは「結合」という意味で、自分のプログラムで使用されている関数をライブラリから取ってきて、くっ付ける作業です。リンクをするソフトウェアを「リンカ（**linker**）」と呼びます。この処理は、ビルドするときに自動的に行われます。

リンクの処理は 2.5.2項で説明したシンボルを使って行われます。シンボルとは、変数名や関数名などの名前を総称して呼びます。変数については第7章、

129

関数については第9章で説明します。変数は「値」で関数は「処理内容」なので変数と関数は違うもののようですが、その名前であるシンボルは特に区別されません。ここでは必ずしも理解できなくてかま いませんが、変数も関数もメモリ上に置かれるもの（オブジェクト、実体）であり、どちらのシンボルも最後的には「それぞれのもの（オブジェクト、実体）が格納されるメモリ上の先頭番地を表す」ことになります。

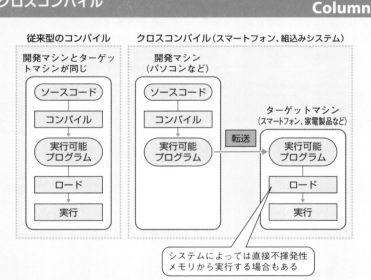

図3.7 クロスコンパイル

　プログラムの「入力」、「コンパイル」、「実行」が同じコンピュータでできたらとても便利です。パーソナルコンピュータやワークステーションなど、汎用目的のコンピュータの場合にはそれが普通です。初心者のうちはそういう開発環境でCプログラミングを学ぶことが多いでしょう。
　しかし、実際にはそうではない環境も多いということを知っておくことが重要です。どういうことかというと、「プログラムを入力してコンパイルするコンピュータ」と、「実行するコンピュータ」が異なることが少なくないということです。例えばエアコンの風量調節のプログラムを作成することを考えてみましょう。一気に冷やしたり温めたりする時には風量を増やし、希望の気温に近づいたら風量を減らします。エアコンそのものでCのプログラムを入力したり、コンパイルし

たりできるでしょうか。できそうには思えませんよね。

　このような機器で動作するプログラムを開発する場合には、図3.7 右のように
パーソナルコンピュータやワークステーションなどの汎用目的のコンピュータ上
で「プログラムテキストの作成」「コンパイル」を行い、機器にプログラムを「ロー
ド」し、「ラン（実行）」する必要があります。

　これを「クロスコンパイル」といいます。

　　　cross［名詞］十字架、キリスト教（国）、十字塔、十字架の飾り、十字星

クロスとは「交わる」という意味です。家庭用の電気製品や工場の機械などの組
み込みシステムでは、たいていクロスコンパイルが行われます。

　これは皆さんにとって身近なコンピュータであるスマートフォンのソフトウェ
ア開発もだいたいそうなっています。スマートフォンで動かすプログラムをスマ
ートフォンで作成するとは限りません。多くの実用的なスマートフォンのアプリ
はパソコンで作成し、パソコンでクロスコンパイルしてからスマートフォンに転
送して動かすのです。また、開発時に、いちいち実機を使うのは手間も時間もコ
ストもかかるため、エミュレータといって、パソコン上でソフトウェア的に動作
する仮想的なスマートフォンを使って動作テストが行われます。スマートフォン
は画面サイズが異なるたくさんの機種がありますが、エミュレータが用意されて
いる機種であれば実機がなくても動作チェックが可能になるため、開発がしやす
くなります。（ただしセンサのようなスマートフォン特有の機能を使う場合には実
機がなければテストできない場合があります。）

　入門者の多くはパソコン上で学習することになると思いますが、パソコン上の
プログラミング以外にも、さまざまなプログラミング開発形態があるということ
を知っておいてください。そして、身の回りのコンピュータを観察して、どうや
って開発しているのか、考えてみてください。

3.2.3 エラーになると実行できない

コンパイルやリンクの処理は、途中で中断することがあります。あなたが入力したソースプログラムに誤りがあった場合などです。これをコンパイルエラーやリンクエラーといいます。エラーとは「失敗、誤り」という意味ですね。コンパイルエラーは「翻訳失敗」という意味で、リンクエラーは「結合失敗」という意味になります。C言語は言語と呼ばれるぐらいですから、文法というものがあります。日常生活で使われる人間の言語よりもC言語の文法は厳密に決められています。同じプログラムを別のコンピュータで実行して結果が異なったら困るからです[*3]。

ですから、Cのソースをコンパイルするとき、最初に文法チェックが行われます。C言語の文法に従っていない部分があるとコンパイルエラーのメッセージを出力して、処理が中断されます。

そうなった場合には、あなたはエラーメッセージをよく読んで、ソースプログラムのどこが間違っているかを調べて直す必要があります。エラーメッセージの内容を確認せずに直そうとしてはいけません。何行目でエラーが起きたのか、どのようなエラーなのかの情報が書かれているからです。エラーの内容によっては、表示された行よりもだいぶ前の行にエラーの原因があることもありますので、注意してください。

コンパイルが正常に終わったら、今度はライブラリのリンク処理が行われます。正しくリンク処理が行われればいいのですが、リンクに失敗することもあります。ライブラリの関数名を間違えた場合や、リンクするライブラリを指定しなければいけなかったのに指定しなかった場合などです。

3.2.4 実行中にエラーが起きることもある

コンパイルやリンクが成功しても、プログラムが正しく動かないことがあります。正しい結果が得られなかったり、途中でプログラムが異常終了したり、画面にメッセージが表示され続けて止まらなくなり操作不能になる事があります。プログラムが止まらなくなることを「暴走」といいます。暴走したプログラムは、オペレーティングシステムの「強制終了」の命令を送らなければ止まりま

＊3） だからといって完璧に決められているわけではありません。C言語の文法には曖昧な部分もあり、その部分は3.2.5項で説明する「処理系依存」という言葉で表現されます。

せん。Unix系OSの一般的な設定では「Ctrl +c」(Ctrl キーを押しながら、cキーを押す)を入力すると強制終了することができます。実行時のエラーは「バグ」と呼ばれます。

> bug [名詞](米国)(小さな)昆虫、ばい菌、ウイルス、熱狂家、(機械・プログラムの)欠陥、誤り、盗聴器

バグがあったらプログラムを直さなければなりません。プログラム中のバグの箇所を探して、直す作業を「デバッグ」といいます。

> debug [動詞] 害虫を除く、欠陥を直す、盗聴器を取り除く、(プログラムの)不備探して修正する

　デバッグはとても大切な作業です。作ったばかりのプログラムにはバグはつきものです。プログラムが正しく動くかどうかを検査し、正しく動かない場合には、プログラムのどこがおかしいかを追跡していかなければなりません。このようなデバッグ作業を助けるツールにデバッガというソフトウェアがあります。高度なプログラムを書くようになったら、デバッガを使って、効率よく間違い探しをしましょう。

バグ
Column

　パソコンの画面がおかしくなったときに「バグった!」と叫ぶ人もいると思います。こうなる原因の多くは、コンピュータで動いていたプログラムに間違いがあったからです。つまりバグ(虫)があったということですね。

　ところで、なぜプログラムの間違いを「バグ」と呼ぶのでしょう。

　この語源は、電子計算機が生まれる前に使われていたリレー式計算機の時代にさかのぼります。リレー式計算機とは電磁石が付いた電気スイッチを使って計算するコンピュータのことです。これを使って計算をしていたら突然計算結果がおかしくなり、原因を調べたらスイッチの部分に蛾(が)が挟まっていたそうです。これ以来、コンピュータに潜む原因不明の異常動作を「バグ」と呼ぶようになったといわれています。

3.2.5　処理系依存

C言語の仕様を語るときに、

「処理系依存」

という言葉が使われることがあります。「処理系」とは、Cプログラムをコンパイルする「コンパイラ」や利用する「ライブラリ」、プログラムを実行する「ハードウェア」のすべてを指している言葉です。「処理系依存」は「プログラムをコンパイル・実行するコンパイラ、ライブラリ、ハードウェアによって処理結果が異なる」ことを意味します。

これはどういうことでしょうか？　全く同じCプログラムでも、コンパイラやハードウェアが違えば動作が異なる可能性があるということです。

例えば、「コンピュータでは物事を2進数で表現する」と言いましたが、表現できる最大値と最小値、精度はコンピュータの種類によって異なっているのです。Cプログラミングをするときには、コンパイラやハードウェアについてきちんと理解していなければなりません。そうしなければ、処理系に依存する事柄をきちんと理解できず、とんでもない間違いをしてしまう可能性があります。

処理系依存について知るためには、2進数の知識と、コンピュータのハードウェアに関する知識が必要になります。次の章以降もがんばって読み進めてください。

Cの標準　　　　　　　　　　　　　　　　　　　　　　　**Column**

　C言語はデニス・リッチーによって作られた言語です。ケン・トンプソンが開発したB言語を拡張する形でC言語は作られました。その後、ブライアン・カーニハンとデニス・リッチーが共著で出版した「プログラミング言語C」（邦訳：共立出版）という本が出版されました。このバージョンのC言語をK&Rと呼びます。その後、ANSIによってCの標準化が行われます。その代表的な標準を紹介します。

C89　「プログラミング言語C第2版」（参考文献2、3）で紹介されているバージョンです。

C99　C++やGCCで拡張されていた機能が取り入れられたバージョンです。C89ではメモリを破壊してしまう乱暴な関数（gets等、sprintf等）が標準ライブラリに含まれていますが、それらを非奨励とし、より安全にプログラミングができるライブラリ関数（snprintf等）が追加されています。

C11　メモリの整列（アライメント、7.1.2項コラム参照）や、マルチスレッド（5.3.5項3章）に対応した改変が行われています。

コンパイラ Column

　Cで書かれたプログラムを実行するためには、C コンパイラでコンパイルする必要があります。

　ここであなたは1つの疑問を持つかもしれません。

　　コンパイラはなんという言語で作られているの？

　Cコンパイラはどのようなプログラミング言語で書かれているのでしょうか？　やはりマシン語で書かれているのでしょうか？　実は、Windows や Unix系OS の世界で広く使われているC コンパイラの多くは、Cで書かれています。

　　Cコンパイラは C で書かれているんですか！？

　ますます謎が深まってしまいました。CコンパイラがCで書かれているということは、そのCコンパイラをコンパイルするための「Cコンパイラ」が必要になります。「Cコンパイラ」をコンパイルするためのコンパイラはどのようなプログラミング言語で書かれているのでしょうか？

　　これもやはり C です。

　え！？　それでは、それをコンパイルするコンパイラは？ ....。この様な話を続けていたら、無限ループにおちいってしまいます。いつまでも問題は解決できません。この無限ループから抜け出すには次のいずれかの解が必要でしょう。

- C 以外の高級言語で作成したCコンパイラ（その高級言語をコンパイルするコンパイラが必要）
- アセンブリ言語で作成したCコンパイラ（アセンブリ言語をアセンブルするアセンブラが必要）
- マシン語で作成したCかその他の高級言語のコンパイラ

　一番最初に使うコンパイラやアセンブラはマシン語で作る必要があります。でも、はじめの1つが完成すれば、あとはそのコンパイラやアセンブリ言語を使って、コンパイルすればいいのです。

　クロスコンパイル（p.130コラム参照）という言葉も思い出してください。新しいCPU が誕生しても、最初から新しいCPU 上でプログラムを開発する必要はないのです。今あるコンピュータ上で開発して、それを新しいコンピュータに転送して実行すればいいのです。そうすれば、マシン語を使ってプログラムを作らなくても済むことになるのです。

Ex3.1 | 次の英単語の読み方、意味が分かりますか？

	読み方	意味
module	( )	( )
sub	( )	( )
routine	( )	( )
library	( )	( )
pre	( )	( )
processor	( )	( )
header	( )	( )
source	( )	( )
object	( )	( )
assembly	( )	( )
assemble	( )	( )
cross	( )	( )
link	( )	( )
bug	( )	( )
debug	( )	( )

Ex3.2 | 次の処理の順番を正しく並べてみましょう。

リンク、プリプロセス、アセンブル、（狭い意味の）コンパイル

Ex3.3 | プリプロセッサはエディタと同じような機能を持っていますが、どのような機能を持っていたでしょう。

Ex3.4 | ライブラリを取ってきて結び付けることをなんと言うでしょう。

Ex3.5 | クロスコンパイルとは何でしょう？　どのようなときに行われるでしょう。

Ex3.6 | ヘッダファイルは何のためにあるのでしたか？

第 **4** 章

データの表現方法

コンピュータの内部は2進数で動いています。コンピュータの力を
存分に発揮できるプログラムを作るためには、2進数についてきち
んと理解している必要があります。

また、コンピュータはバイト単位で処理するのが得意です。

2進数を理解すること、ビットとバイトの関係について理解するこ
とは、Cをとことん理解するためには重要なことなのです。

4.1 数値の表現方法

4.1.1 デジタル

　コンピュータの内部ではすべての情報が数値で処理されます。Cでプログラムを作るときもそうなります。すべての物事を数値で表して数値で処理し、数字で結果を出します。Cには数値以外の概念は無く、ありとあらゆるものを数字で表現します。ですからコンピュータでどのように数値が表現されるかについて理解することはとても大切です。

　皆さんはデジタルとか、アナログとか、そういう言葉を聞いたことがあると思います。「アナログ」は物理的な現象を連続的に扱うときに使います。これに対して「デジタル」は物理的な現象を有限の桁数の数値に変換してから扱います。コンピュータはすべての情報を「デジタル」として入力し、「デジタル」で処理して、「デジタル」で出力する機械（マシン）です。

> digital［形容詞］指（状）の、数字を使う、デジタル方式の
> 　　　　　［名詞］指、（ピアノの）鍵（けん）
> analog［名詞］類似物、相似形、（生物学）相似器官
> 　　　　　［形容詞］アナログの（データを連続的に変化する量で表わす方式）、
> 　　　　　　　　　　アナログ表示の

　コンピュータで扱う数値は有限の桁数になります。有限の桁数ということは、最大値と最小値、そして有効桁数（精度）が決まっていて、不連続な値しか使えないということです。不連続とは「飛び飛び」ということです。コンピュータはこの様な「飛び飛びの数値」を処理する機械なのです。

　デジタルでは現実の世界を完全に表すことはできません。だからといってデジタルがだめということではありません。デジタルにはアナログよりも便利な点がたくさんあるからです。その1つがコンピュータで処理しやすいという点、そしてもう1つがコピー（複製）しても劣化しないという点です。こうした特長を生かすため、コンピュータではすべての物事を「デジタル」で表現して、処理します。

　デジタルでは現実の世界を完全に表すことはできませんが、実用上「許容できる範囲」ならば問題になりません。つまり問題が起こらないレベルまで、数

字の精度を高めればよいのです。例えば体温計の場合は小数点以下 1 桁もあれば十分です。36.53 や 36.48 などは 36.5 度と考えても問題ないからです。つまり 36.5 と 36.6 の間の数値を考えなくても問題ないと言うことです。このようなとびとびの値でよいときに、コンピュータは特に力を発揮します。

デジタルかディジタルか
Column

digital を「ディジタル」と表現することがあります。デジタルよりもディジタルの方が英語の発音に近いのですが、世間的にはデジタルが広まってしまいました。同様な用語は他にもありますので、例を挙げます。

英単語	日本語	英語（米国）の発音に近い表記
halt	ハルト	ホォルト
Internet	インターネット	インタネット、イナネェ
machine	マシン、マシーン、ミシン	マシィナ、ムシン
null	ヌル	ノァル、ナル
width	ワイズ、ウィドス	ウイィツ

4.1.2 コンピュータは有限の桁数を処理する

プログラミングの入門者に対してよく出される課題があります。

50 の階乗（50!）を求めよ。

10 の階乗（10!）であれば簡単にプログラムを作ることができます。ところが C で 50 の階乗（50!）を求めようとすると簡単ではありません。多少の工夫が必要になります。50 の階乗（50!）を求めるとその答えは

30414093201713378043612608166064768844377641568960512000000000000

になります。全部で 65 桁あります。これだけ桁数が大きな数値になると、直接的な計算では求めることができないのです。

C においては、数はある一定の決まった枠組みの中で表現され、その範囲で処理される、といったことを知っておく必要があります。この枠組みをデータの型と呼びます[1]。

---

[1] 具体的には char 型、int 型、short 型、long 型、double 型と呼ばれるデータの型があります。

4.1.3 データには型がある

Cのデータには型があります。大きく「整数型」と「実数型（浮動小数点型）」の2つに分けられます。「整数型」はさらに「符号付き整数型」「符号なし整数型」に分けられます。

プログラム中に5とか10、-8のように書くと「符号付き整数型」になります。「符号なし整数型」を表現したいときには、5Uや10Uのように、数値の後ろにU（またはu）を書きます。5.3や.5、1.0など、小数点を書くと「実数型（浮動小数点型）」になります。$6.02×10^{23}$や$0.1×10^{-16}$の様な非常に大きな値や小さな値を表したいときには、6.02E + 23や1E−16のように、数値の後ろにE（またはe）を書いてその後ろに10の何乗かを表す数値を書く表現方法も使うことができます。これを「指数表記」といいます。

「整数型」では、小数を扱うことはできませんが、処理速度が速いという利点があります。「実数型（浮動小数点型）」では小数を扱うことができますが、処理速度は遅くなります。しかも4.1.6項で説明するように、誤差が生じて処理系によって結果が異なることがあります。また、後で述べるビット演算などは、整数型を対象にした演算手法で、「浮動小数点型」では利用できません。

「コンピュータの基本は整数型」

と考えてください。小数点が必要じゃない限り、整数型を使う習慣を身に付けた方がよいでしょう。

10進数だけではなく、16進数も使われます。表4.1のように、10進数はそのまま書きますが、16進数のときには先頭に0xを付けます。先頭に0を付けると8進数になります。2進数を直接書き表す方法はありません。2進数で表したい数値があるときには、それを16進数に変換するなどしてから書く必要があります。

表4.1 Cによる進数の表記法（10進数で200を、16進数、8進数で表現したもの）

進数	表記法	例
10進数	数字をそのまま書く	200
16進数	先頭に0xまたは0Xを付ける	0xc8、0XC8、0xC8、0Xc8
8進数	先頭に0を付ける	0310

　プログラムを書くときの書式は異なっていても、コンピュータの内部では同じ値として処理されます。つまり、10進数や16進数で書いたらその進数で処理されるのではなく、どの進数で数値を表現してもコンピュータの内部ではすべて2進数で処理されています。この理由は何度も述べている通り、コンピュータの内部では2進数で扱った方が処理がしやすいからです。2進数は人間にとって扱いにくい数ですので、人間が作成するCプログラム自体は普段の生活で慣れている10進数や、2進数との対応関係が分かりやすい16進数を使うことになるのです。

4.1.4　2進数の負の数

　コンピュータは0と1の連なりだけからなる2進数で物事を表現をして、2進数で処理をします。それでは、2進数で負の数を表現するにはどうしたらよいでしょうか?

　　10進数と同じで先頭にマイナスの記号を付ければよい

　紙に書くときには-10など、数字の前に「マイナス」を表す符号を書けばいいのですが、コンピュータで表現しようとすると困ったことが起きます。

　今まで何回も説明してきましたが、コンピュータの内部ではすべての現象を数値で表現します。Cで作ったプログラムも、すべての現象を数値で表現して数値で処理することになります。「マイナス、負の数」も例外ではありません。「−」という記号を数値で表現する必要があるのです。

　数には「プラス」と「マイナス」の2種類の符号があります。2種類の符号があるということは符号を表すには何ビット必要でしょう?

　簡単だと思えるようになっていたら上達した証拠です。答えは1ビットです。「正」と「負」の符号を表すには1ビットあれば十分です。そこでほとんどのコンピュータでは、「符号ビット」を用意して符号を表します。そのビットが「0」ならば正、「1」ならば負として扱います。

　符号ビットは、数値を表現するビットの先頭(最も左の)1ビットです。数値のビット数が8ビット、16ビット、32ビット、64ビットの場合はそれぞれ

```
8ビット                                                              S0000000
16ビット                                                      S000000000000000
32ビット                                      S000000000000000000000000000000
64ビット  S0000000000000000000000000000000000000000000000000000000000000000
```

143

で、Sと書いてある部分が符号ビットになります。1ビットを符号に使ってしまうため、符号を使わない場合に比べて数値を表すビットが1ビット少なくなります。つまり、符号を付けると表現できる「絶対値の範囲」が約半分になります。ですが、同じ数値でも正の数と負の数の両方を表現できるため、表現できる値の組み合わせは同じになりそうです。でも実際には負の数を表現する方法によって表せる組み合わせの数が変わります。どういうことかというと、負の数を表現する方法は主に次ページの3つの方法があるのです（「補数」の意味はp.138のコラムを参照してください）。

- **符号 - 絶対値**
  符号ビットが1で、残りの部分には絶対値がそのまま格納される。
- **1の補数**
  符号ビットが1で、残りの部分には1と0を逆にした（反転）値が入る。
- **2の補数**
  符号ビットが1で、残りの部分には1と0を逆にした（反転）値に1を加えた値が入る。

これらの3つの方法で数値を表してみましょう。表4.2は、4ビットで表現できる数値を表したものです。

表4.2　補数表現（数値の大きさが4ビットの場合）

10進数	符号 - 絶対値	1の補数	2の補数
7	0111	0111	0111
6	0110	0110	0110
5	0101	0101	0101
4	0100	0100	0100
3	0011	0011	0011
2	0010	0010	0010
1	0001	0001	0001
0	0000	0000	0000
-0	1000	1111	--
-1	1001	1110	1111
-2	1010	1101	1110
-3	1011	1100	1101
-4	1100	1011	1100
-5	1101	1010	1011
-6	1110	1001	1010
-7	1111	1000	1001
-8	--	--	1000

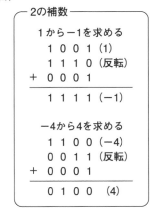

2の補数

1から−1を求める
```
  1 0 0 1 （1）
  1 1 1 0 （反転）
+ 0 0 0 1
─────────
  1 1 1 1 （−1）
```

−4から4を求める
```
  1 1 0 0 （−4）
  0 0 1 1 （反転）
+ 0 0 0 1
─────────
  0 1 0 0 　（4）
```

　実際にはほとんどのコンピュータで「2の補数」が使われています。「符号 - 絶対値」の表現方法と「1の補数」の表現方法は、0を表現するときに2つの表現方法ができてしまいます。+0と-0です。2の補数にはそのような無駄がありません。だからマイナスを表現できる数が、他の表現より1つ多くなるのです。

　それから1.4.6項で説明した「巡回する数」を思い出してください。2の補数は巡回する数になっています。ぐるぐる回ることができる数なのです。2の補数表現というのは、コンピュータを作りやすい表現方法なのです。

　2の補数表現の時には、正から負にするときも、負から正にするときも、どちらも、

　　「0と1を反転してから、1を加える」

という処理で、求めることができます（表4.2参照）。ちょっと不思議に思うかもしれませんが、そこにはちょっとした秘密があります。「0と1を反転させる」ということは「全てのビットが1になっている値からその数を引く」という意味になります。2進数の2の補数表現で「全てのビットが1になっている値」は10進数でいえば-1を意味します。元の数がxだとします。すると「0と1を反転させた値」は

　　$-1 - x$

になります。2の補数表現の場合、これに1を足すと「正から負」または「負から正」にした値が表せることになります。上の式に+1すると次の式になります。

　　$(-1 - x) + 1$

これは式変形をすると-1と+1が打ち消され、結果的に

　　$- x$

になります。「0と1を反転してから1を加える」という意味が理解できたでしょうか。

英語だと two's complement、ones' complement　Column

　「2の補数」「1の補数」は、それぞれ英語では「two's complement」、「ones' complement」になります。two's は単数形の two の所有格ですが、ones' は one の複数形の ones の所有格です。つまり「2の補数の2は1つ」「1の補数の1は複数」ということです。これはどういうことでしょう？

　2の補数は「全体として、2になるような最小の数」で補います。2進数は0と1しかなく、2はありません。2進数で2とは「繰り上がり」の意味になります。「全体として、繰り上がりをする最小の数」つまり「オーバーフローする最小の数」で補います。

　これに対して、1の補数は「すべての桁が1になるように補う数」の意味になります。繰り上がりが起きず、オーバーフローも起きず、「すべての桁が1」になるように補うため、ones と複数形になっているのです。

金融計算で使われる COBOL　Column

　Cは科学技術計算には向いていますが、金融計算には向いていない部分があります。2進数で処理するため、浮動小数点演算（実数演算）の誤差が生じてしまうからです。金利の計算で誤差が生じると困ったことになります。

　それで、古くから金融計算に使われている言語があります。COBOLです。COBOLでは10進数で演算を行います。4ビットで表現できる数を0〜9までにするBCD（Binary-coded decimal）を使用して10進数のまま記憶し、演算処理を行います。1バイトで表現できる値は0〜99になります。これを必要な桁数を宣言して、値を表現し、演算することで、金利の計算での誤差を生じさせないようにすることが可能になります。

10進数だと10の補数と9の補数　**Column**

　補数を2進数だけで考えると単に暗記するだけになりがちです。暗記ではなく、補数の意味を理解するために、10進数の補数について考えてみましょう。補数の本当の意味は「補う数」という意味です。10進数（ten's complement）には10の補数と9の補数（nines' complement）の2つがあります。10進数だからといって、8の補数や7の補数があるわけではありません。

　10進数の場合、10の補数は全体として足して10になる数、9の補数はそれぞれの桁ごとに足して9になる数を意味します。例えば3の「10の補数」は7で、3の「9の補数」は6です。3＋7＝10、3＋6＝9という計算で、正しいことが分かりますね。

　同様にして、12345の「10の補数」は87655、「9の補数」は87654になります。足してみると12345＋87655＝100000、12345＋87654＝99999になります。

　10進数の場合、10の補数というのは、足すと1桁増える最小の数で、9の補数は足しても桁が増えない最大の数ともいえるでしょう。

　10進数の10の補数はお釣りの計算で使われます。

　10進数の9の補数は花札ゲームの「おいちょかぶ」で使われます。

　コンピュータの場合にはすべて2進数で考えます。2進数の場合には2の補数と1の補数があります。2の補数は足すと1桁増える最小の数で、1の補数は足しても桁が増えない最大の数のことです。例えば2進数で001011の「2の補数」は110101で、「1の補数」は110100です。

　001011＋110101＝1000000、001011＋110100＝111111

となって正しいことが分かりますね。

4.1.5　オーバーフロー

符号付きの計算

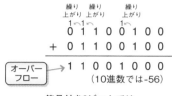

符号付き8ビットでは
100＋100の計算結果は-56

符号なしの計算

符号なし8ビットでは
200＋200の計算結果は144

図4.1　オーバーフロー

　2の補数表現を使うとき、8ビットでは -128〜127までの数値を表現できます。このとき、

　　100 + 100

を計算すると何が起きるでしょう。

　2進数で考えてみましょう。10進数で 100は、2進数 8ビットで表すと01100100になります。「01100100 +01100100」を計算するといくつになるでしょう。図4.1のようになり、計算結果は11001000になります。先頭の符号ビットが1になっています。ということは負の数になってしまったということです。

　このように、表現できる範囲を越えるような計算をすると、正常な結果が得られません。これをオーバーフローといいます。

overflow［動詞］あふれる、氾濫（はんらん）する、（商品、喜び・悲しみで）満ちあふれている
　　　　　［名詞］（河川などの）氾濫、（人口などの）過剰、排水路

　50の階乗（50!）のような大きな値を求めようとすると、オーバーフローが発生する可能性が非常に高くなります。ですから、数値計算をするプログラムを作成するときには、表現できる数値の範囲について理解し、オーバーフローが発生しないように注意する必要があります。

　コンピュータの整数表現は巡回する数になっています。表現できる値を越えると、正の数になるはずが負の数になったり、負の数になるはずが正の数になったり、大きな数になるはずが小さな数になったり、小さな数になるはずが大

きな数になったりします。

オーバーフローに気をつける

Column

　オーバーフローが生じやすい値があります。プログラムの動作テストでは、オーバーフローが起きやすい数値をわざと入力することも行われます。次の値は、さまざまなCの型の最大値を表しています。この値の前後の値はプログラムの動作テストでも使われることがありますので、慣れておくと良いでしょう。

127	$(2^7 - 1)$
255	$(2^8 - 1)$
32767	$(2^{15} - 1)$
65535	$(2^{16} - 1)$
2147483647	$(2^{31} - 1)$
4294967295	$(2^{32} - 1)$
9223372036854775807	$(2^{63} - 1)$
18446744073709551615	$(2^{64} - 1)$

　例を示しましょう。例えば100に100をどんどん足したら、どのような値になるでしょう。

8ビットの符号なし整数の場合です。
```
01100100 + 01100100 = 11001000 ( 100 + 100 =  200 )
11001000 + 01100100 = 00101100 ( 200 + 100 =   44 )
00101100 + 01100100 = 10010000 (  44 + 100 =  144 )
10010000 + 01100100 = 11110100 ( 144 + 100 =  244 )
11110100 + 01100100 = 01011000 (  44 + 100 =   88 )
01011000 + 01100100 = 10111100 (  88 + 100 =  188 )
10111100 + 01100100 = 00100000 ( 188 + 100 =   32 )
00100000 + 01100100 = 10000100 (  32 + 100 =  132 )
```

8ビットの符号付き整数の場合です。
```
01100100 + 01100100 = 11001000 ( 100 + 100 =  -56 )
11001000 + 01100100 = 00101100 ( -56 + 100 =   44 )
00101100 + 01100100 = 10010000 (  44 + 100 = -112 )
10010000 + 01100100 = 11110100 (-112 + 100 =  -12 )
11110100 + 01100100 = 01011000 ( -12 + 100 =   88 )
01011000 + 01100100 = 10111100 (  88 + 100 =  -68 )
10111100 + 01100100 = 00100000 ( -68 + 100 =   32 )
00100000 + 01100100 = 10000100 (  32 + 100 = -124 )
```

4

データの表現方法

符号付きも符号なしも、2進数だと見かけ上は同じに見えますが、値が持つ意味は10進数のように異なっています。このような計算結果を見ながら、オーバーフローとはどのようなものか、イメージできるようになってください。

4.1.6　浮動小数点（実数型）

　物理や化学の世界では整数だけではなく、小数を表現できたり、10^{20} や 10^{-20} などの大きな値や小さな値を表現できなければなりません。そこで実数を扱えるデータの型として「浮動小数点」が利用されます。英語では「floating point」といいます。

　　float［動詞］浮く、浮かぶ、（うわさが）広がる、（考えが）ぐらつく、（経済用語で）変動為替相場になっている

浮動小数点とは、物理や化学などでよく使われる表記法[*2)] で

$$6.02 \times 10^{23}$$

のように、数値を表す部分と、桁を表す部分に分けて表現する方法です。コンピュータの内部では図4.2のように表現されています。

図4.2　浮動小数点（double）の例

　Cには float と double という2種類の浮動小数点があります。float は4バイト、double は8バイトで小数点付きの数値を表現します。小数点が表現できればありとあらゆる数値を表現できそうですが、「有効桁」があるためそれはできません。これは仮数部のビット数で決まります。処理系に依存しますが、float はだいたい有効桁が7桁程度、double はだいたい有効桁が14桁程度です。

　浮動小数点を使うときには気を付けなければならないことがあります。一番気を付けなければならないのは誤差でしょう。浮動小数点の計算には誤差がつきものです。例えば有名な話に、

　　0.1を100回足しても10ピッタリにはならない。

というのがあります。10進数の0.1を2進数で表現しようとすると無限の桁数が必要なのです。それは無理なので、誤差が生じてしまうのです。実際に本書の作成に使用した私のマシンで0.1を100回足してみたら次の値になりました。

　　9.99999999999998046

　このように、10進数で計算した結果と一致しないことがあります。ですから、

　　「2つの浮動小数点が等しいかどうかは比較できない」

のです。

　　「xの値が0.1かどうか」

を調べることはできず、

　　「xの値が0.0999999と0.100001の間にあるか」

のような方法を使って、「十分に近似しているかどうか」を調べて、近似していれば等しいと見なすようにします。

　それから、先ほど説明した有効桁にも気をつけなければならないことがあります。例えば50の階乗（50!）を表現するには有効桁が53桁必要です。しかし14桁程度の精度しかないため、50の階乗の近似値を表現することはできても、完全に同じ値を表現することはできません。

2 進数の小数点 Column

　2進数で小数を表すにはどうしたらいいでしょうか？　2進数では1桁小さくなるごとに半分になっていきます。つまり、2進数の0.1、0.01、0.001、0.0001は、10進数では、0.5、0.25、0.125、0.0625になります。

　つまり、10進数の0.1を2進数で表すと、0.0001〜0.0010の間にあることになります。このようにして10進数の0.1を2進数で表現しようとすると、次のようになります。

```
.00011001100110011001100110011001100110011001100110011001100110011001100
11001100110011001100110011001100110011001100110011001100110011001100110011001100
1100110011001100110011001100110011001100110011001100110011001100.................
```

　これはどういうことでしょうか。実は10進数の0.1を2進数で表現しようとすると無限の桁数が必要になるのです。いわゆる「循環小数」になってしまうのです。

　コンピュータには無限の記憶領域があるわけではありませんので、無限の桁数を表現することはできません。循環する小数をどこかで打ち切らなければなりません。途中で打ち切ったら誤差が生じてしまいますが、これはしかたのないことです。このため、0.1を100回足しても10にならないのです。

　0.1だけではありません。2進数で計算をするコンピュータでは誤差がつきものです。有効桁未満の端数が出た時には、有効桁に収めるために切り捨てや切り上げ、四捨五入など、端数をまるめる処理が行われます。これは処理系によって処理内容が異なることがあり、実行するコンピュータによって演算結果が変わる場合があります。

4.2 文字の表現方法

4.2.1 ASCII文字セット

Cでは文字を表現するときに' 'を使って表現します。

```
'a' 'A'
```

などです。' 'では1つの文字しか表現できません。複数の文字が連なった文字列を表現したいときには" "を使います。

```
"hello, world" "I am a string"
```

といった具合です。文字が連なってできた文字列のことを、英語ではstring（ストリング）と呼びます。

　　string［名詞］ひも、ひもに通したもの、ひと続き、1列、弦楽器

　これらの文字もコンピュータの内部では数値に置き換えられて扱われます。このときの「文字と数値の対応関係」を決めたものにASCII文字セット（ASCIIcharacter set）[3]があります。付録A.11に掲載しています。多くのシステムでこのASCII文字セットが利用されています。

　この表から、'A'が何という数値に置き換わるか読みとれますか？　16進数で0x41、10進数だと65になります。通常、ASCII文字1文字を1バイトで表現しますので、文字数と同じだけのバイト数が必要になります。

4.2.2 制御コードとエスケープシーケンス

付録A.11のASCII文字セットの表を見ると、英字、数字、記号以外にも、nulやdelなど、不思議な文字列も定義されていることが分かります。この文字列は制御コードを表しています。

---

[3]　アスキーコード表と呼ばれることもある

code［名詞］記号、暗号、（ある学校・団体の）規約、慣例、（情報用語の）
　　　　コード、符号体系、（生物学）（生物の特徴を決める）情報

　例えば10進数で10（16進数では 0xa）の nl は newline を意味します。どこか
で聞いたことはありませんか？　そうです。\n は newline の意味でした。つま
り \n は ASCII 文字セットでは 10（0xa）という値で表現されるということなの
です。\n で、n の前に付いている \ は「エスケープシーケンス*4)」と呼ばれる特
殊記号です。

　escape［名詞］脱出、逃亡
　　　　　［動詞］逃げる、脱出する
　sequence［名詞］連続、一続き、順序、数列

　エスケープは逃げるという意味ですね。「何か」から逃げるのです。何から逃
げるのでしょう。それはシーケンスから逃げるのです。つまり、

　　文字列の一連の流れ（シーケンス）から一時的に逃亡（エスケープ）する

という意味です。エスケープシーケンスは画面制御やネットワークの通信など
でも使われる概念です。画面制御のエスケープシーケンスを使うと、画面を消
去（クリア）したり、表示位置を変更したり、文字の色を変更したりすること
もできます。

"hello world\nhello C\n"

文字のシーケンス…文字そのものの列を意味する

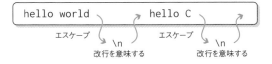

エスケープ文字…文字そのものの意味ではなく、続く文字によって定義される特定の制御を意味する

図4.3　エスケープシーケンスとは

　例えば図4.3 は "hello, world\nhello, C\n" という文字列と、エスケープシ
ーケンスの関係を図示しています。単に n と書いたら n という文字の意味です

---

*4)　エスケープ系列と呼ばれることもある

が、\nと書くとnという文字とは関係が無くなり「改行」を意味するようになります。つまり\は、

　　一連の文字（シーケンス）から抜け出し（エスケープ）、次に続く文字を特別扱いしなさい

という意味になっているのです。それで\を「エスケープ文字」と呼びます。

　それでは\自身を表したいときはどうしたらいいでしょう？　\\という具合に\を2回書くと、\1文字を表すのです。このエスケープシーケンスにより、制御コードを通常の文字列の中に混ぜることができるため、とても便利になるのです。C言語で決められているエスケープシーケンスを付録A.12に掲載しました。

　なお、\nや\\は見た目は2文字からできているように見えますが、コンパイルしてマシン語になった段階では1バイトの情報になります。ソースリストの表現上は2文字ですが、実際にメモリ上に置かれるときは1文字分として働くということを理解しておいてください。

4.2.3　日本語の表現方法

　ASCII文字セットを使って文字を表現するには1文字につき7ビット必要です。これを「半角」といいます。1バイトに1文字記憶させることにすると、1ビット余ってしまいます。そこで日本ではASCII文字セットを拡張変更しました。残りの1ビットを使って「半角カタカナ」を表現できるようにしました。

　ASCII文字セットには米国の通貨である $（ドルマーク）はありますが、日本語の通貨である ¥（円マーク）がありません。そこで日本のJISコードではASCII文字セットを変更しています。0x5c のところにある \ がJISコードでは ¥ になっています。このため、日本語で書かれたCの書籍では ASCIIコード 0x5c が \ になっている書籍と ¥ になっている書籍が混在しているのです。どちらもコンピュータの内部では同じ 0x5c という値として扱われます。キーボードに印字されている文字の形、ディスプレイに表示されるときの文字の形が違って見えるだけなのです。0x5c のコードは前項で説明したエスケープ文字として使われます。

　インターネットを利用して、Webで情報を入力するときに、「半角カタカナを使用しないでください」という文を見たことがある人もいると思います。国外で作成されたプログラムは「半角は7ビット」だと思って処理している場合があり、「半角カタカナ」を使用すると「文字化け」を起こすことがあります。これと同様に、処理系によっては「半角カタカナ」が使用できない場合があります。

私たち日本人にとっては「仮名漢字交じり文」が表現できないと困ります。漢字は種類が多いため1バイトでは表現しきれません。では何ビットあればいいのでしょうか？

　日本人が使っている常用漢字は1万種類程度です。ですから2バイトで表現します。これを「全角」といいます。表現する方法は1種類ではなく、たくさんの方法があります。現在はJISコード、Shift -JIS（シフトJIS）コード、EUCコード、Unicode（ユニコード）という4種類のコードが使い分けられています。

　JISコードは2バイト必要ですが、その中の7ビットしか使っていません。つまり7ビット2つで1文字を表現します。

　つまり半角は7ビット1つで、全角は7ビット2つになります。でもそうすると次のような疑問が生じるかもしれません。

　　　　「全角1文字と半角2文字が区別できないのでは？」

こう思った人はするどいといえるでしょう。でも、区別する方法があります。4.2.2項で説明したエスケープシーケンスを使うのです。つまり、文字列の中に「ここから漢字」「ここで漢字は終わり」を表すエスケープシーケンスを入れて、区別するのです。ですから半角と全角が切り替わる箇所が多いと、必要なバイト数も多くなることになります。ネットワークで転送される文字は7ビットのASCII文字セットと仮定して処理しているシステムがあり、JISコードはそのシステムでもそのまま使用できるため、インターネット上の通信で使用されています。

　Shift-JISコードはWindowsなどのパーソナルコンピュータで長年利用されてきました。EUCコードはUnix系OSなどのワークステーションで利用されてきました。どちらも2バイト必要で、8ビット2つで1文字を表現します。

　Unicodeは、各国のさまざまな文字コードを統一的に表現するために規格化された世界標準の文字コード体系です。ただし、Unicodeは2バイトですので、1つの言語からなる文章を表現するには十分ですが、各国の文章を混在させることはできません。そこで Unicodeを発展させて UTF-8やUTF-16という文字コードが作られました。UTF-8は1文字を1〜6バイトで表現[5]し、UTF-16は1文字を2または4バイトで表現[6]します。これらの文字コードを使えば異なる言語の文章を混在させた文書データを作成することができます。例えばEUCでは、1つの文書ファイルで、日本語のみ、韓国語のみ、中国語のみの文書を表現できますが、それぞれの言語を混在させることはできません。これに対して

＊5）　ASCII文字セットは1バイト、漢字は3バイト
＊6）　ASCII文字セットと漢字は2バイト

UTF-8は、日本語、韓国語、中国語を混在させた1つのファイルを作ることができます。

　インターネットで世界が接続され、スマートフォンが広まってからは、UTF-8で文字データを表現することが一般的になってきました。ここで日本人がプログラミングをする時に気をつけなければならない点が出てきました。それはASCIIでは同じコードだった半角の \ と ¥ は **UTF-8** では異なるコードになっているということです。UTF-8では \ は 0x5c で ¥ は 0xc2a5 です。長年 \ を ¥ で表示してきたアプリケーションの中には互換性を優先してUTF-8の場合でも \（0x5c）を ¥ に置き換えて表示するものがあります。すると問題が生じます。画面を見ただけでは ¥ が 0x5c なのか 0xc2a5 なのか区別ができないのです。しかしコンピュータの中では別のコードとして扱われ C コンパイラも区別しますので、エスケープ記号のつもりの ¥ が 0xc2a5 になっている場合には、エラーになったり、想定外の挙動をすることがあります。このことは C に限ったことではないのでプログラミングをする時には入力するエディタが \ や ¥ をどのように扱うか理解しておく必要があります。

　このようにさまざまな文字コードがあるため、プログラムを作成するときにはどの文字コードが利用できるか、調べる必要があります。

Exercises

Ex4.1 | 次の英単語の読み方、意味が分かりますか？

	読み方	意味
digital	( ) (	)
analog	( ) (	)
overflow	( ) (	)
float	( ) (	)
string	( ) (	)
code	( ) (	)
escape	( ) (	)
sequence	( ) (	)

Ex4.2 | 表4.1、付録A.5、付録A.6を見ながら計算しよう。

a）$(1 - 0x1) + (0x1 - 1)$

b）$0xF + 0x1$

c）$10 \times 0x10$

d）$100 - 0x8 \times 0x10$

e）$0xA \times 10 + 0xB0 \div 0x10$

Ex**4.3** | 次の数値は2進数による計算式を表しています。2進数のまま計算
してください。答えも2進数で表してください。その後で2進数を
10進数に変換してから計算し、検算してみてください。

a) 00011001 ＋ 00100101
b) 00101001 － 00010011
c) 00101001 － 00011001
d) 00011001 × 00100101
e) 00011001 × 00001101
f) 00001111 ÷ 00000101
g) 00011001 ÷ 00000101

Ex**4.4** | 2の補数表現で負の数を表現する場合、5ビットで表現できる数値
はいくつからいくつまででしょう？ また、7ビットの場合、8ビ
ットの場合はいくつからいくつまででしょう？

Ex**4.5** | 2の補数表現で負の数を表現する場合、10ビットで表現できる数値
はいくつからいくつまででしょう？ また、14ビットの場合、16
ビットの場合はいくつからいくつまででしょう？

Ex**4.6** | 次の空欄に適切な数を入れてください。

ASCII文字セットでは、'A' は（ ）で、'a' は（ ）で、
'0' は（ ）で表される。

Ex4.7 | エスケープシーケンスに関する問題を解いてみましょう。

a)「///\\\」という意味になるように、エスケープシーケンスを使って書いて
みましょう。

b)「hello, world\nhello, C」という意味になるように、エスケープシーケン
スを使って書いてみましょう。

c)"//\n/n\n/\\" という文字列はどのような意味になりますか？

第5章

Cを学ぶために必要な
コンピュータの知識

プログラムを作る理由はコンピュータに何らかの仕事をさせたいからでした。そのコンピュータ自体がどのような装置なのかを知らなければ、コンピュータを活用できるプログラムなんて作れるはずがありません。

Cはコンピュータの力を引き出せるように設計されているプログラミング言語です。ですからCプログラミングができるためにはコンピュータの知識が必要になるのです。しっかりと学んでいきましょう。初めて学ぶ概念がたくさん出てきて難しく感じるかもしれません。難しすぎて理解しにくくなっても、そこで止まらず、飛ばしながら読み進んでください。そして、本書を読み終わってから再度挑戦してください。一度で理解する必要はありません。繰り返し学習することが大切です。繰り返し読んでいるうちに少しずつ理解が深まっていくはずです。

5.1 コンピュータの構造

5.1.1 パーソナルコンピュータの構造

　「コンピュータ」という言葉を聞いたとき、私たちが真っ先に頭に思い浮かべるのはパーソナルコンピュータ（パソコン）ではないでしょうか。その構造を簡略化して図5.1に示します。

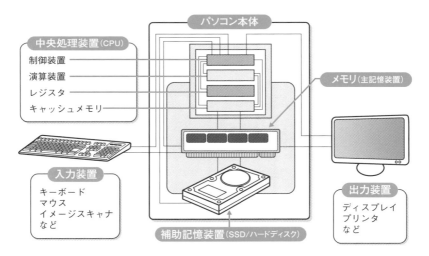

図5.1　コンピュータの基本構造

　パソコンは、CPU（中央処理装置）、メモリ、入力装置、出力装置、補助記憶装置などの部品から構成されています。それぞれの装置について簡単に説明しましょう。

CPU: Central Processing Unit（中央処理装置）

　「CPU（シーピーユー）」は日本語では中央処理装置と呼ばれます。オルゴールに例えると音を鳴らす「クシ」、人に例えると「頭脳」に相当する装置です。マシン語の命令を解読して、演算処理をしたり、周辺の装置に指示を出したりする装置です。

CPUはマシン語の命令を解読して指令を出す制御装置と、演算処理を行う演算装置（**ALU**）（5.2.5 項参照）、処理中のマシン語命令や数値データを格納するレジスタから構成されます（5.2.1 項参照）。パソコンやスマートフォンで使われるマイクロプロセッサの場合には実行中のプログラムの一部分を一時的に記憶するキャッシュを備える場合もあります。

CPUはコンピュータで最も重要な装置なので、「コンピュータ本体」のことを「CPU」と呼ぶこともあります。

メモリ（メインメモリ、主記憶装置）

メモリはプログラムとデータを記憶する装置です。メモリは、実行中のプログラムを記憶するのに使われたり、処理中のデータを格納するのに使われたりします。

メモリに格納したプログラムやデータは、コンピュータの電源を切ると消えるため、後から必要になる情報は補助記憶装置に記憶しなければいけません。

人に例えると頭脳に相当しますが、CPUと異なり、制御や演算などの処理はできません。記憶するだけです。

厳密にいえば「メモリ」には、「キャッシュメモリ」や「フラッシュメモリ」など、たくさんの種類があります。ここで説明しているのは「メインメモリ」「主記憶装置」と呼ばれるメモリです。本書ではこれを単に「メモリ」と書くことにします。

入力装置

入力装置はキーボードやマウス、タッチパネル[*1] など、コンピュータに命令やデータを入力する装置です。イメージスキャナやバーコードリーダ、マイク、カメラなど、さまざまな入力装置があります。

出力装置

出力装置は、ディスプレイやプリンタなど、処理結果を出力する装置です。スピーカや電光掲示板、マナーモードで使われるバイブレータなども出力装置です。

[*1] スマートフォンやタブレットPCの画面は、入力装置のタッチパネルと、出力装置のディスプレイの両方を兼ね備えた装置になる。

補助記憶装置

　補助記憶装置は、プログラムやデータを格納する装置ですが、メモリと異なり、電源を切っても消えないという特徴があります。SSD（Solid State Drive）やハードディスク、CD -ROM、フラッシュメモリ、USBメモリなどがあります。

　これらの回路や装置は「クロック」と呼ばれる信号を入力することで駆動します。クロックとは電圧の高、底を繰り返す矩形波と呼ばれる信号で、電圧が底から高になったときに駆動する回路や、電圧が高から底になったときに駆動する回路、その両方で駆動する回路があります。コンピュータの性能を表現するときにクロック周波数が3.2GHzや1.8GHzなどと表現することがありますが、これはCPUを駆動させるときのクロックの周波数になります。この周波数が高ければ高いほど処理速度は向上します。また、クロック周波数は装置ごとに異なり、CPUが一番周波数が高く、次にメモリになり、その次に補助記憶装置や入出力装置となるのが一般的です。

　それぞれの装置と装置の間は、情報を転送する信号線で接続されています。特に、複数の制御装置を接続する共通信号線をバスと呼びます。

　　　bus［名詞］バス、乗合自動車、飛行機、自動車、（電気配線の）母線（busはomnibusの短縮形）

　CPUとメモリを結ぶバスを特にメモリバスと呼ぶことがあります。メモリバスは、他のバスと比べると特別高速に通信できるようになっています。プログラムを実行するときには、プログラムの1つひとつの命令をメモリからCPUに読み込まなければならないため、メモリバスの通信速度が遅いと、命令の実行速度が遅くなってしまいます。また、処理するデータもメモリとCPUの間で読み書きが行われます。CPUとメモリの間では頻繁にデータの転送が行われるため、メモリバスの通信速度が遅いと、コンピュータの処理性能が低くなってしまうため、特に高速に通信できるようになっています。

　この「バス」は「処理系依存」を生じさせる原因になる部分でもあります。詳しくは5.2.6項で説明します。

5.1.2 メモリにはアドレスが付いている

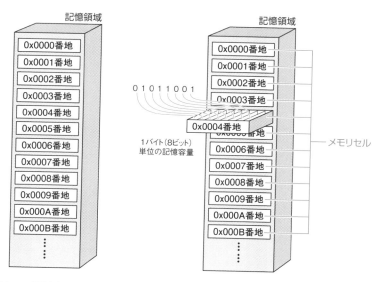

図5.2 記憶領域（メモリ）

　コンピュータの内部には大量のデータを記憶できるメモリ（主記憶装置）があります。初期のパソコンは8Kバイト〜64Kバイトのメモリを積んでいましたが、その後640Kバイト〜2Gバイトのメモリを積むようになり、最近のパソコンは4Gバイト〜32Gバイトのメモリを積んでいます。KとかM、Gは、大きな単位を表すときに使われる記号です。これは長さをメートルで表すとき、1000m == 1kmのように桁数を減らして表すときと同じような使い方です。このような記号を「数の接頭語」や「数の接頭辞」と呼びます。付録A.4に接頭語の一覧表を載せました。K、M、G、Tぐらいまでは、順番、読み方を覚えましょう。

　コンピュータの記憶領域は8ビット単位で区切られています。これをメモリセル（memory cell）と呼びます。

　　cell［名詞］小室、個室、（ハチの巣の）穴、細胞、電池（cellが集まったものがbattery）

　セルは「小部屋」「細胞」という意味です。コンピュータの内部ではこのメモリセル単位でデータを読み込んだり書き込んだりすることができます。

そしてこの 8 ビット単位で番号が付けられています。これをアドレス（**address**）と呼びます。

　　　address［名詞］あて名、住所、（コンピュータの）アドレス、番地（記憶
　　　　　　装置の中の個々のデータの位置）

　これは図 5.2 のように、8 ビットのデータが入る引き出しが何段も並んでいるとイメージしてください。1 番最初の引き出しには 0 という値が付けられています。これを 0 番地と呼びます。そして順に 1 番地、2 番地....と番号が付けられています。何番地まであるかはシステムに依存します。パソコンなどではメモリを後から増やせる場合もあります。増やしたり減らしたりした場合には使える番地が変わることになります。

　本書では**アドレスを 16 進数で表現**することにします。10 進数で表現してもいいのですが、コンピュータ流の考え方にはやく慣れてほしいので、あえて 16 進数で表現します。恐れないでついてきてください。そして表現できるアドレスは 0x0000 ～ 0xFFFF までにして説明します。記憶容量でいえば、2^{16} バイト ＝ 65536 バイト ＝ 64K バイトになります。

　メモリの記憶容量や SSD、ハードディスクの記憶容量のことをリソースといいます。

　　　resource［名詞］資源、資産、（万一の時の）頼み、（内に秘めた）力

　最近のパソコンのリソースは非常に大きくなってきていますが、小型の組込システムなどではリソースが小さく、実際に 64K バイトぐらいの記憶容量のシステムも使われています。実用的なプログラムを作るときには、コンピュータのリソースについて気にしなければならない場合がありますので、普段からコンピュータのリソースについて気にするようにしてください。

コンピュータの5大構成要素　　　**Column**

　現在のコンピュータはノイマン型コンピュータと呼ばれます。ノイマン型コンピュータは主に5つの装置から構成されます。これをコンピュータの5大構成要素や5大機能と呼びます。図5.3のように、コンピュータは5つの要素から構成されていることを説明する言葉です。おおざっぱに説明すると次のようになります。

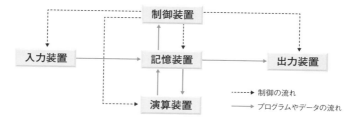

図5.3　コンピュータの5大構成要素

制御装置
　コンピュータを構成する装置を制御する装置

演算装置
　足し算や引き算などの計算（演算）をする装置

記憶装置
　プログラムやデータを記憶する装置

入力装置
　コンピュータで処理するプログラムやデータを入力する装置

出力装置
　コンピュータで処理した結果を出力する装置

　これらの装置は、図5.3のように接続されています。「制御の流れ」という方向に命令が送られ、「データの流れ」という矢印の方向にプログラムやデータが流れます。
　パソコンなどで使われているCPUは、制御装置、演算装置、記憶装置（レジスタ）の3つを兼ね備えています。一般的にいえばメモリは記憶装置ですが、入力装置や出力装置を兼ねることがあります。SSDやハードディスクは、入力装置、出力装置、記憶装置を兼ね備えた装置といえるでしょう。

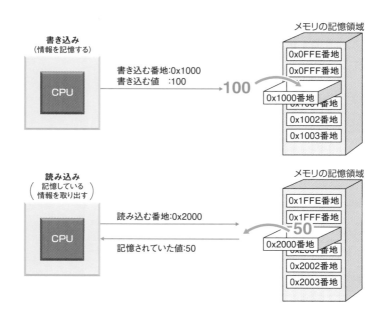

図5.4　メモリへのデータの読み書き

CPUの演算装置（ALU）で演算処理をするためには、汎用レジスタに値をセットする必要があります。また演算結果も汎用レジスタに格納されるため、それをメモリに保存しなければなりません。CPUはレジスタにセットする値をメモリから入力し、演算した後でレジスタに格納されている演算結果をメモリに出力します。

　CPUがメモリに値を記憶することを「メモリに値を書き込む（write）」といい、メモリに記憶している値を取り出すことを「メモリから値を読み込む（read）」といいます。CPUがメモリの値を読み書きするときには、メモリのどのアドレスの値を読み書きするのか指定する必要があります。

　図5.4の上の図ではメモリの0x1000番地に100という値を書き込んでいます。下の図ではメモリの0x2000番地に格納されている値を読み込んでいます。このような概念はCプログラミングをマスタする上でとても大切なことです。特に7.2節で説明するポインタを理解するためには絶対に必要です。プログラムとい

うものは、「メモリの特定のアドレスに格納されているデータに対して処理を行う」ということを理解してください。

5.1.4 CPUとメモリはバスでつながっている

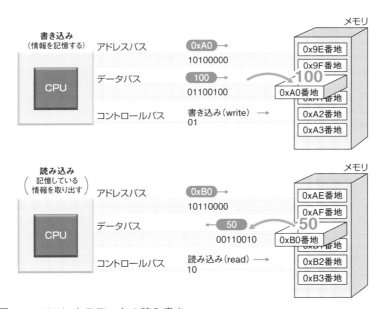

図5.5 バスによるデータの読み書き

CPUとメモリの間のやりとりをもう少し細かく見ていきましょう。CPUとメモリの間は「データバス」「アドレスバス」「コントロールバス」という3つのバスでつながっています。

- ●**データバス** … 読み書きする値をやりとりする信号線
- ●**アドレスバス** … 読み書きするアドレス（番地）を指定する信号線
- ●**コントロールバス** … データを「書き込む（write）」か「読み込む（read）」かを指定する信号線

CPUはこれらのバスを制御して、メモリにデータを格納したり、メモリに格納されているデータを読み込んだりします。アドレスバスやコントロールバス

169

は、CPU からメモリに向かって制御信号を送るだけですが、データバスは、CPU からメモリにデータを送るときだけではなく、メモリから CPU にデータを取ってくるときにも使われます。つまりデータバスは双方向通信になります。

　データバスやアドレスバスは図5.5のようにたくさんの信号線でCPUとメモリをつないでいます。1つの信号線が1ビットのデータを送ると思ってください。

　どういうことかというと、アドレスバスの場合はバスの本数が表現できるアドレスの範囲ということになります。アドレスバスが8ビットならば8ビット分のアドレスが利用でき、アドレスバスが16ビットならば16ビット分のアドレスが利用できます。このようにして表されるアドレスのことを「アドレス空間」といいます。アドレスバスが8ビットであればアドレス空間は 0x00 〜 0xFF になり、アドレスバスが 16ビットであればアドレス空間は 0x0000 〜 0xFFFF になります。アドレスバスの本数が多ければ多いほどアドレス空間が大きくなります[*2]。

　データバスの場合、バスの本数は1回の処理で読み書きできるビット数を意味します。データバスが8ビットならば、1回の読み書きで8ビット分のデータをやりとりでき、16ビットならば、1回の読み書きで16ビット分のデータをやりとりできます。

　コントロールバスは、「読み込み」「書き込み」「読み込みも書き込みもどちらもしない」を表現できる必要があり、最低2本の信号線が必要になります。

　これらのバスを使ったデータの読み書きについて、図5.5を使って具体的に説明しましょう。図5.5ではアドレスバスが8ビットで、データバスが8ビットになっています。ですから表現できるアドレス空間は0x00〜0xFFで、一度に読み書きできるビット数は8ビット（1バイト）になります。

　図5.5の上の図では、0xA0番地に100という値を格納してます。アドレスバスに 0xA0 を表す信号を流し、データバスに100を表す信号を流し、コントロールバスに「書き込み」を意味する信号（図では01）を流します。実際にバスを流れる信号は2進数になっています。そうすると0xA0番地に100という数値が格納されます。

　また、図5.5の下の図では、0xB0番地に格納されているデータを読み込んでいます。アドレスバス0xB0番地を示す信号を流し、コントロールバスに「読み込み」を意味する信号（図では10）を流します。データバスには何も流しません。そうするとデータバスを通して 0xB0 番地に格納されているデータが CPU に送られてきます。

---

*2）　本書でアドレスを16進数で表現する理由が少しは分かりましたか？

　5.1.4項でも説明しましたが、アドレスバスやデータバスの概念は、Cプログラミングの「ポインタ（7.2節参照）」を理解するときに必要です。しっかりと理解しましょう。

5.1.5　ROMとRAM

　メモリは大きく2種類に分類されます。ROM（**Read Only Memory**）とRAM（**Random Access Memory**）です。

> random［形容詞］手当たり次第の、でたらめの、行き当たりばったりの
> access［動詞］接近する、（情報用語で）アクセスする

　文字通りの意味はROMは「読み込み専用のメモリ」でRAMは「でたらめにアクセスできるメモリ」という意味ですが、どちらかといえばRAMは「読み書きできるメモリ」というニュアンスが強くなります。ROMは電源を切っていても保存されている情報が消えませんが、RAMの方は電源を切ると情報が消えてしまいます。

　ROMは、電源を切っても内容が消えないため、コンピュータの電源を入れたときに最初に実行されるプログラムを格納するときに使われます。また、家電製品などの組込システムの場合には、プログラムはすべてROMに保存されていて、ROMからCPUが直接プログラムやデータを読み取って実行する場合があります。このため組込システムでは、ROM上のデータなのかRAM上のデータなのか、意識しながらプログラムを作らなければならない場合があります。なぜなら、ROMとRAMには読み込むだけなのか、読み書きできるのかという大きな違いがあり、ROMの値を書き換えようとするプログラムを作ってしまうと正しく動かなくなってしまうからです。

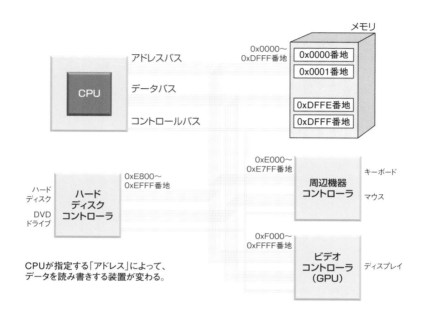

図5.6　メモリマップドI/O

　入出力はどのようにして行われるのでしょうか。基本的にはメモリの値を読み書きするのと同じです。図 5.6のように、入出力装置もメモリと同じようにバスで接続され、メモリと同じようにアドレスが付けられているのです。この方式をメモリマップドI/O（Memory -mapped I/O）といいます。I/Oは入出力の意味でしたね。

　　map［名詞］地図、天体図、図解、図表 ［動詞］地図を作る

　mapは地図（を作る）という意味ですが、コンピュータの世界では「対応付ける」「割り当てる」というような意味になります。

　メモリにはアドレスが割り当てられていましたが、そのアドレスを「メモリ」だけで使用するのではなく、特定の番地は「周辺装置」にも割り当てます。つまり、入出力装置にも、「メモリアドレスを割り当てた」「メモリアドレスをマップした」のです。

　こうすると、メモリを読み書きするのと同じ手順で、入力装置や出力装置を制御することができます。図 5.6 の場合、0x0000 番地〜0xDFFF 番地まではメモリ、0xE000 番地〜0xE7FF 番地まではキーボード・マウス、0xE800 番地〜0xEFFF 番地までは SSD やハードディスク、0xF000 番地〜0xFFFF 番地までは画面表示に割り当てられています。それぞれのアドレスを読み書きすると、割り当てられた番地に接続されている装置のデータを読み書きすることになります。

　C 言語にはポインタ（7.2 節参照）があるため、特定のアドレスの値を読み書きするプログラムを容易に書くことができます。メモリマップド I/O の場合には変数の読み書きと同じ方法で、入力や、出力のプログラムを書くことができます。このため、C 言語は、装置を駆動するデバイスドライバ（5.3.1 項参照）の作成でもよく利用されます。

　もちろん、装置に割り当てられたアドレスによっては、読み込みしかできなかったり、書き込みができなかったりするかもしれません。また、0x0000 番地〜0xDFFF 番地のメモリにも、ROM の部分と RAM の部分があるかもしれません。メモリだとしても、読み込みしかできないアドレスと、読み書きできるアドレスがあるかもしれないということになります。

　メモリにマップされた I/O 以外にも、メモリとは異なる入出力専用のバスが用意されている CPU もあります。この CPU の場合にはメモリだけではなく、I/O 専用のデータバス、アドレスバス、コントロールバスが備えられていて、これらを使って入出力をすることになります。Core i シリーズを使ったパソコンでは、メモリマップド I/O と I/O 専用バスを併用して入出力処理をしています。

5

C を学ぶために必要なコンピュータの知識

　ITに対してOTという言葉が使われるようになりました。ITはInformation Technologyで情報技術、OTはOperational Technologyで制御技術の意味です。ITはコンピュータの内部の仮想的な情報処理に主眼が置かれますが、OTは現実世界で物理現象を計測したり、物体を動かすことに主眼が置かれます。

　例えば、OTの分野には製造工場のロボット制御や上下水道局のバルブやポンプの制御、道路や鉄道の信号制御などが含まれます。身近なことでいえば、自動ドアやエレベータの制御もOTです。

　これらの制御にはPLC（Programmable Logic Controller）と呼ばれる装置が使われています[3]。しかも1つのPLCで制御が行われるのではなく、複数のPLCがネットワークによって接続されて互いに情報をやりとりして制御が行われます。

　PLCは物理的な情報を入力し、その条件に合わせて、出力によって物理的な装置を動かします[4]。エレベータでいえば、入力する物理的な情報は、各階のボタンやゴンドラ内部のボタンを押したかどうか、各階のドアやゴンドラのドアの開閉情報、ドアセンサ（挟まりそうなものがないか）の情報、重量計（定員オーバを調べる）の情報、ゴンドラの位置などです。出力で動かすのは、各階のボタンやエレベータ内部のボタンのライトの点灯消灯操作、各階のドアやエレベータのドアの開閉操作、定員オーバを知らせるブザーの操作、ゴンドラの昇降操作などです。

　かなり複雑なプログラミングによってエレベータは動いています。このPLCのプログラムは、C言語ではなくラダーと呼ばれる言語で書かれています。このラダーのプログラミングでもアドレスという概念が重要になってきます。

　PLCには複数の入力端子・出力端子があります。状態を記憶したり共有したりするためのメモリもあります。これらの入・出力端子やメモリには固有のアドレスが付いています。ラダーではそのアドレスを繋ぐようにプログラミングをしていきます。

　例えばエレベータのゴンドラを制御するPLCがあったとします。そうすると表のような入出力アドレスが利用されます。

　例えばエレベータの中の「開く」ボタンを押したら%I000から入力がきます。開くボタンの中に入っているライトを点灯させるためには%Q000に点灯させるための情報を出力します。さらにドアを開ける必要があったら%Q006にドアを開けるための情報を出力します。

---

[3]　大規模な分散システムではDCS（Distributed Control System）が使われることもある。
[4]　入力する装置をセンサ（sensor）、出力する装置をアクチュエータ（actuator）ともいう。

　ただし、ゴンドラが移動中だったらドアを開いてはいけません。ゴンドラが移動中かどうかについてはゴンドラの中のPLCではなく、ゴンドラの外に別のPLCが存在しているケースで考えましょう。そうすると、ゴンドラの外のPLCからゴンドラの中のPLCにネットワークを介して情報を伝える必要があります。他のPLCと連携するためには、意味ごとにメモリを割り当てます。そしてネットワークを使ってそのメモリのアドレスへの読み書きを行います。今回の例では、ゴンドラの外のPLCがゴンドラの中のPLCのメモリの特定のアドレスに、情報を書き込むことでゴンドラの情報を伝えるのです。

　情報を記憶する時も、機械を制御する時も、メモリとアドレスはとても大切なものなのです。

表5.1　エレベータのゴンドラの内部を制御するPLCで使われる入出力アドレスの例

入力	出力	メモリ
%I000 「開」ボタン	%Q000 「開」ボタンのライト	%M000 ゴンドラが1階に停止中（外からの情報）
%I001 「閉」ボタン	%Q001 「閉」ボタンのライト	%M001 ゴンドラが2階に停止中（外からの情報）
%I002 「1階」ボタン	%Q002 「1階」ボタンのライト	%M002 ゴンドラが3階に停止中（外からの情報）
%I003 「2階」ボタン	%Q003 「2階」ボタンのライト	%M003 ゴンドラが上昇中（外からの情報）
%I004 「3階」ボタン	%Q004 「3階」ボタンのライト	%M004 ゴンドラが下降中（外からの情報）
%I005 「ドア挟まれセンサ」	%Q005 「ドア」を閉じる	
%I006 「ドアが開いている」	%Q006 「ドア」を開く	
%I007 「ドアが閉じている」	%Q007 「ブザー」を鳴らす	
%I008 「重量オーバー」		

5.2.1 CPUを構成する3つの装置

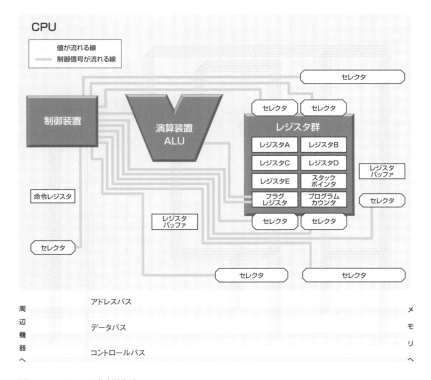

図5.7 CPUの内部構造

　CPUの内部は図5.7のようになっています。ここでは細かいことまでは理解する必要はありません。CPUの内部は主に制御装置、演算装置（ALU）、レジスタ群から構成されていて、それぞれがバスでつながっているということは理解してください。最近のマイクロプロセッサはマルチコアになっていますが、この図のCPUはその1つのコアを表していると考えてください。つまり2コアの場合はこれが2個、10コアの場合には10個あることになります。

　制御装置はCPUの処理内容を決める装置です。制御装置からは制御信号を制送る線が伸びています[*5]。

　制御装置とALUを結ぶ制御信号は演算の種類を選択する信号線です。それ以外に制御装置からはセレクタと呼ばれる装置にたくさんの信号線が伸びています。

　selector［名詞］選ぶ人、選別機、（車の）変速レバー、（通信の）選波機

　セレクタはバスを開閉する装置です。同じ装置が複数のバスがつながっている場合に、電車のポイントのように、セレクタで開放するバスを選択することでデータを流すバスを選択することができます。演算装置（ALU）は足し算や引き算など、演算をする装置です。演算は必ず「レジスタ」に記憶されている値の間で行います。

　register［名詞］記録、登録簿、名簿、（お店の）レジ、（楽器の）音域

　レジスタは命令やデータを一時的に記憶する装置です。メモリに格納されている命令やデータをレジスタにコピーして、解読や演算処理を行うことになります。つまりメモリに格納されている値を使って直接演算が行われるわけではなく、いちいちレジスタにコピーしてから演算が行われます。

　表5.2に示すように、CPUの内部にはたくさんの種類のレジスタがあります。一度に覚えるのは大変です。まずは「命令レジスタ」「汎用レジスタ」「プログラムカウンタ」について理解すると、よりよいでしょう。

　Cプログラミングをする上で一番理解してほしいレジスタが「汎用レジスタ」です。「汎用レジスタ」は1つではなく複数あるのが普通です。本書では「レジスタA」「レジスタB」...「レジスタE」と名付けることにします。5.2.5項などで演算に使用するレジスタは基本的には「汎用レジスタ」だと思ってください。

　図5.7には、「レジスタバッファ」というのも書かれています。これは一時的（テンポラリ）[*6]に値を記憶するためのレジスタです。

[*5]　制御信号の線はバスとは異なり1本の線で表していますが、実際には数本の線でつながれていると考えてください。
[*6]　テンポラリの意味は7.1.4項参照。

表5.2 レジスタの種類

レジスタ名	説明
アキュームレータ	演算専用に特化したレジスタ（本書では汎用レジスタがアキュームレータの機能を持っていると考える）
汎用レジスタ	演算に利用するレジスタ。一般的なCPUでは4個〜32個存在する
インデックスレジスタ	汎用レジスタなどと組み合わせて使用し、アドレスの相対的な番地を参照できる
プログラムカウンタ（PC）	次に実行すべきマシン語命令が格納されている番地（アドレス）を記憶
命令レジスタ	マシン語命令を記憶
フラグレジスタ	直前に行われた演算により発生した現象を記憶。演算結果が0（ゼロフラグ）、マイナス（マイナスフラグ）、繰り上がり（キャリーフラグ）などの情報を記憶する
スタックポインタ（SP）	一時記憶に利用するメモリのアドレスを記録する
浮動小数点演算レジスタ	実数の値を記憶し、実数同士の演算をするときに利用する

5.2.2 CPUの基本処理

CPUが行える処理というのは、大きくいえば図5.8に示す3つの処理だけです。すなわち、

1）「メモリの特定の番地の値」を「特定のレジスタ」に「記憶」する（Read）
2）「特定のレジスタの値」を「メモリの特定の番地」に「記憶」する（Write）
3）「特定のレジスタ」と「特定のレジスタ」の間で演算を行い、結果を「特定のレジスタ」に「記憶」する

という処理です。すべての指令は制御装置が出します。そして、1番目と2番目の処理はメモリとレジスタの間で行われ、3番目の処理はレジスタと演算装置の間で行われます。

　コンピュータというのは、基本的にはこれらの3つの処理しかできないのです。単純な処理しかできなくても、これらを組み合わせて大きなプログラムを作れば、複雑な処理を何でもこなしてしまうのです。マシン語でプログラムを作ろうとすると、本当にこれらの処理の組み合わせでプログラムを書くことになりますが、Cを使えば楽に便利なプログラムを作ることができます。

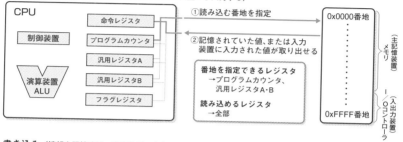

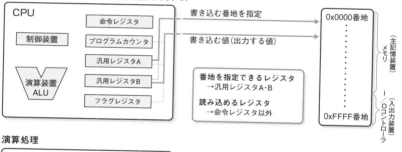

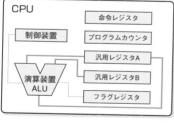

図5.8　CPUの基本処理

5.2.3 プログラムはメモリ上に置かれる

プログラムを実行できるように準備することをインストールといいます。

install［動詞］任命・就任させる、落ち着かせる、（装置を）取り付ける

スマートフォンでは、アプリをダウンロードすると自動的にインストールされます。パソコンの場合には、インストール作業をしないとそのプログラムを使えないのが普通です。インストールというのは、CD-ROMやDVD-ROM、ダウンロードしたファイルを補助記憶装置の適切な場所に移す作業のことです。他にもオペレーティングシステム（5.3.1項参照）の設定を変更したり、ライブラリ（3.1.5項参照）を登録したり、デバイス（5.3.1項参照）の設定をしたりすることがあります。

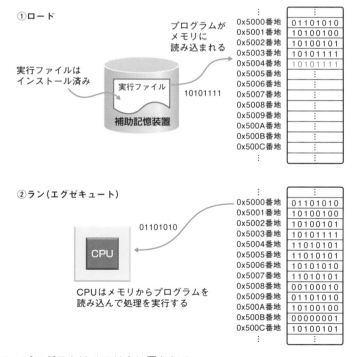

図5.9　プログラムはメモリ上に置かれる

　プログラムを実行するときには、補助記憶装置などに保存されているプログラムをメモリ上に配置しなければなりません。オルゴールの例でいえば、「ドラムを本体に取り付ける」ことだと考えればよいでしょう。これをロードといいます。

　　load［動詞］（輸送物を）積む、（仕事などを）しょわせる、（コンピュータの主記憶に）読み込む

　ゲーム機などでゲームをしているときに、時々画面が止まり「Now Loading」などと表示される画面を見たことがある人も多いと思います。これは CD-ROM や DVD-ROM、フラッシュ ROM に保存されているプログラムやデータをメモリに読み込む作業をしていることを意味します。メモリに読み込んだプログラムを実行することを「ラン」や「エグゼキュート」といいます。

　　run［動詞］（人・動物が）走る、逃げる、（車・列車・船などが）進行する、（機械などが）動く
　　execute［動詞］（計画・命令を）実行する、（法律・判決を）実施する、演奏する

　Windows では実行可能ファイルの拡張子に .exe が付きますが、この exe は execute という意味なのです。

5.2.4　マシン語命令の実行

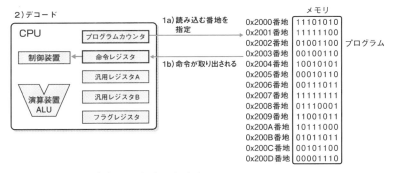

図5.10　マシン語命令の取り出しと実行

　CPU がプログラムの命令を実行するときには、基本的には次の5つのサイク

ルで処理が行われます。*7)

　　1）フェッチ（命令の取り出し）
　　2）デコード（解読）
　　3）オペランドフェッチ（オペランドの取り出し）
　　4）エグゼキュート（実行）
　　5）ライトバック（結果の保存）

　典型的なマシン語の命令は

　　［オペコード］［オペランド］

という 2つ要素から成り立っています。オペコードが「命令」でオペランドは
命令で処理される「数値」を表します（オペランドについて詳しくは6.1.2項参
照）。例えば、オペコードが「レジスタ A に値を足す」を意味し、オペランドが
「1000」という数値を表し、両方あわせて「レジスタ A に 1000 を足す」という
意味になる、という具合です。これを 5 つの段階で読み込んで実行していくの
です。

　1つのサイクルはクロックと呼ばれる矩形波の電気信号に合わせて行われま
す。5.1.1項でも出てきましたが、矩形波とは規則的に電圧の高底を繰り返す波
形のことです。CPU の性能を表す時に 2GHz や 3GHz などのクロック周波数とい
う言葉が使われますが、あれがクロックです。1秒間に何回電圧の高底を繰り
返すかの意味で、同じ回路であれば、値が大きければ大きいほど高速に動作し
ます。5つのサイクルで処理が行われる場合には5クロックで1命令が実行され
ることになります。

1）「フェッチ（**fetch**）」は、メモリに格納されているプログラムの命令部分を
　　読み込む処理です（図5.10の1a）、1b））。

　　fetch［動詞］取って来る、引き出す、売れる、人気を呼ぶ

　CPU はメモリ上の何番地から命令をフェッチするかの情報を持っています。
この情報は「**プログラムカウンタ（PC：Program Counter）**」と呼ばれるレジ
スタに格納されています。フェッチとは、プログラムカウンタが指し示してい
るアドレスに格納されている「命令」を CPU の内部に取り込む処理のことです。
取り込んだ命令は「命令レジスタ」に格納されます。

＊7）　ARM プロセッサの場合には、1）フェッチ、2）デコード、3）エグゼキュート、4）メモリアクセス、
　　　5）ライトバック、になります。

クロック周波数とパイプライン処理　　　　　Column

　5.2.4項の例のように、1つの命令が5つのサイクルになっている場合、1つの段階を1クロックで実行できたとすると5クロックで1つの命令が実行されることになります。そうするとCPUのクロック周波数が2GHzの場合、1秒間に4億回の命令を実行できることになります。（2×1000×1000×1000÷5）

　これをさらにパイプライン処理では、命令を順番に並列に実行することで、平均すると1クロック1命令を実行し、2GHzの場合に、1秒間に20億回の命令を実行できるようにします。パイプラインは順次制御（8.1.1項参照）の時には効率的に働きますが、選択処理（8.2.2項参照）では結果によって処理内容が異なるため、パイプラインがうまく埋まらず、処理が遅くなります。予測などをして高速化を計りますが限界もあります。また順次処理でも直前の演算結果が必要な場合には結果が出るまで処理が止まります。パイプラインで高速な処理をするためには様々な工夫が必要になります。

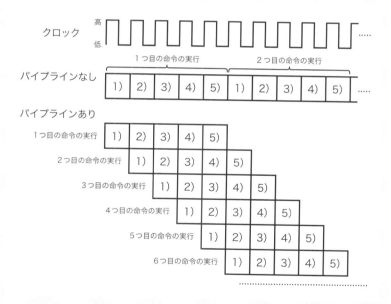

図5.11　パイプラインがある場合とない場合のCPUで命令が実行される様子の比較

２）「デコード（**decode**）」は「命令レジスタ」に格納されている命令を解読
する処理です。

decode［動詞］暗号を解く
code［動詞］暗号（信号）化する

　命令の種類によって、オペランドがあったりなかったり、オペランドのバイ
ト数が違っていたりします。「命令レジスタ」の値を解読することにより、オペ
ランドの構造が決まるのです。

３）「オペランドフェッチ（**operand fetch**）」は、オペランドを取り出す処理
です。オペランドの値を取り出して汎用レジスタなどに格納します。
４）「エグゼキュート（**execute**）」は命令を実行する処理です。
５）「ライトバック（**write back**）」とは実行結果をレジスタやメモリに格納す
ることです。

write back［動詞＋副詞］返事を書く

　基本的にプログラムの実行は、小さい番地から大きい番地に向かって進めら
れます。1つの命令を実行したら、次の命令、という具合に、命令の大きさの
分だけ先に進みます。でも、ただ単に小さい番地から大きい番地に向かって進
むだけではありません。図5.11に示すように、先に移動したり、戻ったりしな
がら処理していきます。
　第8章で「処理の流れ」を学びますが、処理の流れはプログラムカウンタの
値を変更することで実現します。プログラムカウンタを1命令ずつ増加させて
処理することを順次処理（8.3.2項参照）と呼びます。プログラムカウンタの値
を小さい値に戻して、同じところを何回も実行することを反復処理（ループ）
（8.3.4項参照）と呼びます。プログラムカウンタの値を先に進めて、途中を飛
ばすことを選択処理（条件分岐）（8.3.3項参照）といいます。ライブラリを実
行するときには、プログラムカウンタの値を大きく変更します。そして、ライ
ブラリの実行が終わったところで元の位置に戻ってきます（9.3.2項参照）。元
の位置に戻ってくるために、ライブラリに飛ぶ前に今のプログラムカウンタの
値をスタック（5.3.4項参照）と呼ばれる場所に一時的に待避しておく必要があ
ります。
　なお、プログラムは必ずしもメモリ上にロードされるとは限りません。ハー
ドディスクを「メモリ」として使う仮想記憶を使う場合もあります。メモリよ
りもSSD/ハードディスクの方が大容量なので、少ないメモリで大きなプログラ

ムを動かしたい場合に仮想記憶が使われます。この場合にはSSD/ハードディスクが拡張されたメモリ空間になります。ただし、SSD/ハードディスクに読み書きする速度はメモリとは比較にならないぐらい遅いので、できるだけメモリを使うようにして、どうしても足りないときにだけSSD/ハードディスクを使うようにします。

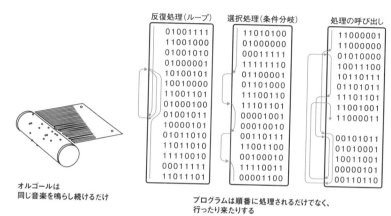

図 5.11　処理の流れ

キャッシュでスピードアップ　Column

　メモリ（メインメモリ）からデータを読み込んだり、メモリにデータを書き込んだりするときにかかる時間を、「アクセス速度」と呼びます。メモリはCPUのレジスタと比較するとアクセス速度が数桁遅いのが普通です。毎回CPUがメモリのデータを読み書きすると、メモリのアクセス速度に足を引っ張られ、CPUの性能を発揮できなくなります。

　そこで、CPUとメモリの間にアクセス速度が高速なキャッシュ（キャッシュメモリ）を置くのが普通になっています。

　　cache［名詞］隠し場、貯蔵所、貯蔵物

　プログラムが実行されるときには、メモリに格納されているプログラムやデータはいったんキャッシュに格納されます。そして、必要なときにはキャッシュから読み込みます。CPUはキャッシュメモリに待ち時間無くアクセスすることができますが、記憶できる容量はメモリに比べて格段に小さくなっています。ですからプログラム全体をキャッシュに格納することはできません。

プログラムの実行には局所性があるといわれます。大きなプログラムでも、特定の時刻の処理内容を詳しく分析すると、プログラムの特定の部分を何回も繰り返し実行しているのです。これは8.2.5項、8.2.4項で説明するfor文やwhile文が分かれば理解できるようになると思います。そのときに繰り返す部分がキャッシュに格納できれば、メモリにアクセスする必要が無くなり、高速に処理できるようになるのです。

　アクセスの効率を高めるため、命令キャッシュとデータキャッシュの2種類のキャッシュがそれぞれ個別のバスでCPUに接続されているプロセッサがあります。これをハーバードアーキテクチャと言います。この場合5.3.4項で説明するテキストセグメントへのアクセスでは命令キャッシュが利用され、データセグメントやスタックへのアクセスではデータキャッシュが利用されます。

　CPUとメモリとの間のキャッシュは複数の段階（レベル）で構成されることがあります。CPUに近い側からL1キャッシュ、L2キャッシュ、L3キャッシュと呼ばれます。CPUに近いキャッシュがより高速ですが容量が小さく、メモリに近い方のキャッシュは容量が大きいのですが低速です。

　マルチコアのCPUではコアごとに独立したキャッシュとすべてのコアで共有されるキャッシュが存在します。

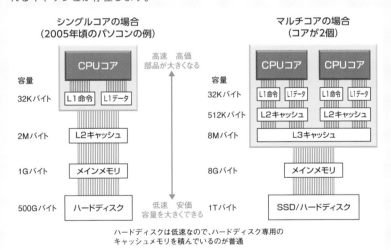

図5.12　キャッシュメモリ

5.2.5 演算装置（ALU）による演算処理

1.汎用レジスタに値をセットして、演算の選択をする

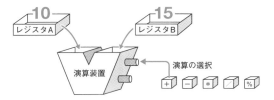

2.演算結果が汎用レジスタに格納されるとともに、演算結果の情報が出力される。
（フラグレジスタに保存される）

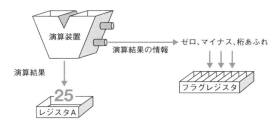

図5.13 演算装置（ALU）による演算処理の例

　演算装置は **ALU**（エイ・エル・ユー：**arithmetic logic unit**）とも呼ばれます。ALUは2つの数値を入力して、1つの演算結果を得る装置です。入力する数値は「レジスタ」に入っている必要があります。また出力される結果も「レジスタ」に格納されてます。つまり「レジスタ」と「レジスタ」の間だけでしか演算ができないということです。例えば、

　　　1000番地の値と2000番地の値を足して、3000番地に保存する

という処理は一度にはできないということです。この処理をしようとしたら、次のような4つのステップで実行することになります。

　　1）「0x1000番地の値」を「レジスタA」にコピーする
　　2）「0x2000番地の値」を「レジスタB」にコピーする
　　3）「レジスタAの値」と「レジスタBの値」を足して、演算結果を「レジスタA」に格納する

Cを学ぶために必要なコンピュータの知識

5

4）「レジスタ A の値」を「0x3000 番地」に保存する

　CPU ができるのは、レジスタ同士の演算だけではありません。「レジスタが指し示しているアドレス」を使った演算もできます。これは C ではポインタ（7.2節参照）と呼ばれる処理になります。

　　1）「0x1000 番地の値」を「レジスタ A」にコピーする
　　2）「レジスタ B」に「0x2000 という値」を格納する
　　3）「レジスタ A の値」と、「レジスタ B の値が表している番地の値（0x2000
　　　　番地の値）」を足して、演算結果を「レジスタ A」に格納する
　　4）「レジスタ A の値」を「0x3000 番地」に保存する

　いずれにしても、コンピュータは非常に原始的な処理しかできません。だから先ほど説明したように、マシン語でプログラムを作るということは、こういう処理をいちいち書くことになります。マシン語しか知らない人が C を学びはじめたら、C はなんて便利な言語なんだと思うことでしょう[8]。

　ALU は 2 つの数値を入力しますが、もう 1 つの入力があります。演算の内容を決める入力です。足し算や引き算など、どのような演算をするのか指示するための入力です。演算を指示するのはもちろん「制御装置」です。

　図 5.13 を見てください。1 では「レジスタ A」と「レジスタ B」に値がセットされ、「足し算」が選択されています。2 では演算結果が入力と同じ「レジスタ A」に格納されています。このように、CPU 内部の ALU で演算をするときには、入力するレジスタのうちの 1 つのレジスタに演算結果が上書きされるのです。コンピュータの内部では、元の値を保持せず、その値を上書きしながら最新の値を保持していきます。その方がコンピュータを作りやすく、マシン語命令を設計しやすく、また演算の効率も良いのです。6.3.4 項で説明する += や -= などの代入演算子は、このような CPU 内部の機構を考慮して作られた演算子なのです。

　ALU は「演算結果」を出力しますが、それ以外に「演算結果の情報」も出力します。「演算結果の情報」とは、演算結果が「0 になったか」「マイナスになったか」「桁あふれが起きたか」「偶数か奇数か」などの情報が含まれます。「演算結果の情報」は「フラグレジスタ」に格納されます。フラグレジスタに格納された値は、8.3.3 項と 8.3.4 項で説明する「条件分岐」に使われます。フラグレジスタについては 6.1.7 項で説明します。

＊8）　マシン語にもいろいろあり、1 つの命令でより複雑な処理ができる場合もありますが、複雑な命令
　　　も CPU の内部では基本命令の組み合わせで実現されています。

5.2.6 メモリバスのビット数

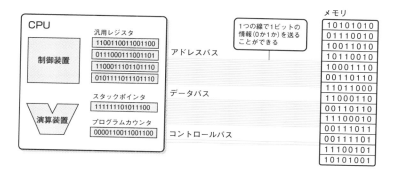

図5.14 16ビットCPUのアドレスバスとデータバス

　コントロールバスは「書き込みを表す信号線」と「読み込みを表す信号線」の2本で十分ですが、データバスやアドレスバスはより多くの信号線が必要になります。この本数が多ければ多いほど高性能なシステムになります。なぜなら、アドレスバスの本数によって搭載できるメモリの最大容量が決まりますし、データバスの本数によって一度に読み書きできるメモリのバイト数（ビット数）が決まるからです。

　アドレスバスの大きさはメモリの容量が何バイト必要かで決まります。配線の数が増えれば増えるほど実際に搭載できる最大メモリ容量が大きくなります。アドレスバスの本数とメモリの最大容量の関係は次のようになります。

　　8本ならば256バイト　　　　（0番地～255番地）
　　16本ならば64Kバイト　　　　（0番地～65535番地）
　　24本ならば16Mバイト　　　　（0番地～16777215番地）
　　32本ならば4Gバイト　　　　 （0番地～4294967295番地）
　　64本ならば16E（エクサ）バイト（0番地～18446744073709551615番地）

これらは7.1.2項で説明する変数の型やアライメントに関係します。

CPU自体はアドレスバス64本に対応していてもそれだけのメモリを搭載できるとは限りません。コスト削減や小型化のために基盤上の配線が省略されているからです。パソコンなどでメモリを増設できる場合がありますがその上限はCPUが決めているというよりも、基盤上の実配線で決まっていることの方が多いのです。

　データバスの大きさはCPUとメモリの間で一度にやりとりしたいバイト数で決まります。データバスのビット数が増えれば増えるほど、1回でやりとりできるバイト数が大きくなり、その分処理速度が速くなります。1回の処理で読み書きするバイト数とバスのビット数の関係は次のようになります。

1バイトならば	8ビット
2バイトならば	16ビット
4バイトならば	32ビット
8バイトならば	64ビット
16バイトならば	128ビット

　32ビットCPUとか64ビットCPUという言葉を聞いたことがあると思います。この言葉は、汎用レジスタのビット数とデータバスのビット数に関係しています。汎用レジスタが32ビットでデータバスが32ビットならば32ビットCPUで、汎用レジスタが64ビットでデータバスが64ビットならば64ビットCPUという具合です[9]。図5.14は16ビットCPUの場合のバスの様子を図示しています。

　7.1.2項で説明するint型のビット長は、汎用レジスタのビット長と同じになるのが一般的です[10]。図5.14の場合はint型は16ビットになります。Cでプログラムを作成するときには、プログラムを動作させるCPUの汎用レジスタが何ビットになっているかを知っておく必要があるでしょう。

＊9）　汎用レジスタやデータバスのビット長を1ワードと呼ぶことがある。
＊10）　汎用レジスタが64ビットの場合でも、int型は64ビットではなく32ビットになることが多い。これは32ビットCPUで作られたプログラムとの互換性を維持するためにそうなっている。

190

5.3 プログラムの構造

5.3.1 プログラムの種類

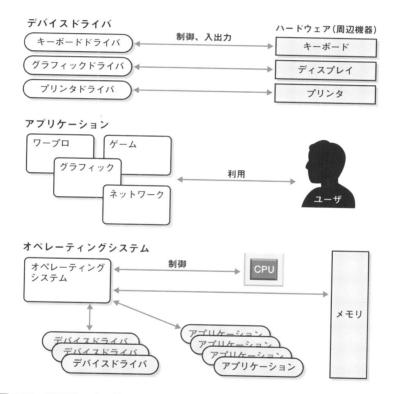

図5.15 3種類のプログラム

　小型の組込システムなどをのぞいて、1つのプログラムだけで動いているコンピュータはありません。たいていの場合は複数のプログラムが協力し合って動いています。複雑で大規模なシステムになればなるほど、多くのプログラムが動いています。プログラムの種類についてまとめると、次の3つに分類できます。これらのどれもがC言語で作ることができ、実際に数多くのプログラム

がCで作られています。

1）コンピュータを構成するハードウェアを動かすプログラム
　　例：キー入力、マウス入力、グラフィック描画、サウンド出力、プリンタ出力、CD -ROM装置制御...
2）利用目的に応じたプログラム
　　例：ワープロ、表計算、ゲーム、Webブラウザ、メールソフト、プログラム開発ソフト...
3）これらのプログラムを管理するプログラム
　　例：ファイル管理、プロセス管理、メモリ管理...

1）は「デバイスドライバ」と呼ばれます。

device［名詞］装置、爆破装置、工夫、意匠
driver［名詞］運転手、牛追い、（ゴルフの）1番ウッド、（コンピュータの）
　　　　　　　ドライバ（装置を制御するためのプログラム）

デバイスは「装置」の意味で、ドライバは「動かす」という意味です。つまり「装置を動かす専用ソフトウェア」がデバイスドライバです。

「デバイス」という言葉はよく使われます。キーボードやマウスなどの入力装置のことを「入力デバイス」、ディスプレイやプリンタなどの出力装置のことを「出力デバイス」と呼ぶことがあります。また、車の運転手を「ドライバー」と呼びますが、同じ言葉です。機械を直接操るソフトウェアをドライバと呼ぶのです。

デバイスドライバがなければキーボードをたたいてもパソコンに文字が入力されません。マウスも使えません。画面に文字や絵も表示されません。音も鳴りません。これらの処理はすべて「デバイスドライバ」というプログラムが「デバイス（ハードウェア）」と情報をやりとりしながら行っているのです。文字を入力するためには「キーボード」というデバイス（ハードウェア）を制御する必要があります。マウスから入力したり、画面に文字を表示したり、音を鳴らしたりする処理も、すべてデバイス（ハードウェア）を制御する必要があります。

コンピュータに新しいデバイス（ハードウェア）を接続するときには「デバイスドライバ」を組み込まなければなりません。デバイスドライバを組み込むことも「インストール（5.2.3項参照）」といいます。接続したデバイス（ハードウェア）専用の「デバイスドライバ」がインストールされていない限りその装置は使えません。デバイス（ハードウェア）が使えるのは、あらかじめ、ま

たは、後から「デバイスドライバ」をインストールしたからなのです。

「デバイスドライバ」はデバイス（ハードウェア）ごとに作らなければなりません。装置を作ったメーカが違えば、違う「デバイスドライバ」が必要になります。同じメーカが作ったデバイス（ハードウェア）でも、機能や性能が違う場合には違う「デバイスドライバ」が必要になることもあります。逆に、統一された仕様に基づいて作られたデバイス（ハードウェア）の場合には、異なるメーカのデバイスでも同じデバイスドライバで動くことがあります。Cはデバイスドライバを作るときの主流の言語です。

2）は「アプリケーション」や「アプリ」と呼ばれます。

application［名詞］適用（すること）、応用、妥当性、申し込み、専念、勤勉

「アプリケーション」は「応用」という意味です。このため日本語では「応用ソフト」と呼ばれることもあります。特定の目的のために作られた役に立つプログラムの事です。ワープロソフトや表計算ソフト、お絵かきソフト、Webブラウザ、メールソフト、ゲームソフトなどがこれに当てはまります。アプリケーションのプログラミングではC以外にもさまざまな言語が使われています。

3）は「オペレーティングシステム（**OS：Operating System**）」と呼ばれます。「システム」を「オペレートする」という意味になります。

operate［動詞］（機械が）働く、（会社が）経営されている、影響を及ぼす、
　　　　　　（薬が）効く、手術をする、軍事行動を取る
system［名詞］組織、体系、（通信などの）組織網、（河川、生物などの）
　　　　　　　系統、（太陽系などの）系、（組織的な）方式、分類、順序、
　　　　　　　統一性、（組織的な）機械装置、身体

「システム」はコンピュータのハードウェア、ソフトウェアをひっくるめた、1台のコンピュータ全体という意味です。「オペレート」は動作するという意味です。つまり「オペレーティングシステム」は、システム全体を動かすために働くソフトウェアということになります。

具体的にいえば、デバイスドライバとアプリケーションの仲立ちをして、コンピュータ全体がきちんと動くように管理するソフトウェアです。日本語では「基本ソフトウェア」と呼ばれます。パソコンやサーバではWindowsやmacOS、Linuxなど、スマートフォンではAndroidやiOSなど、ICカードではFeliCa OS、MULTOSなどが有名です。そして、OSの機能の中で、コンピュータの電源を入

5

Cを学ぶために必要なコンピュータの知識

れてから切るまで、メモリに常駐する部分をカーネルと呼びます。

kernel［名詞］（果実の核の）仁（じん）、穀粒、（問題などの）核心

Cはもともと UNIX という OS のカーネルを開発するために作られました。その後、UNIX に限らず、さまざまな OS のカーネルやデバイスドライバの多くが C で作られました。C は非常に強力なプログラミング言語だったため、アプリケーションも含めて何もかもが **C** で作られるようになりました。C は何でも作れるすばらしいプログラミング言語なのです。

5.3.2 ソフトウェアの階層構造

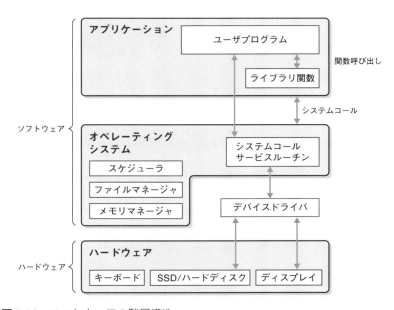

図5.16 ソフトウェアの階層構造

コンピュータの内部ではデバイスドライバやアプリケーション、オペレーティングシステムが動いているのですが、それらは図5.16のような階層構造になっていると考えるといいでしょう。

一番上がアプリケーションで人間が使うソフトウェアです。アプリケーションは、プログラマが作ったユーザプログラムと、システムであらかじめ用意さ

れているライブラリから構成されています。それぞれのプログラムがリンクさ
れ、くっついた状態で動いているのです。

　アプリケーションが、キーボード入力や画面出力の処理を実際に行いたいと
きには、オペレーティングシステムに処理を依頼します。これを「システムコ
ール」といいます。オペレーティングシステムの内部には、アプリケーション
から依頼された仕事を引き受ける「システムコールサービスルーチン」[*11] とい
うプログラムがあります。

　実際にハードウェアとのやりとりをするのはデバイスドライバです。デバイ
スドライバもオペレーティングシステムの内部に存在していますが、ハードウ
ェアの種類に応じて取り替えられるようになっています。

オペレーティングシステムにはこれ以外にも、スケジューラやファイルマネー
ジャ、メモリマネージャなどの機能があります。ファイルマネージャはハード
ディスクなどに作られるファイルの情報を管理するプログラムで、スケジュー
ラやメモリマネージャは複数のプログラムをコンピュータで動かすときに、実
行の順番やメモリのどこに配置するかを管理するプログラムです。

5.3.3 　プログラムの実行とシェル

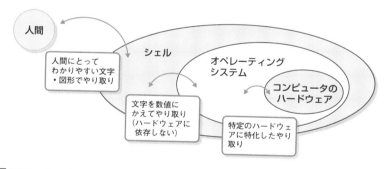

図5.17　シェル

　プログラムを実行するときには、キーボードから実行プログラムのファイル
名を入力したり、マウスでアイコンをクリックしたり、指でアイコンをタップ
したりします。そうするとプログラムがメモリに読み込まれ（ロード）て実行

＊11）　ルーチンの意味は3.1.4項参照

5

Cを学ぶために必要なコンピュータの知識

されます。

　プログラムを起動するときに利用するプログラムを一般に「シェル」と呼びます。シェルとは、「貝殻」という意味で、人間がコンピュータを操作するときに、貝殻のように覆い被さって、コンピュータの細かい仕組みが分からなくても、プログラムを起動できるようにしてくれるコンピュータと人間の橋渡しをしてくれるプログラムです。このように、「コンピュータ」と「人間」のような、違うもの同士をつなぐときの接点になる部分を「インターフェイス」といいます。

> interface［名詞］（二者間の）境界面、接点、共通の問題、（コンピュータの）インターフェイス（情報システムにおけるハードウェア同士の接点または接点となるプログラム。人間と情報システムとの接点、また接点となるプログラムや機器）

　シェルは人間（マン）とコンピュータ（マシン）を結びますので、「マン・マシン・インターフェイス」とも呼ばれます。[*12)]

　Cのプログラムはmainシンボルから実行されます。そこを呼び出すのが「シェル」です。Windowsの場合にはExplorerやコマンドプロンプトになり、macOSの場合にはFinder、Unix系OSの場合にはshやcsh、bashになります。スマートフォンの場合にはホーム画面がシェルに相当すると考えて良いでしょう。

　シェルにはさまざまな役割がありますが、その中でCプログラミングにとって最も重要なのが次の2つです。

- プログラム起動時のコマンドライン引数と環境変数の設定
- プログラムが正常に終了したか、異常終了したかの通知を受ける

　シェルは環境変数という情報を管理しています。これをプログラムから読み込んで、ユーザが望んだ環境に自動設定することができます。

　環境変数は、「environment variable」といいます。「env」という言葉で表現することがあります。

> environment［名詞］環境、周囲の状態、自然環境

　プログラムが終了するときに、「正常に終了したか」「異常終了したか」の情報はシェルに戻っていきます。main関数の最後に return 0; と書くことがあり

ますが、これはシェルに「プログラムが正常終了した」ことを伝えるためです。

5.3.4　アプリケーションプログラムの構造

アプリケーションプログラムは、図5.18のようにセグメントと呼ばれる領域に分けられてメモリ上にロードされ、実行されます。

　segment［名詞］（自然にできている）区切り、部分、（幾何学の）線分、
　　　　　　　　　（生物の）体節

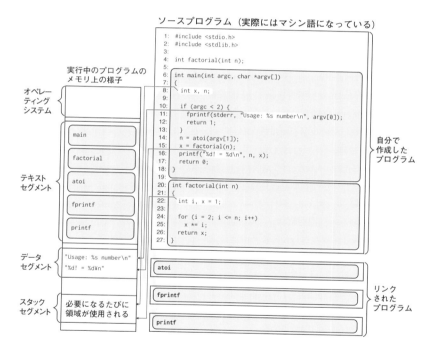

図5.18　階乗プログラムとセグメントの対応関係

5

Cを学ぶために必要なコンピュータの知識

テキストセグメント

　マシン語命令が格納されている部分です。ユーザプログラムやそのプログラムで使用しているライブラリが格納されます。

データセグメント

　情報を記憶するために使用されます。データセグメントには 3 種類あり、読み込み専用（リードオンリ）、静的領域（スタティック）、動的領域（ダイナミック）に分けられます。

スタックセグメント

　情報を一時的に記憶するために使用されます。自動変数や、関数を呼び出すときのプログラムカウンタの値（後で戻ってくるアドレス）が格納されます。

　プログラムの命令部分はすべてテキストセグメントに格納されます。ユーザプログラムもライブラリもすべてです。CPU はテキストセグメントから命令を取り込んで（フェッチ）、それを処理するのです（5.2.4 項参照）。

　データセグメントにはデータが格納されます。プログラム実行前から値が決まっている定数や、静的変数（7.1.3 項参照）などを格納します。また、プログラム実行後にメモリを取得する malloc（7.5.2 項参照）で利用される領域です。

　スタックセグメントは、データを一時的に記憶するときに使用されます。自動変数（7.1.3 項参照）や関数呼び出し（9.3.3 項参照）で使われます。

　　　stack［名詞］積み重ね、（積み重ねた）干し草の山、たくさん、（図書館の）
　　　　　　　　　書架、（情報用語の）スタック（後入れ先出し型の電子計算
　　　　　　　　　機の一時記憶装置）

スタックは **LIFO**（**Last In First Out**）や **FILO**（**First In Last Out**）と呼ばれる記憶方式です。

平積みにした本のように、先に格納したデータが、最後に取り出せる方式です。図5.19のように、データをスタックに保存することをプッシュ、取り出すことをポップといいます。

> push［動詞］押す、押し進める、押しつける、押し上げる、（人、自分を）
>   せきたてる
> pop［動詞］ポンと鳴る（爆発する、はじける）、（目玉が）飛び出る、ポ
>   ンと開く、（野球で）ポップフライを打ち上げる

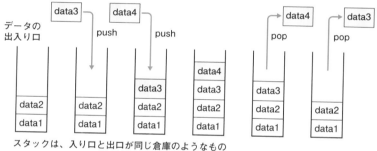

スタックは、入り口と出口が同じ倉庫のようなもの

図5.19　スタック（LIFO）とは

スタックは2.5.5項で説明したインデントの考え方にも通じます。インデントが1つ深くなればプッシュで、インデントが1つ戻ればポップだと考えてください。深くなった順番に戻っていく様子がスタックに似ていると思いませんか。

再び図5.18を見てください。この図は階乗プログラムがメモリにロードされたときに、どの部分がどのセグメントに配置されるか表しています。プログラムの命令部分はすべてテキストセグメントに配置され、文字列はデータセグメントに配置されます。自動変数は必要になる度にスタックセグメント上に用意され、不要になると解放されます。

　話をしているときに、横道にそれたり、脱線したりすることがありますよね。横道にそれすぎたりして、そもそも何の話をしていたのか分からなくなってしまった経験がある人も多いと思います。元に戻れなくなった原因をコンピュータ的に説明すると、

　　　　「スタックがあふれた」

といえます。どういう意味でしょう。

　話が横道にそれるときには、後で横道から元の話に戻ってこられるようにするために、今している話の内容を覚えておく必要があります。これはスタックにデータを記憶することにとてもよく似ています。横道にそれる度に今話をしている内容をスタックに入れます。元に戻るときには、スタックから話の内容を取り出して思い出すのです。

　横道にそれてから、また横道にそれ、さらに、もっともっと横道にそれても大丈夫です。1回横道にそれる度にスタックに話の内容を入れればいいのです。そして元の話に戻るときには、スタックから1回分の話の内容を取り出します。そうすれば、元の話を思い出し、続きを話せるようになります。スタックに記憶させしておけば、どんなに話がそれても、それた順番と逆の順番で元に戻ってこれるのです。

　もしも元の話に戻れなかったとしたら、なにが起きたのでしょう。横道にそれすぎて記憶しきれないほどの情報がスタックに入ってしまい、スタックのデータが壊れてしまったのです。このような状態を「スタックがあふれた」といいます。

　コンピュータのプログラムも同じです。関数呼び出しとは、横道にそれるのと同じで、元に戻ってこられるようにしなければなりません。元に戻ってきたときに、そのときの状況に戻さなければならないということです。行ったり来たり、行って行って帰って帰って、のような処理には、LIFO のスタックがとてもうまく働いてくれるのです。メモリが不足していたり、プログラムに間違いがあってスタックを使い切ってしまうと、スタックがあふれて暴走してしまうことがあります。気をつけましょう。

　C言語でスタックをあふれさせる簡単なプログラムを紹介します。これは main 関数の中から main 関数を呼び出すプログラムです[13]。無限に main 関数が呼ばれ、終了するのはスタックがあふれた時です。

```
int main()
{
  main();
  return 0;
}
```

---

[13]　このように自分自身を呼び出すことを「再帰」と言います。通常の再帰プログラムでは終了条件が必要になります。

5.4 入出力

5.4.1 入出力とバッファ

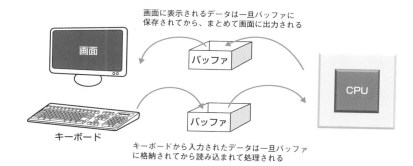

画面に表示されるデータは一旦バッファに
保存されてから、まとめて画面に出力される

キーボードから入力されたデータは一旦バッファ
に格納されてから読み込まれて処理される

図5.22 バッファ

　データを入出力するときには、入力装置や出力装置と処理装置の間にバッファと呼ばれるメモリ装置が置かれるのが普通です。

　　buffer［名詞］緩衝物、（鉄道車両などの）緩衝装置

　情報を入出力する装置と、CPUなどの処理装置は、処理速度が同じではありません。処理速度が異なる装置の間でデータをやりとりするときにはバッファが利用されます。バッファの実態はメモリです。バッファはデータを一定容量記憶できるメモリとして実現されます。バッファの容量には限界があるため、バッファよりもデータが多い場合には、処理が中断したり、データの取りこぼしが発生します。

　実際にデータを入出力するときには、入力するデータをバッファ（メモリ）に格納してから処理したり、出力するデータを一旦バッファ（メモリ）に格納して、ある程度貯まってから一気に出力処理をしたりします。バッファに貯めてから処理した方がバッファに貯めないで処理するよりも処理の効率が良くなるのです。

　バッファがなければコンピュータは動かないと言っても良いでしょう。この

Cを学ぶために必要なコンピュータの知識

ため、セキュリティ的に狙われるのもバッファです。バッファの管理方法にバグがあるとセキュリティホールになります。バグがなくても DoS 攻撃（Denial of Service attack、サービス妨害攻撃）の標的になるのはバッファです。バッファの重要性について意識するようにしましょう。

5.4.2　標準入出力

　利用するコンピュータの種類によって入力や出力する方法は異なります。このため、言語としてのC言語では入出力の方法を定義していません。Cはパソコンなどの特定のコンピュータだけで利用される言語ではなく、組み込み機器のようにディスプレイやキーボードのないコンピュータのプログラミングでも使われます。ですから"C言語"としては、特定のハードウェアに固有の仕組みはできるだけ入れないようにしているのです。

　Cでプログラムを作成するときには、利用する入出力装置にあわせたプログラムを作成する必要があります。しかしそれでは初心者が困ってしまいます。機種によって入出力プログラミングが違っていたら、万人向けの入門書を作ることができません。特定の機種向けに絞った解説にするか、いろいろな機種向けの解説が必要になり覚えることが増えすぎてしまうからです。

　そこで、Cでは「標準入出力」という「仮想的な入出力環境」と、それを使って入出力できる「標準ライブラリ」を定義しました。画面に保存するプログラムも、ファイルに保存するプログラムも似たような関数を利用して作ることができます。printf もその標準ライブラリに含まれています。標準ライブラリは実際にソフトウェア開発をするときに使えるとは限りませんが、初心者はまず最初に標準ライブラリを使ったプログラミングを学ぶのが一般的です。

　標準入出力を具体的に説明すると、キーボードと画面を抽象化し、「コンソール」や「ターミナル」「端末」と呼ばれるインターフェイスを通して、コンピュータを扱えるようにしたものです。

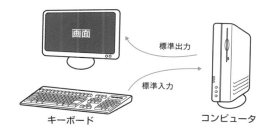

図 5.23 標準入出力とは

console［名詞］ （パイプオルガンの）演奏台、（テレビ・ステレオなどの）
床上型キャビネット、（コンピュータの）制御装置、（自
動車の）物入れ

terminal［名詞］ （鉄道・バスなどの）始発駅、終着駅、（空港の）ターミ
ナル、終端、（電気配線の）端子、（コンピュータの）端末

　標準入出力の基本は「キーボード」と「画面」です。Windowsの場合には
PowerShell（パワーシェル）やコマンドプロンプトが使われます。標準入出力に
はキーボードと画面以外にも、SSD/ハードディスクなどに保存されているファ
イルも含まれます。ファイルからデータを読み込んだり、ファイルに書き込ん
だりすることができます。

5

Cを学ぶために必要なコンピュータの知識

　バッファは日常生活の至るところで使われています。
例えばコンビニやスーパーなどの「お店」はバッファです。仕入れた商品をお客さんが少しずつ買っていきますから、商品が無くなるか、無くなる前にまた商品を仕入れます。「在庫がある商品」は、お店という「バッファに格納されている商品」ということになります。

　「お店バッファ」が大きくて、大量に商品を仕入れられれば品切れになりにくくなります。その代わり、商品の回転速度が遅くなるため、新鮮なものが少なくなるかもしれません。新鮮なものがほしければバッファは小さい方が良いのですが、そうすると、今度は品切れになって売り上げを伸ばすチャンスを失ってしまうかもしれません。お店にとっては、在庫という、バッファの入出力の量を調整することはとても大切な仕事なのです。

　お店は一度にたくさんのものを貯めて、少しずつ出していくバッファでした。逆のバッファもあります。少しずつ貯めて、一気に取り出すバッファです。例えば郵便ポストがそうです。郵便ポストには、人が投函したはがきや封筒が少しずつ貯まっていきます。それを定期的に職員の人が集荷に来るわけです。

　トイレの貯水タンクも、電車や駅のホームも、エレベータやエレベータホールも、何でもかんでもバッファです。人間で言えば、口の中も胃袋も脂肪もバッファです。みなさんも身の回りのバッファについて意識してみましょう。そして、そのバッファを有効に使うためにはどのようにしたら良いか考えてみましょう。さらに、そのバッファのセキュリティについても考えてみましょう。あってはならないことですが、身の回りにあるバッファも、爆買いや不正なことをされるなどDoS攻撃をされたらサービス不能になってしまいます。日常生活で出会うバッファを意識すると、コンピュータの仕組みが肌で感じられるようになり、プログラミングの実力向上にも役立つことでしょう。

5.4.3 リダイレクト

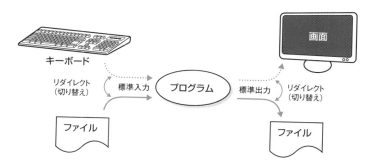

図5.24 リダイレクションによる入出力の切り替え

標準入出力を使ったプログラムを動かすときには「リダイレクト」や「リダイレクション」が使われることがあります。

redirect［動詞］向け直す、（方向を）変える、（紙の）あて名を書き換える
redirection［名詞］redirectの名詞形

Unix系OSのターミナルやWindowsのコマンドプロンプトでは次のように入力するとキーボードから文字や数値を入力する代わりに、ファイルから入力できます。

実行プログラム名 < 入力ファイル名

次のようにすれば、出力結果を画面に表示させずに、ファイルに保存できるようになります。同じファイル名がすでに存在するときには上書きされます。

実行プログラム名 > 出力ファイル名

同じファイル名が存在していて、そのファイルの最後に出力結果を追加したい場合には次のように書きます。

実行プログラム名 >> 出力ファイル名

入力ファイルと出力ファイルの両方を指定することもできます。

実行プログラム名 < 入力ファイル名 >出力ファイル名

リダイレクションは「シェル」（5.3.3項）が実現してくれる機能です。リダイレクションを使ったプログラミングは、Cを学び始めた人にとってとても重要で、有益な機能です。

例えば「入力した数値の合計を計算する」というプログラムを作ったとしましょう。10個の数値を入力して値が正しいかどうかを判断することにしました。数値を入れてみたら、結果が間違っていました。プログラムを直してから、再度、確認します。

このとき、毎回10個の数値を入力するのは大変です。途中で入力ミスをするかもしれません。最初からやり直すのは大変です。こういうときには入力する数値をファイルに書き込んで、そのファイルをリダイレクションで読み込んで実行した方が良いのです。手間も間違いも減ることになり、プログラミングの上達速度も上げることができるため、一石二鳥、いや一石三鳥なのです。

5.4.4 ファイル入出力

大規模な情報を扱うようになると、データをキーボードやリダイレクションだけで入力するのではなく、任意のファイルから入出力するようになります。

ファイルに保存されているデータを読み込んだり、ファイルにデータを書き出したりする処理は、大きく次の3段階の手順で行われます。

　　１）ファイル名を指定して、ファイルをオープンする
　　２）ファイルを読み書き（リード、ライト）する
　　３）ファイルをクローズする

オープンとは、ファイル名を指定してファイルを読み書きできるように準備することです。このとき、そのファイルを「読み込むだけ」「書き込むだけ」「読み書きの両方」のどの処理をするか指定します。

オープンしたら、指定した処理内容に従って、ファイルの内容を読んだり、ファイルに書いたりします。

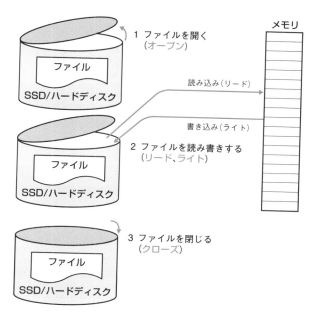

図5.25　ファイル入出力

　処理が終わったら、ファイルをクローズします。クローズ処理を正しく行わないと、書き込んだデータが消えてしまうことがありますので、必ずクローズします。ファイルの読み書きは「バッファ」を経由して行われますので、クローズ処理をしないと、書き込みをしたつもりが「バッファ」に貯められていて、SSD/ハードディスクに書き込まれないことがあるからです。

Cを学ぶために必要なコンピュータの知識

5

USB メモリを取り外す時には なぜ「安全な取り外し」の作業が必要？

皆さんは USB メモリや SD カードを持っていますか？　ほとんどの人がパソコンに接続してファイルのコピーをしたことがあることでしょう。そして USB メモリを取り外す時には必ず「安全な取り外し」の作業をしないといけないと教わったことでしょう。なぜこのような作業が必要なのでしょうか？　作業をしないで取り外したら何が起きるのでしょうか？

これは「バッファ」が関係しています。パソコンのファイルを USB メモリにコピーしたり、ソフトで作成したデータを USB メモリに保存する操作をしたとき、即座に USB メモリに記録されるとは限りません。

メインメモリと比べて USB メモリは格段にアクセス速度が遅いのです。完全に書き込み処理が終わるまで待っていたら、作業効率が悪くなってしまいます。

そこで作業中はバッファを使って読み書き処理が行われ、完全に書き込み処理が終わっていなくても次の作業ができるようにすることがあります[14]。そして、「安全な取り外し」の操作が行われたら、バッファに溜まっているデータを USB メモリに完全に吐き出した上で、その後の USB メモリへの読み書きができない状態にするのです。

バッファの中身を完全に吐き出す処理を

　　　「バッファをフラッシュする」

と言います。「安全な取り外し」の作業は「バッファをフラッシュする」役割があるのです。

なお、USB メモリから読み込みだけをした場合には、「安全な取り外し」をしなくても問題が起きる可能性は少ないでしょう。しかし、USB メモリに書き込む時には問題が起きる危険性があるので注意しましょう。

---

*14)　ファイルシステムによって異なります。

5.4.5　ストリーム

C では入出力を表すときに、ストリームという表現が使われることがあります。

> stream［名詞］流れ、川、（液体・気体などの）一定の流れ、（時・思想な
> どの）流れ、（交通などの）流れ
> ［動詞］流れる、流す、絶え間なく続く

ストリームとは「流れ」の意味で、入出力するデータが連続していることを
比喩しています。

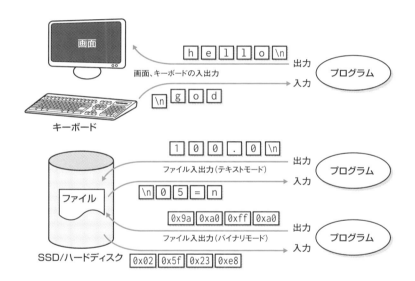

図5.26　ストリームとは

C で標準的に扱うことができる入出力ライブラリは、図5.26 のように、デー
タが1 バイト単位で区切られた「バイトストリーム」になっています。文字列
で表されたデータを「テキストデータ」と呼び、2 進数で表されたデータを「バ
イナリデータ」と呼びます。

テキストデータはテキストエディタで開いて、編集することができますが、バ
イナリデータはできません。バイナリデータをテキストエディタで開くと「文
字化け」を起こし、画面上に変な文字が表示されてしまいます。このためテキ

ストエディタではバイナリデータを正しく編集することはできません。

　実際の入出力処理はバッファを介して行われるため、1文字ずつ行われるわけではありませんが、ストリームを使って入出力するときには、使用する関数が1文字ずつの入出力処理に変えたり、改行単位の処理に変えたりします。

5.4.6 入力の終わりはEOF

　データを入力するプログラムを作るときには必ず知っておかなければならない用語があります。それはEOFです。EOFというのはEnd Of Fileの頭文字を取ったもので「ファイルの終わり」という意味です。EOFは、多くのシステムで、stdio.hファイルの中で -1と定義されています。プログラムの種類によっては、データをキーボードから入力したあとでEOFを入力して、「入力データが終わった」ことをプログラムに伝えなければならない場合があります。

　EOFを入力したい場合にはUnix系OSでは［Ctrl］＋［D］、Windowsでは［Ctrl］＋［Z］を入力します。ここで注意してほしいことがあります。［Ctrl］＋［D］や［Ctrl］＋［Z］を入力しても、プログラムにはこれらの記号が入力されるわけではないということです。キーボードの入力はそのままプログラムに伝えられるのではなく、入力内容を「シェル」（5.3.3項参照）が理解し、プログラムに「入力が終わった」ということを伝えているのです。つまり、［Ctrl］＋［D］や［Ctrl］＋［Z］が入力されると、「シェル」はEOFの意味だと考え、プログラムに「入力データが終了した」ことを伝える、ということです。

Exercises

演習問題

Ex5.1 次の英単語の読み方、意味が分かりますか？

	読み方	意味
bus	(	) (	)
cell	(	) (	)
address	(	) (	)
resource	(	) (	)
random	(	) (	)
access	(	) (	)
map	(	) (	)
selector	(	) (	)
register	(	) (	)
install	(	) (	)
load	(	) (	)
run	(	) (	)
execute	(	) (	)
fetch	(	) (	)
decode	(	) (	)
code	(	) (	)
writeback	(	) (	)
cache	(	) (	)
device	(	) (	)
driver	(	) (	)
application	(	) (	)
operate	(	) (	)
system	(	) (	)
interface	(	) (	)
environment	(	) (	)
segment	(	) (	)
stack	(	) (	)
push	(	) (	)

5

Cを学ぶために必要なコンピュータの知識

215

```
pop          (                  ) (                          )
process      (                  ) (                          )
thread       (                  ) (                          )
buffer       (                  ) (                          )
console      (                  ) (                          )
terminal     (                  ) (                          )
redirect     (                  ) (                          )
redirection  (                  ) (                          )
stream       (                  ) (                          )
```

Ex5.2 | 1Kバイトは何バイトでしょう。1Mバイトは何Kバイトでしょう。
1Gバイトは何Mバイトでしょう。

Ex5.3 | 1Gバイトは何ビットでしょう。1Mビットは何バイトでしょう
（めんどくさがらずにやってください。大きな数値になったらKなどで表
せないか計算してみてください）。

Ex5.4 | 64Kバイトのメモリがあったとします。表現できるアドレスは0番
地から何番地までですか？

Ex5.5 | 128Mバイトのメモリがあったとします。表現できるアドレスは0
番地から何番地までですか？

Ex5.6 | メモリのアドレスで、0x1000〜0x1FFF番地を全部使うとしたら、
何バイトのデータを記憶できるでしょう。1つのアドレスは1バイ
トの場合で考えてください（アドレスが16進数であることに注意）。

Ex5.7 | 「スタック」は日常生活で出会うたくさんの場面で使われています。
どのような例があるか5つ挙げてください。

Ex5.8 | EOFは何の略でしょう。

第6章

コンピュータは計算機

コンピュータは計算機と呼ばれるため、数学とかなり関係があると思っている人もいるでしょう。実際にコンピュータは数学とかなり深い関係があります。しかし相違点も多いのです。本書では、そうした違いやコンピュータ独特の数の扱いについて解説します。

6.1 Cプログラミングと数学

6.1.1 普通の数学とは違う

　コンピュータは計算機と呼ばれるため、数学と関係があると思っている人もいるでしょう。実際にコンピュータは数学とかなり深い関係がありますが、相違点も多いのです。このため、普通の数学と区別して「情報数学」と呼ばれるコンピュータ専用の数学があります。中学、高校で数学が得意だったからといっても、すぐにCプログラミングが理解できるわけではありません。過去の知識がじゃまをして、かえってCプログラミングを難しく感じてしまうこともあるのです。

　逆に中学、高校で数学が苦手だった人も心配する必要はありません。Cプログラミングがすんなりと理解でき、得意になる人もいるからです。

　なぜこのような逆転現象が起きることがあるのでしょうか。それは、似ているのに違う点があるため、過去の知識が先入観となってじゃまをしたり、拒絶反応を示してしまうからでしょう。Cの数学を理解するために、数学の考え方を一度忘れてから読み進めてください。

6.1.2 演算子を使って計算する

　Cでは演算子を使ってさまざまな演算処理を行います。演算子とは次のような算数の式があったとしたら、÷、＋、×、－などの記号のことを意味します。

　　100 ÷ 2 ＋ 5 × 4 － 25

　演算子のことを英語ではオペレータといいます。そして「100 2 5 4 25」のことを被演算数といい、英語ではオペランド（operand）といいます。

　　operator［名詞］（機械の）運転者、（電話の）交換手、無線通信士、経営
　　　　　　　　者、管理者、やり手

operandは普通の辞書を調べても載っていない言葉かもしれません。コンピュータの専門用語だからです。

オペレータとかオペランドとか急に難しい言葉が出てきましたね。これらの難しそうな言葉を避けてプログラミングを学ぶ方法もあると思います。でも、本書ではあえてこれらの言葉を使います。なぜこれらの言葉を使うかといえば、プログラミングを学ぶ前から意識してほしいからです。

式は「オペランド」と「オペレータ」から作られる

このことを意識するのとしないのとでは、プログラミングを作る姿勢に変化が出てきます。意識している方が精密なプログラムが作れるようになり、上達も早くなることでしょう。さらに、図6.1のように、

オペレータにオペランドが入力され、演算結果が得られる。

と考えると、なお、良いでしょう。

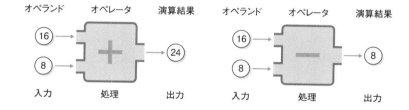

図6.1 Cの演算

コンピュータの基本は「入力」「処理」「出力」であり、基本的な演算はこれに乗っ取って処理されているのです。

Cにはたくさんの演算子があります。数学では見たことがなかったような演算子がたくさん出てきます。これらはコンピュータで数値を処理するときにとても役立つものばかりです。

数学と同じ記号を使った演算子であっても、Cと数学では意味が異なる場合があります。同じだと思っていると、たくさんの落とし穴が待っています。数学の考え方を忘れ、C流の考え方をしなければならない場合もあります。数学との違いを交えて説明していくことにしましょう。

皆さんに1つ理解してほしいCプログラムの大原則があります。それは、

演算結果は必ず数値になる

ということです。「0で割り算を実行した」など演算結果が定まらない演算が無いわけではありませんが、コンピュータの内部動作まで考えて、とことん突き詰めていくと、「Cではどんな演算をしても、その結果は必ず数値になっている」のです。これは現代のコンピュータの大原則でもあります（ただし、絶対に例外がないかと言えばそうではありません。未定義の演算など、動作保証がされない演算があり、それを無理やり実行するとシステムに不具合を引き起こします）。

6.1.3 演算子には優先順位がある

演算子には優先順位と結合規則があります。数学にも優先順位や結合規則があります。次の式を計算してください。

　7＋3×2

「7＋3が10で、10×2が20となり、答えは20」と考えた人はいませんよね？
　数学では足し算よりもかけ算を先に計算することに決まっています。「3×2が6で、7＋6が13となり、答えは13」です。Cでも優先順位が決められていますのでその規則をある程度はしっかりと理解する必要があります。付録A.2に演算子優先順位の表を掲載しました。この表をはじめから覚えるのは大変です。プログラミングをしながら、疑問に思ったら調べるという姿勢が大切でしょう。複雑な式になると優先順位や結合規則がわからなくなることがあるでしょう。このような時には結合を表す（ ）を使うことができます。数学で言えば次のような書き方です。

　（7＋3）×2

数学では「かっこで囲んだところを先に計算する」と教わったかもしれませんが、Cは少し違います。Cの場合は「かっこで囲んだところは結合を優先する」という意味になります。結果的に（ ）で囲んだところが先に計算されることもありますが、そうならないとこもあるということを覚えておいてください。

6.1.4　定数と変数

オペランドには「定数」と「変数」の2種類の値が使われます。定数とは「決まった数」という意味です。次に示すものは定数です。

```
299792  -3.141592  -273.16
```

単なる整数もあれば、小数点付きの実数もあります。符号も正の数もあれば負の数もあります。次のものも定数を表します。

```
100L  -10L  30U  6.02e+23  3.0e-14  0123  0x800  'A'  '7'  '?'
```

型に応じていろいろな表現のしかたをするのでしたね。覚えていますか？　忘れてしまった人は第4章を読み返してください。

定数だけでは決まった処理しかできません。値が決まっていて、その計算をするだけのプログラムなら、それを実行する価値は1回しかないでしょう。何回実行しても同じ結果になるからです。映画のように感動を与える計算ならば繰り返し実行する価値があるかもしれませんが、そうでなければ意味がないといえるでしょう。

プログラムの価値は「値をいろいろ変えて実行したい」ときに発揮するのです。値を変えたいときには、「変数（へんすう）」を使います。変数とは文字通り「変わる数」という意味です。「変数は数値を入れる箱」と説明されることもあります。特定の値に決まっているわけではなく、そのときどきに応じていろいろな数になることができるのです。

数学にも変数があります。例えば数学の変数は次のように使われます。

● 三角形 S の底辺の高さを h 、長さを l と置くと、面積 S は次の式で表される。

$$S = \frac{h \times l}{2}$$

このとき S 、h 、l が変数です。= は「左辺の値と右辺の値が等しい」という意味を表す記号で、× は「左辺の値と右辺の値を乗算する」という計算処理を表す記号です。h 、l にさまざまな値を代入して面積 S を求めることができます。逆に、S と h の値を決めたり、S と l の値を決めて、h や l の値を求めることができます。数学では、このように変数を使います。

6.1.5　イコール（＝）は代入

先ほどの

$$S = \frac{h \times l}{2}$$

という三角形の面積を求める式は、Cプログラミングでは次のように書きます。

```
s = (h * l) / 2;
```

当然のことながら、変数hと変数lにあらかじめ値を代入してからこの式を実行しなければなりません。実際に値を入れて計算したいときには次のように書きます。

```
h = 5;
l = 4;
s = (h * l) / 2;
```

これは

「hに5を代入し、lに4を代入し、(h * l) / 2を計算して、結果をsに代入する」

というプログラムです。

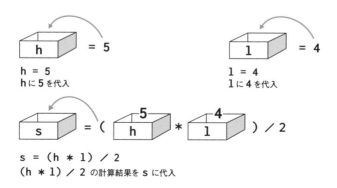

h = 5
hに5を代入

l = 4
lに4を代入

s = (h * l) / 2
(h * l) / 2 の計算結果を s に代入

図6.2　イコール（＝）は代入

　ここで注意してほしいことがあります。数学の = とC言語の = は意味が異なるということです。数学の = は「左辺と右辺が等しい」という意味ですが、C言語の = は「代入」を意味します。もう少し細かく言えば、「= の右辺の式を演算し、その結果を左辺に代入する」という意味になります。等しいという意味はありません。

　ですから、次のように書いても1の値を求めることはできません。

```
S = 10;
h = 5;
S = (h * 1) / 2;            /* 間違い */
```

　1の値を求めたければ、次のように、計算部分がすべて = の右辺に来るように式変形しておく必要があります。

```
S = 10;
h = 5;
1 = 2 * S / h;
```

　= が代入という意味が分かってきたでしょうか。もう1つ例を示しましょう。Cでは次のようなプログラムが書かれることがあります。

```
x = x + 1;
```

　数学的に考えると「こんなxはあり得ない」「xは無限大！？」のようになってしまい、意味が分からなくなります。C言語の = は「同じ」ではなく「代入」を表すのです。このプログラムは、「右辺の x + 1 を計算し、その結果を左辺のxに代入する」という意味なのです。

　プログラムは数学の方程式とは意味が異なります。C言語のプログラムは計算の手順を書き記したものです。コンピュータは書いたとおりに計算してくれるだけで、よけいな処理はしてくれません。このことをしっかりと理解してください。

6

コンピュータは計算機

223

6.1.6　演算は1つひとつ丁寧に行われる

　コンピュータの演算は、1つひとつ丁寧に行われます。なぜなら ALU は1回の演算で、2つの値に対する演算しかできないからです。例えば三角形の面積を求める s = (h * 1) / 2 の演算処理は、図6.3のように行われます。

　　1）hと1の値がCPU内部のレジスタにコピーされる。
　　2）ALUで掛け算処理が行われる。
　　3）演算結果はレジスタに格納される。
　　4）割る数の「2」がレジスタにコピーされる。
　　5）ALUで割り算処理が行われる。
　　6）演算結果はレジスタに格納される。
　　7）レジスタに記憶されている結果をsに保存する。

　このようにコンピュータの演算は、1つひとつ丁寧に行われます。このことをきちんと理解してください。コンピュータは1つずつ計算していくため、曖昧な計算はできないのです。プログラムに書かれた通りにしか計算してくれないのです。

　コンピュータは式の変形などはやってくれません。式はあらかじめ人間が考え、その式に値を代入して計算結果を求めるのがプログラムの基本です。コンピュータが計算機と呼ばれる理由はここにあります。コンピュータは計算速度が速いので、式さえ与えられれば大量の計算を瞬時にこなしてくれるのです。

1. 変数（メモリ）の値を汎用レジスタにコピーする

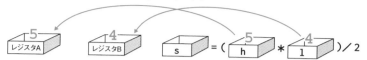

2. 乗算を選択し、演算装置で演算する

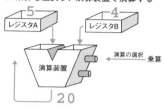

3. 結果が汎用レジスタAに格納される

4. 定数（メモリの値）をレジスタBにセットする

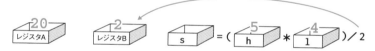

5. 除算を選択し、演算装置で演算する

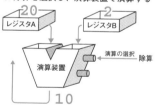

6. 結果が汎用レジスタAに格納される

7. 汎用レジスタAの値を変数s（メモリ）に格納する

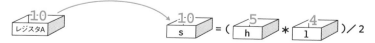

図6.3 演算は1つひとつ丁寧に行われる

6.1.7 演算の状態は保存される

　ALUは演算結果以外に、演算結果の状態が出力されます。演算結果の状態は
フラグレジスタに格納されるのでしたね。フラグレジスタにはどのような情報
が格納されるのでしょうか。大切なのは次の3つです。

- ●ゼロフラグ（zero flag）
- ●サインフラグ（sign flag）
- ●キャリーフラグ（carry flag）

サインはプラス、マイナスの符号の意味で、キャリーは桁上げのことです。

　　　carry［名詞］運ぶ、伝える、行かせる、延長する、（主張を）通す、勝ち
　　　　　とる、（数を）1桁繰り上げる

　ゼロフラグは演算結果が0になったときに1になり、それ以外は0になりま
す。サインフラグは演算結果がマイナスになったときに1になり、それ以外は
0になります。キャリーフラグは演算の結果、桁あふれが起きたときに1にな
り、それ以外は0になります。

　何のためにフラグに状態を保存するのでしょうか。それは8.2.2項と8.2.3項
で説明する「選択処理（条件分岐）」や「反復処理」で使うためです。計算結果
によって、処理する内容を変化させるために使うのです。フラグレジスタはそ
のための準備をするためのものなのです。

最適化処理はコンパイラの仕事　　　　　**Column**

　CPU は式の変形をしませんが、C でプログラムを作ってから CPU がプログラムを実行するまでの間で、処理速度を高めるために式の変形が行われることがあります。処理速度を高めるための式変形を「最適化（オプティマイズ）」といいます。

　optimize［動詞］最高に活用する，できるだけ能率的に利用する

　例えば、一般的な CPU では、掛け算よりも、足し算の方が 10 倍以上高速に結果を求めることができます。ということは 3 * a よりも、a + a + a の方が計算時間が短くて済むことになります。最適化とはこのような式変形をすることです。

　このような最適化の方法は、CPU の種類によって変わります。CPU によって、どの命令がどのくらい速いかが異なるからです。ですからこのような最適化処理はコンパイラやアセンブラが行います。

　最適化処理は万能ではありません。計算方法までは変えないからです。効率が悪い計算方法になっていたら、いくら最適化しても処理速度は上がらないのです。計算方法については p.302 の「アルゴリズムと計算量（オーダ）」のコラムで説明します。

6.2.1 2進数の基本演算

　2進数の数値に対する基本演算に「ビット演算」があります。ビット演算には「論理積」「論理和」「排他的論理和」「否定」という4つの基本演算があります。これらの演算は、電子回路を作るときの基本になるものです。つまり、

　　　すべての演算は4つのビット演算の組み合わせで作られる

と言っても良いのです。コンピュータの原理を理解するためには必須の知識と言えるでしょう。

　CPUを含め、コンピュータの電子回路を作成するときには、図6.4のような記号が使われます。

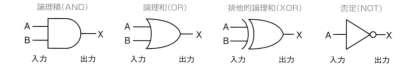

図6.4　ビット演算

　記号は演算回路を意味します。記号の左側から出ているAやBの線は入力信号線で、右に出ているXの線は出力信号線です。信号線にかかる電圧の高低で0と1を表します。例えば5Vだと1で0Vだと0という具合です。左側のAやBの入力信号線に0か1かを表す電圧が入力されると、それぞれの回路で決められている演算処理に従って右側のXの信号線に0か1を表す電圧が出力されます。

　論理積、論理和、排他的論理和の場合には入力が2つあり、否定の場合には入力は1つです。それぞれ次のような処理内容になります。

論理積（AND）（C言語では&）

2つの入力値がともに1のときだけ演算結果が1になり、0が1つでもあると結果は0になる。数学の用語の「かつ」と考えればよい。

論理和（OR）（C言語では｜）

2つの入力値のどちらかが1のときに演算結果が1になり、両方とも0のときに0になる。数学用語の「または」と考えればよい。

排他的論理和（XOR, EOR、exclusive OR）（C言語では^）

2つの入力値が同じときは0、違うときは1になる。

否定（NOT）（C言語では~）

入力値が1のときは0、0のときは1になる。2進数には0と1しかないため、これを表裏に例えて「値を反転させる」ともいう。

4つの回路に対応する入力と出力の関係は表6.1のようになります。この表は真理値表と呼ばれます。

表6.1　2進数の基本演算の真理値表

A	B	A & B	A	B	A｜B	A	B	A^B	A	~A
0	0	0	0	0	0	0	0	0	0	1
1	0	0	1	0	1	1	0	1	1	0
0	1	0	0	1	1	0	1	1		
1	1	1	1	1	1	1	1	0		

Cを学ぶ上では回路図まで知っている必要はありませんが、このような回路図の組み合わせでCPUが作られているということを理解することは大切です。オルゴールが音楽を奏でるように、CPUは2進数で表現されたマシン語命令をフェッチし、ANDやORやXORやNOTが複雑に組み合わされた回路で解読し、演算処理をするのです。

C言語はコンピュータの仕組みに忠実なプログラミング言語です。Cプログラミングでも、ANDやORなどの論理演算はよく使いますので、しっかりと理解する必要があります。

2進数の演算の基本はビット演算

先ほどの論理演算は1ビット単位の出力が得られましたが、プログラミングの世界ではこれを8ビットや16、32、64ビットなどの単位で組み合わせて演算が行われます。これをビット演算と呼びます。

基本の論理積（&)、論理和（|）、排他的論理和（^）、否定（~）を使って、8ビットの数値の計算をした例を図6.5に示します。

論理積（AND）

```
  0 0 1 1 1 0 1 0        5 8
& 0 0 1 0 1 0 1 1      & 4 3
  0 0 1 0 1 0 1 0        4 2
```

論理和（OR）

```
  0 0 1 1 1 0 1 0        5 8
| 0 0 1 0 1 0 1 1      | 4 3
  0 0 1 1 1 0 1 1        5 9
```

排他的論理和（XOR、EOR）

```
  0 0 1 1 1 0 1 0        5 8
^ 0 0 1 0 1 0 1 1      ^ 4 3
  0 0 0 1 0 0 0 1        1 7
```

否定（NOT）

```
~ 0 0 1 1 1 0 1 0      ~ 5 8
  1 1 0 0 0 1 0 1        1 9 7
```

（符号付きの場合は-59）

図6.5 ビット演算

これらの演算は、8ビットよりも小さい単位で情報を処理したいときに利用されます。例えば、1バイトを上位4ビットと、下位4ビットに分けて処理したい場合などです。このように特定のビットを取り出す処理をマスクと呼びます。

mask［名詞］仮面、（保護用の）マスク、石膏面、おおい隠すもの、偽装、見せかけ

マスクは、ビット処理を頻繁に行う画像処理やネットワークプログラミングでよく使用されます。

6.2.3 シフト演算

シフト演算は、ビット単位で数値の桁を左右にずらす演算です。

Cの演算子	意味
<<	左に n ビット桁移動（値が 2^n 倍になる）
>>	右に n ビット桁移動（値が 2^n 分の 1 になる）

　図6.6は1ビットシフトさせた例です。実際にはnビットシフトさせることができます。

　10進数の場合、左に1桁シフトさせれば10倍、2桁シフトさせれば100倍になります。2進数の場合は1ビット左シフトすると2倍、2ビット左シフトすると4倍になります。また逆に、右シフトの場合は、10進数を右に1桁シフトさせれば 10分の 1、2桁シフトさせれば 100分の1になります。2進数の場合は1ビット右シフトすると2分の 1、2ビット右シフトすると4分の 1になります。つまり、10進数だと 10^n 倍になるところが、2進数だから 2^n 倍になる、ということです。

符号なし　すべてのビットをシフトする

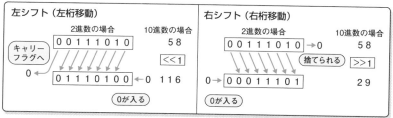

符号あり　先頭の符号ビットを残してシフトする

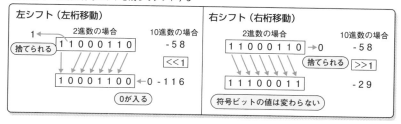

図6.6　シフト演算

このシフト演算はCプログラミングではよく利用されます。普段私たちが、10進数で、10倍や10分の1の計算を良くするのと同じです。2進数なので、2倍や2分の1にする処理が良く行われるのです。シフト演算がわからないという人がいますが、それは用語に惑わされているだけです。私たちは日常生活でもよく10進数のシフト演算をしていますので、意識してみてください。それと同じ様なことをコンピュータでは2進数でするということです。

6.3 演算子

6.3.1 四則演算と剰余

　計算でもっとも基本となるのが四則演算です。Cでは算術演算子と呼びます。算術演算子には次の5種類があります。

```
数学    ＋    －    ×    ÷    MOD
C言語   +    -    *    /    %
```

　数学の＋（足す）、－（引く）、×（掛ける）、÷（割る）はそれぞれ +、-、*、/ で表します。MODは「剰余、割ったあまり」を意味し、%で表します。

　多くの場合、計算は左から右に順番に行います。数学と同じように、+や-よりも、*や/の方が優先順位が高くなっています。%は*や/と同じ優先度です。優先度については付録A.2を見てください。

```
1 + 3 * 4    （計算結果は「13」）   3 * (5 - 2)   （計算結果は「9」）
5 / 2        （計算結果は「2」）    4 % 3         （計算結果は「1」）
5 % 3        （計算結果は「2」）    6 % 3         （計算結果は「0」）
```

　5/2の演算結果は2です。なんだか変だと思いますか？　C言語では「整数」と「実数」を区別しています。

```
整数 / 整数
```

をCで計算すると、演算結果は「整数」になると決まっています。ですから5/2の計算結果は2になります。

　整数は、小数点が付いていない数のことです。小数点を付けると、実数になります。5は整数で、5.0や5.は実数です。指数表記を使って 1E+5、5.3e-5 と書いても実数になります。

　整数や実数はコンピュータの内部では表現方法が異なります。正の整数は1.2.2項で説明した複数桁の2進数で表現され、負の整数は4.1.4項で説明した2の補数で表現され、実数は4.1.6項で説明した浮動小数点で表現されます。

5.0/2 の演算結果は 2.5

5/2.0 の演算結果は 2.5

5.0/2.0 演算結果は 2.5

5/2 演算結果は 2

という具合になります。コンピュータの内部では、整数同士の演算は整数のまま行われ、実数同士の演算は実数のまま行われます。整数と実数の演算は整数を浮動小数点に変換してから実数の演算として処理が行われます。整数同士の演算の方が実数を使った演算よりも数倍〜数10倍高速なので、速度を優先するプログラムの場合にはできるだけ整数同士の演算を行います。なお整数同士の演算で割り切れない場合は整数未満の値は切り捨てられます。また、0で割ることはできません。0で割り算をした場合には、「処理系依存のエラー」になります。

　カッコを使うと、掛け算、割り算よりも先に、足し算、引き算をすることができます。数学では

　　[{ (10 ＋ 6) ÷ 2 － 4 } × 5 ＋ 3] ＋ 2

のように、3つのカッコを使っていたかもしれませんが、Cでは

　　(((10 ＋ 6) / 2 － 4) * 5 ＋ 3) ＋ 2

のように、全部、丸いカッコで囲みます。丸いカッコは何個でも付けることができます[1]。ここで使用している丸いカッコは演算子ではありません。結合規則を変更するためのものです。

---

[1]　もちろん限界はあるでしょう。試してみるのも良い勉強になるかもしれません。

6.3.2　カンマ演算子

カンマ演算子は「左から順番に計算する」という意味になります。カンマ演算子は実際のプログラミングではそれほど多く使われませんが、後の例題でたくさん使用するためここで説明しておきます。

a = 3, b = a * 2	(aは「3」、bは「6」)
a = (1, 2 * 3, 4 + 5)	(aの値は「9」)

　a = (1, 2 * 3, 4 + 5)という書き方の場合、(1, 2 * 3, 4 + 5)の中を計算し、一番最後に計算する 4+5 の計算結果がaに代入されます。

6.3.3　増分演算子（インクリメント）、減分演算子（デクリメント）

増分演算子（インクリメント）は ++（プラスプラス）で、減分演算子（デクリメント）は --（マイナスマイナス）です。日本語の読み方で呼ぶ人はいませんので、英語（カタカナ読み）を覚えましょう。

increment［名詞］増加、増加量、利益
decrement［名詞］減少、減少量

つづりを見ると「インクレメント」「デクレメント」と発音しそうですが、「インクリメント」と「デクリメント」と発音する人が圧倒的に多いので、そう呼んだ方が無難でしょう。

　インクリメントとデクリメントは、「その値そのものを増加させる（減らす）」という演算子です。変数の値を1増加させたり、1減少させたりするときに使います。
　この演算子は単項演算子です。つまり、オペランドは1つしかありません。そして、そのオペランドは変数でなければなりません。しかも代入演算子（=）は不要です。なぜならば、オペランド自体の値が変わるからです。
　++や--は変数の前に置くか、後ろに置くかによって、処理内容が微妙に異なります。前に置く書き方を「前置式」後ろに書く書き方を「後置式」と呼びます。++x（前置式）はその式を計算するときに、ふつうにxを増加させるのですが、x++（後置式）はその式全体の計算が終わってからxを増加させるのです。

例を見てみましょう。

```
x = 10, ++x          （演算結果は「xは11」）
x = 10, --x          （演算結果は「xは9」）
x = 10, y = ++x      （演算結果は「xは11、yは11」）
x = 10, y = ++x + 9  （演算結果は「xは11、yは20」）

x = 10, x++          （演算結果は「xは11」）
x = 10, x--          （演算結果は「xは9」）
x = 10, y = x++      （演算結果は「xは11、yは10」）
x = 10, y = x++ + 9  （演算結果は「xは11、yは19」）
```

　前置式の ++ は普通に計算するのですが、後置式はワンテンポ遅れて計算する感じです。

　　「後置式の ++、-- は、その式の計算処理が終わった後で、こっそり計算する」

というイメージを持ってもいいでしょう。

　この演算子を見たときに、はじめは + や - が2つもつながっていて、びっくりするかもしれません。C++というプログラミング言語をご存じでしょうか？

　そうなのです。C++の++はインクリメント演算子なのです。

　　「Cをちょっと良くした言語」

という意味になるのでしょう。日常生活でもこの言葉を使ってみると楽しいかもしれません。

　なお、このインクリメント演算子やデクリメント演算子の処理内容はアセンブリ言語を使ったことがある人にとってはおなじみの処理です。これらの処理はCPUの命令として用意されているのです。その動作の様子を図6.7に示しました。この図では一回ごとにメモリの値を読み書きしています。ループ処理（8.2節参照）では頻繁にインクリメントやデクリメントが行われます。このためレジスタをうまく使い分けてメモリへの読み書きの回数を減らす最適化が行われることがあります。同じことが次の6.3.4項「代入演算子」でも言えます。

1. メモリ（変数オブジェクト）から汎用レジスタに値をコピーする。

2. インクリメントを選択し演算する。結果は同じレジスタに格納される。

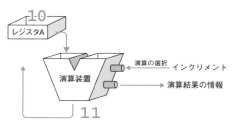

3. メモリ（変数オブジェクト）に演算結果を格納する。

図6.7 CPU内部でのインクリメント処理の流れ

代入演算子

　数学で「x を 10 と置く」や「x が 5 で y が 3 のとき」のような言葉を聞いたことがあるでしょう。Cでも、xやyに値を入れて計算することができます。6.1.4項でも説明しましたが、このxやyのことを、変数といいます。変数とは値が変わる数という意味でしたね。変数に値を代入するときには =（イコール）という記号を使います。

　=（イコール）は複数書くことができます。右から左に順番に代入されていきます。x = y = z = 0 のような書き方はよく使われます。これは右から順番に処理されます。まずzに0が代入され、zの値がyに代入され、yの値がxに代入されます。結果としてxもyもzも0になります。

a = 5　　　　　　（aの値は「5」）	a = b = 5　　　　　　（a、bの値は共に「5」）	
a = 5 % 3　　　　（aの値は「2」）	b = (a = 5) + 5　　　（aは「5」、bは「10」）	

　C言語の代入演算子は大変強化されています。「演算」と「代入」を1つの演算子で表現することができます。具体的には次の10個の演算子があります。

```
*=   /=   %=   +=   -=   <<=   >>=   &=   ^=   |=
```

　これらの演算子は次のように使われます。

```
a = 0;
a += 10;
```

　最初に a を 0 に初期化して、次に a += 10 という代入演算をしています。これは、まず = を見ないことにして、a + 10 を計算し、次に + を見ないことにして a に a + 10 の演算結果を代入するという意味です。ですから先ほどの式は、

```
a = 0;
a = a + 10;
```

と書くのと同じ意味です。違う例を示しましょう。

```
a = 5;
b = 10;
a *= b + 10;
```

　これは、まず = を見ないことにして、a * (b + 10) を計算し、次に * を見ないことにして a に a * (b + 10) の演算結果を代入するという意味です。これは次のように書くのと同じです。

```
a = 5;
b = 10;
a = a * (b + 10);
```

　a += 10 や a *= b + 10 よりも a = a + 10 や a = a (b + 10) という書き方の方が分かりやすいという人もいるでしょう。ではなぜ C に代入演算子があるのでしょうか。5.2.5 項で学んだことを思い出してください。CPU の内部ではレジスタとレジスタの間で演算処理が行われます。そしてその結果は片方のレジスタの値を上書きすることで実現されるのです。つまり a + 10 の計算をして a に保存するという処理内容は、コンピュータの内部の演算方法と同じになっているのです。このように C はコンピュータの内部処理に近い記述ができるようになっているのです。

　それから実用的なプログラムを書き始めると変数名が長くなることがあります。例えば、C の高度なプログラムになると、配列（7.3 節参照）や構造体（7.4 節参照）、ポインタ（7.2 節参照）が活用されます。そうすると変数名も次のように長くなる場合があります。

```
data->people[number].score
```

　この変数の値を 10 増加させようとした場合、次のどちらの書き方が分かりやすいと思いますか？

```
data->people[number].score = data->people[number].score + 10;
data->people[number].score += 10;
```

　上の書き方だと、同じ変数を増加させているかどうかが分かりにくく、さらにタイピングミスをする可能性もあります。下の書き方は同じ変数を 10 増加させていることがひと目で分かります。「C はプロ向けのプログラミング言語」という話を何回もしてきましたが、まさにそういうことです。初心者にとって取っつきにくい面もあるかもしれませんが、このような代入演算子を使いこなせるようになると、高度で複雑なプログラムが楽に作れるようになるのです。次ページに例を示します。

6

コンピュータは計算機

a = 3, a += 12	（aの値は「15」）
a = 5, b = 3, a -= b + 8	（aの値は「-6」）
a = 22, a *= 10	（aの値は「220」）
a = 5, a += a	（aの値は「10」）

6.3.5　比較演算子

数を比較するときに、比較演算子を使います。

Cの演算子	数学の記号	Cの演算子の意味
<	<	左辺が右辺より小さいとき 1、それ以外は 0
>	>	左辺が右辺より大きいとき 1、それ以外は 0
<=	≦	左辺が右辺と同じか、小さいとき 1、それ以外は 0
>=	≧	左辺が右辺と同じか、大きいとき 1、それ以外は 0
==	=	左辺と右辺が同じ値のとき 1、それ以外は 0
!=	≠	左辺と右辺が同じ値のとき 0、それ以外は 1

　数学で「真（トゥルー、true）」とか「偽（フォルス、false）」という言葉を聞いたことがありませんか？

　「真（true）」とは正しいことを意味し、「偽（false）」とは間違っていること
を意味します。Cでも条件を表すときに「真」とか「偽」を使います。でも、C
言語は数値しか扱うことができませんので、真とか偽も数値で表します。

> 「**0は偽（フォルス、false）**」「**0以外の数値はすべて真（トゥルー、true）**」

　比較演算子の演算結果も必ず数値になります。左辺と右辺を比較して真の場
合は1になり、偽の場合は0になります。例を見てください。

5 == 3　（計算結果は「0」）	5 == 5　（計算結果は「1」）
5 <= 3　（計算結果は「0」）	5 <= 6　（計算結果は「1」）

　数学との違いは、一度に2つの数値しか比較できないということです。例えば、

　　aとbとcが等しいか？

を考えるときに

```
a == b == c
```

と書いたら間違いです。

　コンピュータの内部ではALUによって数の比較が行われます。演算子の左
辺の値から右辺の値を引いて、0になったか、マイナスになったかで、大、小、
イコールを判定するのです。コンピュータの内部の仕組みに忠実なC言語では、
一度に2つの値しか比較できないのです。ですからa == b == cと書くと、ま
ずa == bを計算して、等しければ1、違っていたら0になり、その1か0とい
う値とcを比較することになります。

　aとbとcが等しいかどうかを比較するには、次の項で説明する論理演算子を
使って、

```
a == b && b == c
```

のように書かなければなりません。同じように、aが30以上、60以下というと
きに、

```
30 <= a <= 60
```

と書いたら間違いです。この式は必ず「真」になってしまいます（理由は考え
てください）。次のように書く必要があります。

```
30 <= a && a <= 60
```

論理演算子

　数学で「かつ」や「または」という言葉を聞いたことがあるでしょう。集合を表現するときなどに使います。C言語では論理演算子で「かつ」や「または」を表します。== や < などの比較演算子と組み合わせて使われることが多いです。C言語では「かつ」や「または」の演算結果も数値で表現します。

Cの演算子	数学の記号	意味
||	または（OR）	左辺が真（0以外）か、または、右辺が真（0以外）のとき1、それ以外は0
&&	かつ（AND）	左辺と右辺がともに真（0以外）のとき1、それ以外は0
!	でない（NOT）	右辺が真（0以外）のとき0、偽（0）のとき1

　\|\| と && はオペランドが左辺と右辺に1つずつ、計2つありますが、! はオペランドが右辺に1つだけです。数学では「かつ」とか「または」について考えるときに「ベン図」を用いて考えます。Cでも同じです。複雑な式になってきたら、ベン図を描いて考えましょう。

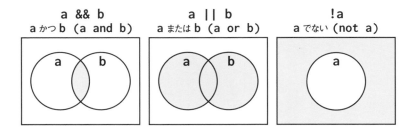

図6.8　ベン図

論理演算子の演算例を示します。

1 && 1	（計算結果は「1」）	1 || 1	（計算結果は「1」）
1 && 0	（計算結果は「0」）	1 || 0	（計算結果は「1」）
0 && 0	（計算結果は「0」）	10 || 10	（計算結果は「1」）
10 && 10	（計算結果は「1」）	0 || 0	（計算結果は「0」）
!1	（計算結果は「0」）	!0	（計算結果は「1」）
!10	（計算結果は「0」）	!-10	（計算結果は「0」）
5 > 3 && 4 < 3	（計算結果は「0」）	5 > 3 || 4 < 3	（計算結果は「1」）

　関係演算子は比較演算子よりも優先順位が低いので、比較演算子が先に行われ、その後で関係演算子が行われることになります。

6.3.7　条件演算子

条件演算子は特殊で、別名「3項演算子」とも呼ばれます。

```
a ? b : c
```

という書き方になり、a、b、cという左辺、中辺、右辺という具合に、3つの辺を持つから「3項演算子」なのです。
　条件演算子の演算規則は、?の左辺の値が0以外のときは中辺（?と:の間）の値、0のときは右辺（:の右）の値になります。例を見ましょう。

1 ? 5 : 6	（計算結果は「5」）
(3 == 3) ? 5 : 6	（計算結果は「5」）
a = (3 == 3) ? 5 : 6	（aの値は「5」）
0 ? 5 : 6	（計算結果は「6」）
(3 != 3) ? 5 : 6	（計算結果は「6」）
a = (3 != 3) ? 5 : 6	（aの値は「6」）

　条件演算子はプログラムが簡潔になるため、熟練者が好んで使用する傾向があります。そういうプログラムに出会ったときは、頭の体操のつもりでどのような演算になっているか、しっかりと考えてみましょう。

6

コンピュータは計算機

 **Exercises**

Ex6.1 次の英単語の読み方、意味が分かりますか？

	読み方	意味
operator	( )	( )
carry	( )	( )
optimize	( )	( )
mask	( )	( )
increment	( )	( )
decrement	( )	( )

Ex6.2 次の数値は2進数による計算式を表しています。2進数のまま計算
してください。答えも2進数で表してください。

（a） `00011001 & 00100101`
（b） `00101001 & 00010011`
（c） `00101001 | 11110011`
（d） `00011001 | 00100101`
（e） `00011001 ^ 00001101`
（f） `00001101 ^ 00000101`
（g） `~00011001$`

Ex**6.3** | 次の式を、Cの演算規則にしたがって計算してみよう。

（a）`100 & 255` 　　　　　　　　　　　　　　（計算結果は「　　　　」）
（b）`100 | 256` 　　　　　　　　　　　　　　（計算結果は「　　　　」）
（c）`10000 ^ 3210 ^ 3210 ^ 3210 ^ 3210` 　（計算結果は「　　　　」）
（d）`100 << 3` 　　　　　　　　　　　　　　（計算結果は「　　　　」）
（e）`100 >> 2` 　　　　　　　　　　　　　　（計算結果は「　　　　」）

Ex**6.4** | 次の式を、Cの演算規則にしたがって計算してみよう。

（a）`14 * 42 + 75 / 12` 　　　　　　　　　（計算結果は「　　　　」）
（b）`1024 / 10 * 10` 　　　　　　　　　　　（計算結果は「　　　　」）
（c）`2 * 2 * 2 * 2 * 2 * 2 * 2 * 2` 　　　（計算結果は「　　　　」）
（d）`10 - 2 * 3 + 4` 　　　　　　　　　　　（計算結果は「　　　　」）
（e）`100 % 3` 　　　　　　　　　　　　　　（計算結果は「　　　　」）
（f）`5 * 30 % 7 / 2` 　　　　　　　　　　　（計算結果は「　　　　」）
（g）`10 && 5 && 1 && 5` 　　　　　　　　　（計算結果は「　　　　」）
（h）`(5 && 1 + 2 && 5) + (0 || 9 || 0)` 　（計算結果は「　　　　」）
（i）`1 * 2 * 3 + 4 * 5 * 6 * 7 * 8 * 9 * 0` （計算結果は「　　　　」）

Ex6.5 | 次の式を、Cの演算規則にしたがって計算してみよう。

(a) a = 10, b = 3, a = a + b 　　　　　　　　　　(aの値は「　　　　」)

(b) a = 10, b = 5, a = b = 3 　　　　　　　　　　(aの値は「　　　　」)

(c) a = 3, b = 3, a = b == 3 　　　　　　　　　　(aの値は「　　　　」)

(d) a = 10, b = 10, a = b == 3 　　　　　　　　　(aの値は「　　　　」)

(e) a = 10, b = 3, a == b == 3 　　　　　　　　　(aの値は「　　　　」)

(f) a = 10, a = a + 100 　　　　　　　　　　　　(aの値は「　　　　」)

(g) a = 15, b = 15, a = a + b % 10 　　　　　　　(aの値は「　　　　」)

(h) a = 3, ++a, a = a * 2 　　　　　　　　　　　(aの値は「　　　　」)

(i) a = (b = 3) + 1, a = a + b 　　　　　　　　　(aの値は「　　　　」)

(j) a = (5 && 1 - 1 && 3 / 2) || (3 < 3 && 3 == 3)

　　　　　　　　　　　　　　　　　　　　　　(aの値は「　　　　」)

(k) a = 5, b = 3, a = (a > b)? ++a : --a 　　　　(aの値は「　　　　」)

(l) a = 4, b = 4, a = a != b ? ++b : --b 　　　　(aの値は「　　　　」)

(m) a = 3, b = 5, a = (a != 2 && b == 5) ? 10 : 20

　　　　　　　　　　　　　　　　　　　　　　(aの値は「　　　　」)

(n) a = (1 + 2, 2 + 3, 3 + 4, 4 + 5, 5 + 6) 　　　(aの値は「　　　　」)

(o) b = 3, a = 2 * (c = 2, 4 + 2, 3) + b % c 　　　(aの値は「　　　　」)

(p) (a = 3, b = 3, a < b)?(c = 5):(c = 3), a = b >= c

　　　　　　　　　　　　　　　　　　　　　　(aの値は「　　　　」)

第 7 章

変数とメモリ

変数を使わないプログラミングというのは考えられません。
変数を使わないと、役に立つプログラムを作れないでしょう。

　「なぜ変数を使わないと役に立つプログラムが作れないの？」

それは同じプログラムで、異なる処理をコンピュータにさせたいからです。変数を使わないと、毎回同じ処理しかできなくなってしまいます。
変数を使えば、プログラムを実行させる度に値を変えることができるため、いろいろな処理をさせることができるようになるのです。

7.1 変数とメモリ

7.1.1 メモリを組み合わせて型を作る

　メモリは1バイト単位でアドレスが付いていたことを覚えていますか？　1つの記憶領域には1バイトのデータを記憶することができます。しかしこれでは0～255までの数値しか表すことができません。ちょっとした計算をしても桁数が不足してしまうことになります。そこで、実際に計算をするときには複数のバイトを使って値を表すようにします。そうすれば表現できる桁数を増やすことができます。

　2バイトの記憶領域をまとめると、16ビットの記憶領域になります。16ビットでは 2^{16}=65536 になり、0～65535までの数値を表すことができます。また、4バイトの記憶領域をまとめると32ビットになり、2^{32}=4294967296なので、0～4,294,967,295までの数値を表すことができます。

　このようにメモリを組み合わせて使うときには、1つひとつの番地に格納されている値を個別に扱って処理するのではなく[1]、2バイトなら2バイト全体、4バイトなら4バイト全体を1つの固まりとして扱って、処理を行います。つまり、図7.1の右側のように、メモリは組み合わせてグループ単位で値を格納するのです。このようにして作られたメモリが「変数」なのです。

　変数には「変数名」と「型」があります。
　「変数名」とは2.5.2項で説明したシンボルのことです。「シンボル」を使えば、その変数がメモリ上の何番地にあるかを知らなくても、メモリの値を読み書きすることができるため、とても便利です。

---

[1]　異なるコンピュータとデータをやり取りする時には1つひとつの番地に格納されている値を個別に扱うことも重要になります。詳しくはp.254のコラム「バイトオーダ」参照。

「型」は「符号付き整数」「符号なし整数」「実数（浮動小数点）」など、メモリに格納した値に意味を付けることです。メモリ上には単に2進数で値が入っているだけです。2進数の値を見ただけでは「符号付き整数」なのか「符号なし整数」なのか「実数（浮動小数点）」なのか、区別できません。そこで、演算するときに適切な処理が行われるようにするために、そのメモリ領域の「型」を決めるのです。

変数の「変数名」と「型」を決める作業が、次の項で説明する「宣言」です。

7.1.2　変数は宣言しないと使えない

変数は使う前に「宣言」しなければなりません。宣言とは変数の型と変数名を決める作業です。具体的には表7.1のような型があります。[*2]

表7.1　主なCの型と表現できる範囲の例（64ビットCPUの場合）

	型	バイト数	表現できる値
符号なし整数型	unsigned char	1バイト	0〜255
	unsigned short	2バイト	0〜65535
	unsigned int	4バイト	0〜4294967295
	unsigned long	8バイト	0〜18446744073709551615
符号付き整数型	char	1バイト	-128〜127
	short	2バイト	-32768〜32767
	int	4バイト	-2147483648〜2147483647
	long	8バイト	-9223372036854775808〜9223372036854775807
実数型	float	4バイト	有効桁約6桁、だいたい 10^{-38}〜10^{38}
	double	8バイト	有効桁約14桁、だいたい 10^{-308}〜10^{308}

7

変数とメモリ

[*2]　C99ではstdint.hが定義され、このヘッダファイルをインクルードすることで、ビット数や最小値・最大値が定義された変数を使えるようになっています。

変数を宣言するときには次のように書きます。

```
int a, b;
short c, d;
```

このように宣言すると、a、b、c、dという変数が用意されます。図7.1のように メモリに変数の領域が割り当てられます（5.3.4項で説明したスタックに変数が用意されるときには、上下が逆になります）。メモリ上に用意された変数の実態のことを変数オブジェクトや単にオブジェクトと呼びます。メモリに割り当てられるタイミングは7.1.3項で説明するように2種類のパターンがあります。

「変数の型」ごとにバイト数や表現できる数値の範囲、精度が決まっています。これらは処理系依存ですので、実際にプログラムを作るときには、使用する処理系の型がどのようなバイト数になっているのか調べる必要があります。

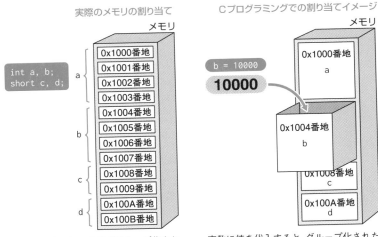

変数を宣言するとメモリがグループ化され、
変数を記憶する場所が用意される。
用意された領域を変数オブジェクトと呼ぶ。

変数に値を代入すると、グループ化された
メモリ上の領域に値が格納される。
（実際には、メモリが変形するのではなく、
　プログラムが処理するときにメモリを
　グループ扱いして読み書きする）

図7.1 メモリを組み合わせて変数が作られる

メモリの整列（アライメント）　　　　　　　　　　　　Column

　メモリ上に変数を配置する時には整列（アライメント）が行われることがあります。

　　　alignment［名詞］直線にすること、列にすること、直線

アライメントはCPUの種類やシステムの構成等によって異なりますが、例えば2バイトの変数は2で割れるアドレスに配置し、4バイトの変数は4で割れるアドレス、8バイトの変数は8で割れるアドレスに配置する場合があります。CPUによっては変数を配置するアドレスを気にしないシステムもあります。アライメントはメモリの使用効率を下げますが、CPUとメモリの間のアクセス方法に制限があったり、アライメントした方が速度が向上する場合に行われます。

　ただし、データをファイルに保存したり、ネットワークで転送する場合には、アライメントの違いによって、データを正しく認識できなくなることがあるので、注意が必要です。

　char（キャラ、チャー）やint（イント）は英語のcharacterとintegerを略した書き方です。

　　　character［名詞］記号、符号、文字、（文字・数字・特殊記号など）コンピュータの扱う符号、アルファベット
　　　integer［名詞］完全体、（数学の）整数

　C言語の型の中でもっともよく使われるのが int 型です。なぜなら int 型はCPUの汎用レジスタと同じビット数になっているため、処理速度が速いのです。
　short は int と同じかそれより小さく、long は int と同じか、それより大きなバイト数と決められています。double は float の2倍（ダブル）の精度があるという意味です。これらの型の具体的なバイト数は、処理系依存であり、表7.1とはバイト数が異なることもありますので注意してください。
　なお、ビット演算は int などの整数型だけでしか使えず、double などの実数型では利用できません。コンピュータの性能を引き出すためには、int 型を使いこなしたプログラムを作れるようになる必要があります。

　　　「Cの基本は int 型」

ということを覚えてください。ただし、int 型は整数しか表せず、表現できる範囲も狭いため、実数を表したいときや int 型では表現できないような大きな

7

変数とメモリ

値を扱いたいときにはdouble型を使います。さらにこれらを複数まとめて扱いたいときには、配列（7.3.1項参照）や構造体（7.4.1項参照）と呼ばれる型が使われます。

なお、C以外のプログラミング言語では、宣言をしなくても動的に変数が用意される場合があります。型も、そのときどきで都合が良くなるように動的に変化するプログラミング言語もあります[*3]。

でも、Cは変数を宣言しなければならず、変数の型が勝手に変わったりはしません。動的に変化した方が便利な気がするかもしれませんが、そうともいえないのです。プログラムの動作内容がブラックボックス化されてしまい、プログラマがプログラムの動作を把握できなくなってしまうからです。Cは知れば知るほど、上達すればするほどすばらしい言語だと分かるという話をしていますが、それはプログラマがコンピュータを自由自在に操れるからです。逆に、動的に型が変化する言語だと、プログラマがコンピュータに操られているように感じられてしまうことがあります。

7.1.3　2種類の変数、自動変数と静的変数

宣言した変数は、いつどのようにしてメモリ上に定義されるのでしょうか。変数がメモリ上に定義されるとき、2種類の方法が使われます。

自動変数と静的変数です。自動変数は必要なときに用意され、必要なくなると消去されます。これに対して、静的変数はプログラムの実行開始時から終了するまでずっとメモリ上に確保されます。自動変数をオート変数（auto）、静的変数のことをスタティック変数（static）ともいいます。

static ［形容詞］静的な、活気のない、静電気の
　　　　［名詞］静電気

スタティック変数よりも、自動変数の方がよく利用されます。自動変数は、必要なときだけメモリを消費し、必要なくなると消去される便利な変数です。自動変数を使うときには注意が必要です。それは、

メモリの初期値は決まっていない！

ということです。自動変数は、使う前に初期化しなければなりません。初期化とは、使う前に何らかの値を入れるという意味です。初期化していないのに、値

[*3]　「動的な型のプログラミング言語」と呼ばれ、RubyやPythonなどが有名です。C、Javaなどは「静的な型のプログラミング言語」です。

を読み出すようなことはしてはいけません。どんな値が入っているか、決まっていないため、プログラムの動作内容が保証されなくなるからです。

　スタティック変数はプログラム実行開始時に0に初期化されます。ですから、初期値が0になっているという前提でプログラムを作ってかまいません。

　なぜこのような違いが生じるのでしょうか。それは自動変数と静的変数が使用するメモリの領域（セグメント）が違うからです。自動変数はスタックセグメントに用意されます。スタックは、プッシュ、ポップ型の領域なので、後ろのアドレスから前のアドレスに向かって順番に用意されることになります。使い終わったら前のアドレスから後ろのアドレスに向かって戻っていきますが、この時に使わなくなった前のアドレスの値はそのまま放置されます。自動変数は、プログラム実行中に用意されたり削除されたりするため、その前に使っていたときの値が残ったままになるということです。明示的に初期化する命令を書かない限り、初期化されません。いちいち初期化していたら、処理速度が遅くなってしまうからです。初期化するべきか、初期化しなくていいかは、コンピュータにはわかりません。そういうことはプログラマが決めることです。だから必要なときにはプログラマが初期化する命令を書き、必要ないときには書かないようにすることで、高速に処理できるプログラムを作ることができるのです。

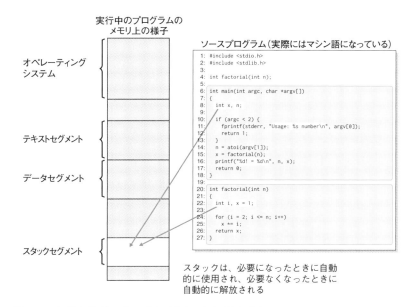

図7.2　自動変数はスタックセグメントに用意される

スタティック変数はデータセグメントに用意されます。静的変数はプログラムを実行する前から用意されています。それはCのソースをコンパイル、アセンブルして作られたオブジェクトプログラムの中です。プログラム実行開始から終了までずっとメモリ上に用意されます。静的変数は、オブジェクトプログラムの中に用意されるときに初期値が決められます。プログラマが指定したら指定した値、指定しなければ0に初期化されます。

　高度なプログラムになると自分が使用している変数の種類を意識しなければ、効率の良いプログラムや正しく動作するプログラムを作れなくなります。変数の種類について考えるようにしましょう。

バイトオーダ

　2バイト以上のデータをメモリに格納するときのバイトの並び順を、バイトオーダと呼びます。たいていの場合、ビッグエンディアン（MSB: Most Significant Bit）とリトルエンディアン（LSB: Least Significant Bit）のどちらかの順序が使われています。

　例えば10進数で10000という値を、1000番地から1003番地の4バイトの領域に格納することを考えてみましょう。

　10000を32ビットの2進数に変換すると「00000000000000000001001110001 0000」になります。これを8ビット単位で表現すると「00000000」「00000000」「00100111」「00010000」になります。これをメモリに格納します。シンボルaのオブジェクトが1000番地から始まる4バイトの領域を表すint型変数だったとします。

　　　　a = 10000;

を実行すると、図7.3のように数値が格納されます。

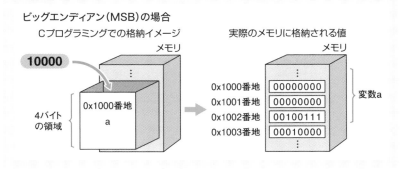

ビッグエンディアン（MSB）の場合

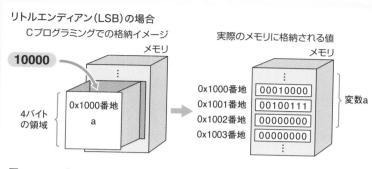

図7.3 32ビットのint型の変数aに対して、a = 10000を実行したときのメモリの状態

　ビッグエンディアンの場合は上位桁が先頭になりますが、リトルエンディアンの場合は格納される順序が逆になっています。プログラムを作るときには「どちらのバイトオーダでも動くプログラム」を作ることが理想です。

　複数の型を使い分けながらポインタ操作や配列を使うときには十分に気を付けてください。特に、ネットワークプログラミングをするときには特に注意する必要があります。バイトオーダの異なるコンピュータ同士で通信する可能性があるからです。

　例えば文字コードを表現するUTF-16では、2バイト、または、4バイト単位で1文字を表現するのですが、ビッグエンディアンとリトルエンディアンのどちらで表現しても良いことになっています。これをファイルでやり取りするときに、エンディアンがわからなくなると困るので、データの先頭にBOM（Byte Order Mark）と呼ばれる値を付けてビッグエンディアンかリトルエンディアンかを表現します（なお、BOMを付けないとビッグエンディアンになります）。

7.1.4 変数には分かりやすい名前を付けよう

　初心者の人は変数に名前を付けるときに、何も考えずにaとかaaとかaaaと付けてしまいがちです。そうではなく、なぜその名前にしたのかを説明できる名前を付けましょう。いきなり言ってもどう付けたらいいか分からない人もいることでしょう。例えば、得点はscore、最大値はmaxのように、英語や、英語の省略形にすればいいのです。tokuten、saidaiのようにローマ字でもいいでしょう。このような名前にすると、変数名を見たときに変数の用途が分かるようになり、分かりやすいプログラムになります。そうするとプログラムを作

るときのミスが減ったり、他人が解読しやすいプログラムになります。

　表7.2に、Cの初心者がプログラミングを学ぶときに遭遇しそうな変数名の例を示します。プログラミングを学び始めたときに、変数名を見て意味が分かりにくかったらこれを見て参考にしてください。

表7.2 変数名の例

変数名	元になった英語	用途（意味）
c	character	文字を格納する
i	iteration もしくは index	ループ変数
j		ループ変数（iの次だから）
k		ループ変数（jの次だから）
n	number	数
x		x座標
y		y座標
z		z座標
len	length	長さ
str	string	文字列
s	string	文字列
t		文字列（sの次だから）
max	maximum	最大値
min	minimum	最小値
ave	average	平均
sum	sum	合計
p	pointer	ポインタ変数
ptr	pointer	ポインタ変数
count	counter	数を数え上げる
nc	number of characters	文字の数
nl	number of lines	行数
nw	number of words	単語の数
buf	buffer	バッファ、一時的な記憶領域
tmp	temporary	一時的な記憶領域
temp	temporary	一時的な記憶領域

この中でbufやtmpはよく使用されます。bufは5.4.1項で説明したbuffer（バッファ）のことです。バッファとは入出力するデータを一度貯めておくために使用するメモリ領域のことでしたね。忘れていたら復習してください。

tmpはtemporaryから作られた言葉で、「テンポラリ」や「テンプ」と呼ばれ、プログラマの間でよく使われる言葉です。

temporary［形容詞］一時の、仮の
　　　　　　［名詞］臨時雇いの人

tmpは一時的に使用するメモリ領域のことです。計算の途中の数値を格納したり、短期間格納したい値を保存する領域です。バッファとテンポラリは似ている気がしますが、どちらかといえばバッファは「予定よりも大きめに用意されたメモリ」というニュアンスがあり、テンポラリは「ほんの一瞬だけ格納するメモリ」というニュアンスがあると思ってください。

キーワード・予約語はシンボルに使えない　Column

キーワードはあらかじめ意味や用途が決められている言葉です。「予約語（reserved words）」と呼ばれることも多いため、この言葉も知っておく必要があるでしょう。

K&R第2版には次の言葉がキーワードとして定義されていると書かれています。

auto	double	int	struct
break	else	long	switch
case	enum	register	typedef
char	extern	return	union
const	float	short	unsigned
continue	for	signed	void
default	goto	sizeof	volatile
do	if	static	while

C99で次のキーワードが追加されました。

inline	restrict	_Bool	_Comlex	_Imaginary

C11で次のキーワードが追加されました。

_Alignas	_Alignof	_Atomic	_Generic	_Noreturn
_Static	_assert	_Thread	_local	

これらの単語は変数名や関数名などのシンボルには使えません。

　キーワード（予約語）はプログラム中に潜む曖昧さを排除するために定義されています。日本語でも次のような早口言葉を聞いたことがあるでしょう

　　　「すもももももももものうち」（李も桃も桃のうち）
　　　「きしゃのきしゃはきしゃできしゃした」（貴社の記者は汽車で帰社した）
　　　「にわにはにわにわとりがいる」（庭には二羽鶏がいる）

　日本語には同じ言葉に複数の意味があります。これが、古文では芸術性を高める「**掛詞**」、今では人を笑わせる「**だじゃれ**」として広く使われています。これは言葉遊びとしてはおもしろいですが、とてもわかりにくくなってしまいます。

　コンピュータの場合にはそのような技法は曖昧さを産むだけで、意味がありません。芸術性よりも正確さ、つまり、「人間の命令通りにコンピュータが動作する」ことが大切なのです。曖昧さを減らすために次の2つの方法が使用されます。

- 1つの単語や記号には1つの意味を持たせる。
- 1つの単語や記号に複数の意味を持たせる場合には、前後の関係が明確に決められている。

　いきなりプログラミングの初心者がすべてのキーワードを覚えるのはとても大変です。まずは、用途が決まっていて、他のことには使えない単語があることを理解してください。

7.2 ポインタ

7.2.1 ポインタとは?

差し棒 　　　　　 時・分・秒針 　　　　 北斗七星

☆ 北極星

図7.4 ポインタとは

「ポインタ」は、Cプログラミングでもっとも重要なものだと言われています。それと同時に、学習者がもっともつまずきやすいのも「ポインタ」と言われています。ポインタは難しいのでしょうか?

いいえ、本書をここまで読んできたみなさんは、すでにポインタを理解するために必要な概念を学んでいます。あとは、それをポインタという言葉に結び付けるだけで理解できます。

> pointer［名詞］さす人・もの、(時計・はかりの)指針、(黒板などの)さし棒、ポインタ種の猟犬、助言、(北極星の位置を示す)指極星(おおぐま座の α 星と β 星のこと。この2星間の距離を5倍延ばすと北極星の位置を示す)

ポインタには「何かを指すもの」という意味があります。ポインタは日常でも使うことがあります。教師やプレゼンテーションをする人は、注目してほしい事項を「指し棒」や「レーザポインタ」を使って指し示します。この道具を「ポインタ」と呼ぶのです。

Cでも同じように「何かを指す」からポインタという意味になります。何を指すかというと、「メモリのアドレスを指す」のです。例えば、「1つの変数」を指すこともあれば、7.3節で説明する「配列」を指したり、7.4節で説明する「構造体」を指したり、2.5.2項で説明した「関数のエントリーポイント」を指したりします。メモリ上に実態がないものを指すことはできません。ポインタは変

7

変数とメモリ

数オブジェクト、関数オブジェクトを指し示すものなのです。

7.2.2　ポインタの実際

　ポインタの具体的な働きについて見ていきましょう。ポインタ自体が何ビット長になるかは CPU に依存します。CPU のアドレスバスのビット長と同じ大きさになるのが普通です。インテル社の Core i プロセッサであればポインタの大きさは64bit長になります。

　ポインタ変数を用意するには、変数名の前に * を付けます。

```
int *pa;
short *pb;
char *pc;
```

　このように書くと、図7.5の右側のようにポインタ変数のオブジェクトが用意されます。

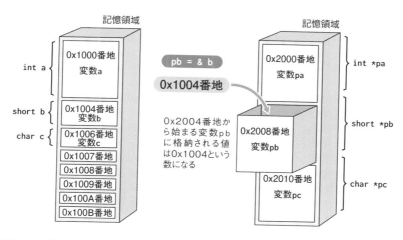

図7.5 ポインタ変数とは

　ウィンドウプログラミングなどイベントドリブン型のプログラミングではコールバック関数を指定する時に関数へのポインタが利用されます[*4]。関数のエントリポイントを保存するポインタ変数を用意するには次のように書きます（階乗のプログラムの factorial 関数へのポインタの場合です）。

```
int (*pfact)(int n);
```

　このように書くと pa、pb、pc、pfact にそれぞれの変数や関数のアドレスを保存できるようになります。

　ポインタに関連する演算子が5つあります。& と *、()、->、[] です。& はビット演算子、* は掛け算と同じ記号を使います。しかし、アドレスを操作する演算子の場合は、オペランドが1つしかありませんので区別することができます。[] は配列の要素を参照するときに使われる演算子で、-> は構造体へのポインタのメンバを参照するときに使われる演算子で、() は printf などの後ろに書かれているカッコです。

[*4]　イベントドリブンやコールバック関数については p.285 コラムを参照

Cの演算子	意味	覚え方
&	アドレス	アンドレス（アンドレス）
*	格納されている値	アタイリスク（値リスク）
[]	配列の要素の値	
->	構造体へのポインタのメンバの値	矢印、→
()	関数呼び出し	

　ここでは & と * を中心に説明しましょう。&aは変数aがメモリ上の何番地に割り当てられているかを示します。*pは、pが「ポインタ変数」のときにだけ使える演算方法で、pが指し示しているアドレスの「値」を意味します。例えば、図7.5の場合、&aと書くと0x1000番地、&bと書くと0x1004番地、&cと書くと0x1006番地を意味します。それぞれの領域を指し示すポインタ pa、pb、pc が a、b、c の領域を指し示すようにするには、次のように書きます。

```
pa = &a;
pb = &b;
pc = &c;
```

　そうすると、pa、pb、pcにはそれぞれ0x1000番地、0x1004番地、0x1006番地の値が代入されます。これがポインタの基本です。そして、*paと書くと変数 a に格納されている値を意味し、*pbと書くと変数 b に格納されている値を意味し、*pcと書くと変数 c に格納されている値を意味します[5]。

　ここで大切なのは、ポインタは番地を指すだけではなく、指した先の「型」が決まっているということです。int型を指し示すポインタは指した先の4バイトの領域を表し、short型を指し示すポインタは指した先の2バイトの領域を表し、char型を指し示すポインタは指した先の1バイトの領域を表すのです。

　ところでなぜポインタが必要なのでしょうか。何に使われるのでしょうか。それは配列（7.3節参照）、構造体（7.4節参照）、動的メモリ割り当て（7.5.2項参照）、関数呼び出し（9.3節参照）などで利用するためです。これらを使うためには、「アドレスを指し示す」必要があるのです。

---

[5]　factorial関数へのポインタ変数pfactに値を代入するには、

```
pfact = factorial;
```

と書きます。こうするとポインタ変数pfactにfactorial関数のエントリポイントが格納されます。次のように書けばfactorial関数を呼ぶことができます。

```
x = pfact(n);
```

ポインタを使った例を示しましょう。図7.6は int 型変数a、bと、int 型変数を指し示すポインタ p を使って、演算を行ったときに、メモリの値がどのように変化するかを示しています。変化の様子を1行ずつ追ってみてください。

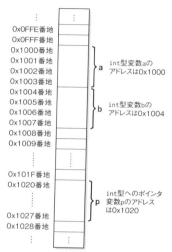

実行文	aの値	bの値	pの値	*pの値
a = b = 0	0	0	不定	不定
p = &a	0	0	0x1000	0
a = 20	20	0	0x1000	20
*p = 10	10	0	0x1000	10
a = 100	100	0	0x1000	100
b = *p	100	100	0x1000	100

図7.6 ポインタによる演算とメモリの値

7.2.3 **0番地（NULL）だけ特別**

Cには特別な番地があります。0番地です。0番地には特別な名前が付いています。NULLという名前です。

　null［形容詞］（数学で）ゼロの、（法律上）無効の、価値のない

NULLの読み方は、英語では「ナル」に近い発音をするのですが、大抵の日本人は「ヌル」と発音します

NULLは0番地を意味します。つまり0番地を指し示すポインタで、ヌルポインタとも呼ばれます[6]。Cでは0番地にデータを置かないことになっていて、エラー処理などで利用されます。

＊6）　略して、「ヌルポ（ぬるぽ）」という人もいる。

`int data[4];` という宣言で作られる配列のイメージ

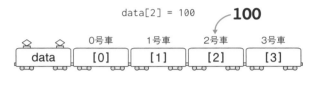

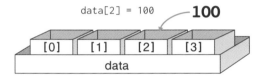

図7.7 配列とは？

100人分の学生の成績データを処理することを考えてください。平均点を求めたり、60点以上の点数の人の学生番号を表示したり、そういうプログラムを作るためにはどのような変数を用意したらよいでしょうか？　普通の変数を100個用意して、1つひとつの変数を使って計算するのはとても面倒です。

このようにたくさんのデータを処理するときには「配列」が使われます。配列は、同じ型の変数をたくさん扱いたいときに使用されます。英語では配列のことをarrayといいます。

array［名詞］ずらりと並んだもの、(コンピュータの) 配列、(軍隊の) 整列

図7.7のような配列を用意したい場合には、次のように宣言します。

```
int data[4];
```

そうすると、data[0]、data[1]、data[2]、data[3]という4つの変数が利用できるようになります。これらの変数を「配列の要素」といいます。

配列のイメージは、「機関車が客車を引っ張る列車」のような感じです。それ

ぞれの客車に値を保存したり、保存した値を取り出したりすることができます。何号車を表したいかを [ ] で囲って表します。普通の列車の場合には客車は1号車から始まりますが配列の場合は**0**号車から始まります。これがCの配列の特徴ともいえます。

[ ] の中の値は定数である必要はありません。変数でもかまわないのです。

```
data[i]
```

これは data の i 番目の要素の値という意味になります。8.3.4項で説明する for 文やwhile文と組み合わせて使えるため、配列はとても便利なのです。

配列を使ったプログラムにはとても大きな利点があります。うまく書かれたプログラムの場合には、データの数が200個、いや10000個に増えたときでも、少しの修正で動くようにできるのです。つまり、

```
int data[10000];
```

と変更し、data[0] 〜 data[9999] までの変数を用意し、他の部分をちょっと修正するだけで処理できるように作ることができるのです。配列を学び始めたら、処理するデータの個数が変わっても対応できるようにプログラムを作ることを心がけましょう。

図7.7のような配列は1次元配列と呼ばれます。1次元とは「直線」を意味することは知っていますね。1次元配列があるということは、「平面」を意味する2次元配列や「立体」を意味する3次元配列もあります。それ以上の高次元な配列を作ることもできます。

7.3.2　配列とメモリ

配列が配列オブジェクトとしてメモリ上に用意されるときには、図7.8のようになります。

実は、配列の変数名は「配列の先頭アドレスを指し示すポインタ」になっています。その後ろの [ ] の中に書いた値で、ポインタが指し示しているアドレスから何番目の要素の値を意味したいかを指し示しているのです。ですから、配列について正しく理解するには、ポインタの知識が必要です。

細かくいうと、配列名はインデックス、[ ] の中に書いた値は添字（そえじ）やオフセット値と呼ばれます。

7

変数とメモリ

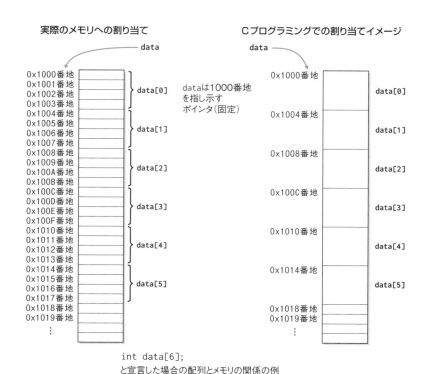

int data[6];
と宣言した場合の配列とメモリの関係の例
（注：int型が32bit（4バイト）のコンピュータの場合）

図7.8 メモリ上に用意された配列オブジェクトの様子

index［名詞］（本などの）索引、（計器などの）目盛り、指針、表示、（印刷の）
　　　　指印、（統計、数学の）指数、（対数の）指標
offset［名詞］（植物の）横枝、相殺するもの、埋め合わせ、（負債などの）
　　　　差引、オフセット（印刷方法）

　インデックスは基準となる位置で、オフセットはそこからいくつ離れている
かを意味します。つまり、配列とは「index + offset」が指し示しているメモリ
上のアドレスを操作する方法なのです。そしてこの様な処理をするために表5.2
の「インデックスレジスタ」が使われます。

配列の境界チェックとセキュリティ　　**Column**

　Cの特徴は配列の境界チェックをしないところです。これによりメモリを柔軟に扱うことができ、高速な処理が可能になります。しかしながら、プログラムにバグがあったり、悪用されることでセキュリティホールになることがあります。例えば図7.8の場合に、data[-1]と書けば0xfffc～0xffff番地にアクセスでき、data[6]と書けば0x1018～0x101bにアクセスできてしまいます。これがプログラムの目的通りであればいいのですが、そうでない場合には不具合を引き起こします。例えば、プログラムが不正な処理した、ということでプログラムが異常終了してしまったり、セキュリティホールになり、不正なコマンドを実行されたり、機密情報を盗まれたりする危険性があります。このため、セキュリティを高めるために境界チェックを行うRustなどの言語が登場しています。

なぜint data[4];はdata[0]～data[4]じゃない？　　**Column**

　C言語で、

```
int data[4];
```

と書いた時に用意される配列変数は

```
data[0]、data[1]、data[2]、data[3]
```

です。なぜdata[4]がないのでしょうか？

　混乱するかもしれませんが、実は「0～4までのメモリを用意した結果、data[0]～data[3]になった」のです。

　「えっ・・・？」

　謎が深まるばかりかもしれませんが、このことをしっかり理解すると、コンピュータの仕組みや特徴を深く理解できるようになります。これはC言語に限ったことではありません。プログラミングを始めると「0から4まで」という時に4が含まれない場合があることに気が付くようになるでしょう。

　それでは理由を説明しましょう。数直線を使って考えれば理解できます。

```
0   1   2   3   4   5   6   7   8   9   10  11
|___|___|___|___|___|___|___|___|___|___|___|
```

　この数直線上で「0から4まで用意してください」と言われたとします。そうすると「0から1」「1から2」「2から3」「3から4」の4つを用意できます。「0から1」

が data[0]、「1 から 2」が data[1]、「2 から 3」が data[2]、「3 から 4」が data[3] となります。4から先は使われないということです。このため data[0] 〜 data[3] になるのです[7]。時刻の概念で考えるともう少ししっくりとするかもしれません。「0:00〜4:00まで天文台の天体望遠鏡を予約した」とします。これは 4:00 の直前までの予約となり、4:00 は含まれません。道路標識の時間制限がある標識も同じです。8-9 と書かれていたら 9 時になったら制限を受けないのです。

　また、

```
int data[0];
```

と書いた場合は「0から0まで用意したので、何も用意されない」ということになります。これは正しいC言語の書き方であり、時には利用されることがあります[8]。

　別の疑問もあるかもしれません。

　「なぜ int data[4]; は data[1] 〜 data[4] じゃないの？」

　先ほどの数直線を 1 から始めればこれが可能になります。しかしながら C は 0 から始めることを選択しました。その理由は 7.3.2 項で説明しているように、「インデックス」＋「オフセット」を使った表現を使っているからです。これがコンピュータのCPUの仕組みをそのまま利用したやり方なのです。

　なお「int data[4];」と書いた時に「data[0]〜data[4]まで用意される」という表現を見た時に、理屈を考えなくても感覚的に「気持ち悪い」と感じられたら、コンピュータ流の考え方が身についたと言えるかもしれません。

＊7）　これはインターネットの通信で使われるTCPというプロトコルのシーケンス番号とACK番号の制御も同じ考えになっています。TCPで「4まで届いたよ」というときには「4の前まで届いていて、4から先は届いていない」という意味になります。ただし、あらゆることがこのような規則に従っているわけではありません。その時々でどのようなルールになっているか確認をしてみてください。

＊8）　「何も用意されないのに意味があるの？」という疑問を持つ方もいるかもしれませんが、熟練プログラマになった後で再度考えてみてください。

7.3.3 文字データをメモリに格納する

文字列と配列にはとても深い関係があります。文字列は配列として表されたり、また配列に文字列が格納されたりするからです。

"hello world\n" という文字列がメモリに格納されるときの様子について考えてみましょう。付録 A.11 の ASCII 文字セットの表を読みとると、次のような10進数で表現できることが分かります。

```
104 101 108 108 111 44 32 119 111 114 108 100 10
```

これがメモリに格納されるときには図7.9のようになります。

図7.9 文字列をメモリに格納する

　C言語では実際に文字列をメモリに格納するときに、文字列の最後に \0 を格納します。そしてプログラムの中で文字列を表現したいときには「メモリに格納されている文字列の先頭アドレス」を使って示します。具体的には 7.2 節で説明する「ポインタ」で示します。つまり「char 型へのポインタ」になっているのです。末尾の \0 は NULL 文字と呼ばれます。0番地を表す NULL と、ヌル文字（\0）は、言葉は似ていますが、全く違うものですので注意してください。

　文字列をメモリに格納することを考えてみましょう。例えば「hello, world\n」です。メモリのどこからどこに文字が格納されているのかをはっきりさせる必要があります。その方法を考えると次の図のような3つの方法が考えられます。

先頭部分に「最後のアドレス」を格納し、その後ろから文字列が始まる方法

先頭部分に「文字列の長さ」を格納し、その後ろから文字が始まる方法

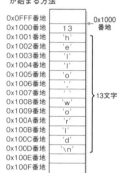

先頭アドレスから文字が始まり、文字の終わりに「終わりを表す記号」を置く方法

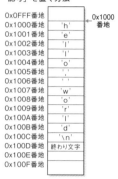

注：「文字の長さが 0」も表現できる必要があるため、実際には「最後のアドレス」ではなく、「最後のアドレス+1」が格納される。

図7.10　メモリに文字列を格納する

1）先頭に、文字列の末尾のアドレスを記憶する方法
2）先頭に、文字列の長さを記憶する方法
3）文字列の最後に「終わり」を表す文字（数値）を格納する方法

　それぞれ、利点欠点があるため、プログラミング言語によって使われる方法が異なります。C言語の場合は3）の方法で文字列を表現します。つまり、「文字が始まる先頭のアドレス」と「終わり文字」で表すのです。「終わり文字」は'\0'で表現され「**null 文字（ヌル文字、ナル文字）**」と呼ばれます。Cプログラミングをする上では3）の方法だけを理解すればよいことになります。

7.4 構造体

7.4.1 構造体とは

　学生の成績処理をするときに、「科目の点数」という情報だけだとあまり高度な処理はできません。点数だけではなく、氏名、学生番号などの情報があれば、より高度な処理ができるようになります。このように、整数や、浮動小数点数、文字列など型の異なる複数の情報をまとめて扱うときに使われるのが構造体です。英語では **structure** になります。

　　structure［名詞］構造、機構、組織、建造物、建物

　構造体を使うと、建物の構造のように、メモリ空間を複数の部屋に区切って整理して使うことができます。複数の部屋をまとめて1つの建物を造っているともいえます。それぞれの部屋をメンバと呼びます。

　　member［名詞］（集団の）一員、仲間、議員、（身体の）一部、手、足、
　　　　　　　　　（数学の）要素、項、（建物の）部材

　「メンバ」は日本語にもなっていますね。仲間という意味のメンバー（member）のことです。
　図7.11のような構造体を宣言するには次のように書きます。

```
struct point {
  int x;
  int y;
} point1, point2;
```

　この場合、構造体名がpointで、構造体を表す変数名がpoint1、point2になります。構造体変数point1、point2には、xとyというメンバが含まれています。
　宣言した構造体を使うときには次のように書きます。

```
[構造体変数] . [メンバ名]
```

7

変数とメモリ

271

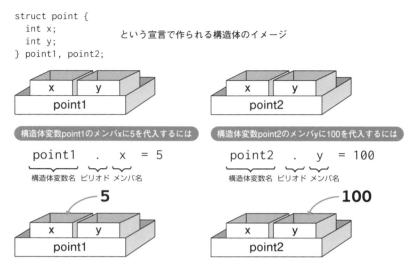

```
struct point {
  int x;
  int y;
} point1, point2;
```

という宣言で作られる構造体のイメージ

構造体変数point1のメンバxに5を代入するには

point1 . x = 5

構造体変数名 ピリオド メンバ名

構造体変数point2のメンバyに100を代入するには

point2 . y = 100

構造体変数名 ピリオド メンバ名

図7.11 構造体とは？

　「グループの名前」を先頭に書き、その「グループの中の部屋を表すメンバ名」を後に書きます。具体的には次のように書きます。

```
point1.x = 5;
point1.y = 20;
point2.x = 80;
point2.y = 100;
```

　構造体の名前の付け方は日本的といえます。日本では、氏名や住所を表現する時に、［名字］［名前］や、［県］［市］［町］［番地］のように、左側に大きい区分を書き、右に行くに従って、小さい区分になって行くからです。アメリカで氏名や住所を表現する時には［名前］［名字］や、［番地］［町］［市］［州］のように小さい区分から大きい区分という順番で書きます。アメリカ人が作ったＣ言語ですが構造体の名前の順番は日本人の発想に近くなっているので、日本人には理解しやすいはずです。

7.4.2　構造体とメモリ

実際の構造体オブジェクトは図7.12のようになっています。この例では「会員番号」「生年月日」「人の名前」を管理する構造体を宣言しています。

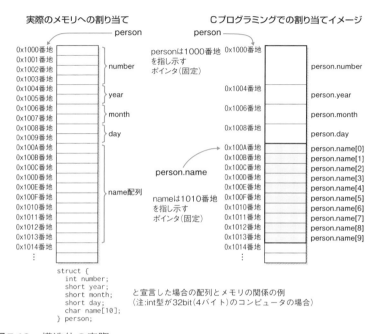

図7.12　構造体の実際

構造体も、配列と同じようにインデックスとオフセットで表現されると考えてかまいません。つまり「構造体変数名」が先頭アドレスを表すインデックスで、「メンバ名」が先頭アドレスからのオフセットを表します。そして「インデックス＋オフセット」で構造体のメンバが格納されているオブジェクトを読み書きするのです[9]。構造体が配列と違うところは、異なる型で構成されるため、オフセットを変数にはできないところです。

この構造体を配列として用意することもできます。例えば会員数が100人いる場合には100個の配列を用意します。このように、構造体と配列を組み合わせると、本格的なデータ処理が実現できるようになります。

---

[9]　厳密に言えば「&構造体変数名」がインデックスで、「&構造体変数名」->「メンバ名」でインデックスからのオフセットを使ってメンバの値を参照することになります。詳しくは他のC言語の本で学んでください。

7.5 変数をより深く知ろう

7.5.1 キャスト（型変換）

異なる型同士で演算をしたり、代入をしたりするときには、型変換をしなければならない場合があります。型変換のことを、Cではキャストといいます。

> cast［名詞］鋳型（いがた）、鋳造物、ギプス、配役、（顔だち・性質などの）特色、格好

キャストは溶かした金属を流して鋳物（いもの）を作るための「鋳型（いがた）」という意味です。Cの場合は、数値の型の変換に利用されます。実数を整数に変換したり、整数を実数に変換したり、ポインタが指し示すアドレスの型を変えるときに使われます。実数を整数に型変換するときには、小数点などが切り捨てられます。

7.5.2 メモリの動的取得（malloc）

プログラムを実行する前、プログラムを作成している時にはデータの個数が分かっていないことがあります。そうすると配列としてメモリを用意することができません。このようなときは、プログラムの実行中に、必要に応じてメモリを確保します。これを「メモリの動的取得」といいます。具体的には malloc 関数[10] が利用されます（calloc という関数も利用できる）。malloc は memory allocation の略です。

> allocation［名詞］割り当て、配置、割り当てられたもの、割り当て額（量）

malloc では、必要なバイト数を指定すると、その大きさのメモリ空間を用意してくれます。用意した後で、用意したメモリ空間の先頭のアドレスを教えてくれます。つまり、メモリ空間へのポインタを教えてくれるのです。ですから、malloc を使うときには、ポインタ変数を用意する必要があります。

＊10）　エムアロックやマロックと発音される。読み方については p.87 コラム参照。

　mallocで用意したメモリが不要になったら、確保したメモリを解放する必要があります。そうしないと、いつまでも無駄にメモリを使っていることになってしまいます。メモリの解放にはfree関数を使用します。

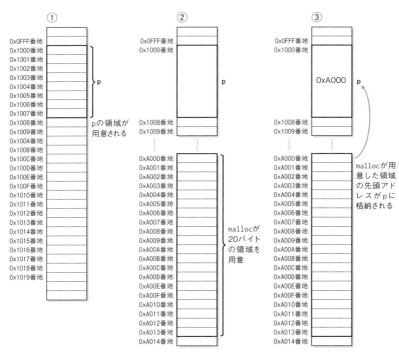

①

0x0FFF番地	
0x1000番地	
0x1001番地	
0x1002番地	
0x1003番地	
0x1004番地	⎫ p
0x1005番地	
0x1006番地	
0x1007番地	
0x1008番地	pの領域が用意される
0x1009番地	
0x100A番地	
0x100B番地	
0x100C番地	
0x100D番地	
0x100E番地	
0x100F番地	
0x1010番地	
0x1011番地	
0x1012番地	
0x1013番地	
0x1014番地	
0x1015番地	
0x1016番地	
0x1017番地	
0x1018番地	
0x1019番地	

②

0x0FFF番地
0x1000番地　　p

0x1008番地
0x1009番地
⋮
0xA000番地
0xA001番地
0xA002番地
0xA003番地
0xA004番地
0xA005番地
0xA006番地
0xA007番地　mallocが
0xA008番地　20バイト
0xA009番地　の領域を
0xA00A番地　用意
0xA00B番地
0xA00C番地
0xA00D番地
0xA00E番地
0xA00F番地
0xA010番地
0xA011番地
0xA012番地
0xA013番地
0xA014番地

③

0x0FFF番地
0x1000番地

0xA000　p

0x1008番地
0x1009番地
⋮
0xA000番地　mallocが用
0xA001番地　意した領域
0xA002番地　の先頭アド
0xA003番地　レスがpに
0xA004番地　格納される
0xA005番地
0xA006番地
0xA007番地
0xA008番地
0xA009番地
0xA00A番地
0xA00B番地
0xA00C番地
0xA00D番地
0xA00E番地
0xA00F番地
0xA010番地
0xA011番地
0xA012番地
0xA013番地
0xA014番地

```
char *p;
```
と宣言した場合のメモリの様子
アドレスの大きさが64bit(8バイト)のコンピュータの場合

```
p = malloc(20);
```
を実行したときの様子
malloc関数が20バイトの領域を用意して、その先頭アドレスがpに代入される

図7.13　malloc

　図7.13は、次のように宣言した場合にメモリがどのようになるかを表しています。

```
char *p;
p = malloc(20);
```

　char *p で char型へのポインタを宣言します。「char型へのポインタ」とは、

「char型変数を格納するメモリのアドレス」のことです。p = malloc(20)と書くと、メモリ上の「データセグメント」に20バイトのメモリが用意され、その先頭アドレスがpに格納されます。この命令を実行したあとでは、このpが指し示しているアドレスから20バイトの領域を、自由に使うことができます。この例では20バイトしかメモリを用意しませんでしたが、データの量が大きい場合には256バイト用意したり、1024バイト用意したり、8192バイト用意したり、それ以上用意することもあるでしょう。

　mallocでメモリを用意した場合、不要になったメモリはfreeで解放する必要があります。しかし、これを解放し忘れることがあります。これをメモリリークと言います。英語で書けばmemory leakになります。

　　　leak ［動詞］漏れる 、しみ込む、水漏りがする、漏らす
　　　　　　［名詞］漏れ、漏電

　このようなプログラムを動かし続けるとメモリの使用量が増え続け、メモリ不足になってコンピュータの動作が遅くなったり、不安定になったり、フリーズしてしまうことがあります。freeで解放するのを忘れなかったとしても、mallocとfreeを繰り返しているうちに大きなメモリ領域がなくなり、断片的な小さなメモリ領域ばかりになってしまうことがあります。これをメモリの断片化やメモリフラグメント（memory fragment）と言います。

　　　fragment ［名詞］破片、断片、かけら
　　　　　　　　［動詞］ばらばらになる、分解する、砕ける

　こうなると、プログラム実行開始時にできていた処理が、長時間プログラムを動かし続けているうちに、メモリ不足でプログラムの実行が継続できなくなることがあります。大規模で複雑なプログラムになるとメモリリークやメモリフラグメントを完全になくすことは困難になります。これはアプリケーションだけの問題ではなく、オペレーティングシステムでも起こります。このためアプリケーションを時々起動しなおしたり、コンピュータ自体を時々再起動するなどの対策が必要になることがあります。これは10.3.1項で説明するように、完璧なプログラムを作るのは難しいので運用でカバーするということになります。インターネットのサービスなどでメンテナンス時間が設けられていて、時々サービスを受けられない場合があったりしますが、これは設備更新やバージョンアップ、バックアップなどの本当のメンテナンスのこともありますが、システムを再起動してメモリリークやメモリフラグメントによる不具合の発生を防止している可能性もあるのです。

ガベージコレクション Column

メモリフラグメントの解消や、メモリリークを防ぐ手法に、ガベージコレクション（garbage collection）があります。

garbage ［名詞］生ごみ、ごみ、つまらぬもの、くだらぬ考え
【電子計算機】不要データ

collection ［名詞］集めること、収集、回収、コレクション、集金、徴税、募金、献金、寄付金

　ガベージコレクションはゴミ集め、不用品回収の意味になります。C言語自体にはガベージコレクションの機能はありません。必要に応じてプログラマがコードを書いたり、ガベージコレクションの機能を持ったライブラリを選んで使用する必要があります。

　これに対してPythonなど、ガベージコレクションの機能を持ったプログラミング言語もあります。Cのようにメモリを解放したかどうか気にせずプログラミングをすることができます。これは便利な様ですが問題点もあります。ガベージコレクションがいつ行われるかをプログラマが管理できないのです。ガベージコレクションが行われると、その間、プログラムの実行が中断します。これでは機械制御などのリアルタイム処理では不具合を発生させる危険性があります。

変数とメモリ **7**

Exercises

Ex7.1 | 次の英単語の読み方、意味が分かりますか？

	読み方	意味
character	( )	( )
integer	( )	( )
static	( )	( )
temporary	( )	( )
pointer	( )	( )
null	( )	( )
array	( )	( )
index	( )	( )
offset	( )	( )
structure	( )	( )
member	( )	( )
cast	( )	( )
allocation	( )	( )

Ex7.2 | ASCII文字セットの表を見ながら、次の文字列がコンピュータの内部に格納される様子を考えてください。

```
char data[] = "https://www.kantei.go.jp/";
```

[0]	[1]	[2]	[3]	[4]	[5]	[6]	[7]	[8]	[9]	[10]	[11]	[12]	[13]

[14]	[15]	[16]	[17]	[18]	[19]	[20]	[21]	[22]	[23]	[24]	[25]	[26]	[27]

[28]	[29]	[30]	[31]	[32]	[33]	[34]	[35]	[36]	[37]	[38]	[39]	[40]	[41]

Ex7.3 | 図7.1は、実際には

```
static int a, b;
static short c, d;
```

のように、「静的変数（スタティック変数）」で変数を宣言したときに「データセグメント」に変数が格納される様子を描いた図です。Cプログラミングでよく使われる「自動変数」の場合には「スタックセグメント」に用意されるため、順番が逆になります。つまり後ろのアドレスから前のアドレスに向かって順番にa、b、c、dと用意されます。もしも図7.1と同じような番地に格納されるとしたら、aは0x1008番地から、bは0x1004番地から、cは0x1002番地から、dは0x1000番地からになります。この様子を自分で描いて、図7.1と比較してみましょう。変数に対する理解が深まるはずです。

Ex7.4 |
```
int a;
int *p;
```
と宣言されていて、aがint型変数、pがint型へのポインタだとします。このとき次の式の演算結果を求めてください。

（a） a = 10, p = &a （aの値は「　　　」、*pの値は「　　　」）

（b） a = 20, p = &a, a = 0 （aの値は「　　　」、*pの値は「　　　」）

（c） a = 30, p = &a, *p = -10 （aの値は「　　　」、*pの値は「　　　」）

（d） a = 40, p = &a, a++ （aの値は「　　　」、*pの値は「　　　」）

（e） a = 50, p = &a, (*p)++ （aの値は「　　　」、*pの値は「　　　」）

（f） p = &a, a = 60 （aの値は「　　　」、*pの値は「　　　」）

（g） p = &a, a = 70, a += 5 （aの値は「　　　」、*pの値は「　　　」）

（h） p = &a, a = 80, (*p) += 10 （aの値は「　　　」、*pの値は「　　　」）

（i） p = &a, a = 90, (*p)++, a++ （aの値は「　　　」、*pの値は「　　　」）

次はポインタ演算子の問題です。メモリの配置が図の左のようになっているとき、上から順番に実行文を実行したとします。右の欄は実行文を実行した後で「a」、「b」、「c」、「p」、「*p」の値がいくつになっているかを表しています。空欄を埋めてみましょう。

ただし、値が確定しない箇所があります。そこには「?」と書いてください。値が変化しない箇所には、値の代わりに「〃」と書いてください。

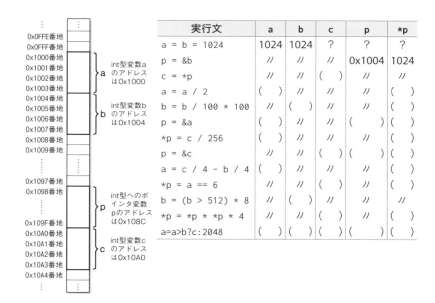

実行文	a	b	c	p	*p
a = b = 1024	1024	1024	?	?	?
p = &b	〃	〃	〃	0x1004	1024
c = *p	〃	〃	( )	〃	〃
a = a / 2	( )	〃	〃	〃	( )
b = b / 100 * 100	〃	( )	〃	〃	( )
p = &a	( )	〃	〃	( )	( )
*p = c / 256	( )	〃	〃	〃	( )
p = &c	〃	〃	( )	( )	( )
a = c / 4 - b / 4	( )	〃	〃	〃	( )
*p = a == 6	〃	〃	( )	〃	( )
b = (b > 512) * 8	〃	( )	〃	〃	〃
*p = *p * *p * 4	〃	〃	( )	〃	( )
a=a>b?c:2048	( )	( )	( )	( )	( )

Ex7.6 | short型が2バイトのコンピュータで、

```
short data[10];
```

と宣言したとします。この配列はメモリ上にどのように用意されるでしょう。配列の先頭アドレスが0x2000番地から始まるとして、図7.8を見ながら自分で描いてみましょう。

Ex7.7 | double型が8バイトのコンピュータで、

```
double data[10];
```

と宣言したとします。この配列はメモリ上にどのように用意されるでしょう。配列の先頭アドレスが0x3000番地から始まるとして、図7.8を見ながら自分で描いてみましょう。

Ex7.8 | char型が1バイト、int型が4バイト、double型が8バイトのコンピュータで、

```
struct {
    int number;
    char name[20];
    double height;
    double weight;
} data;
```

と宣言したとします。この構造体はメモリ上にどのように用意されるでしょう。構造体の先頭アドレスが0x4000番地から始まるとして、図7.12を見ながら自分で描いてみましょう。

第8章

8

第　章

処理の流れ

オルゴールは、ゼンマイに蓄えたエネルギーが切れるまで同じ音楽を永遠に流す装置です。ゼンマイを巻き直しても、ドラムを交換しない限り、同じ音楽しか流れません。ワンパターンな装置といえます。これに対してコンピュータは、条件によって処理内容を変更することができます。うまく作られたプログラムは、まるで人間が行動しているかのように働きます。コンピュータは判断し、処理内容を変えることができるということです。この章では、判断や繰り返しなどのプログラムの処理の流れについて学びましょう。

8.1 処理の流れとフローチャート

8.1.1 処理の流れ

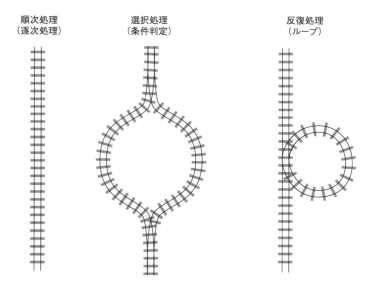

図8.1 処理の流れ

　プログラムはメモリに置かれます。そしてCPUはそのプログラムの命令を1つひとつ順番に実行します。しかし、それだけでは単純なプログラムしか作れません。同じ処理しかできないことになってしまいます。

コンピュータのプログラムは上から順番に処理を実行するだけではありません。条件によって処理する内容を変えたり、同じ処理を繰り返し実行したりすることができます。

　プログラムの処理の流れは図8.1のような線路の上を走る列車のようなものです。まっすぐ走ったり、2つに分かれたり、同じところをぐるぐる回ったりします。これが処理の流れの基本で、それぞれ「順次処理（sequential）」「選択処理（select）」「反復処理（loop）」と呼びます。

割り込み処理とイベントドリブン　Column

　この章では処理の流れの基本を説明します。しかし、この章で取り扱わない処理の流れもあります。それが割り込み処理やイベントドリブンと呼ばれる処理方法です。この2つは似ていますので、ここで少し説明をします。

　割り込み処理は、今行なっている処理を一時的に中断して別の処理をすることです。割り込みは入力装置で入力が行われた時や、出力装置で出力が終わった時などに発生します。次に説明するイベントドリブンの「イベント」も割り込みであることが多いです。

　イベントドリブンとは、イベント（事象）が発生したらドリブン（動かされる）するということです。逆に言えば、イベント（事象）が発生しなければ何もしないということです。例えば、人がスマートフォンの画面をタップしたり、パソコンのマウスをクリックすることがイベントです。タップ（クリック）した画面の位置によって、処理が変わります。場所だけではありません。ドラッグしたり、スクロールしたり、イベントの内容が変われば処理内容も変わります。

　人間が操作しなければ処理は始まりません。ネットアプリの場合には「相手からメッセージが届いた」こともイベントです。メッセージが来なければ処理は始まりません。

　スマートフォンのプログラミングやパソコンのウィンドウプログラミングをしてみると、たいていの場合イベントドリブン型のプログラミングになります。本格的にプログラミングを始めた時には割り込み処理とイベントドリブンについて意識してみてください。

　なお、割り込み処理をする関数を「割り込みハンドラ」といいます。また、イベントを処理する関数を「コールバック関数」（折り返し呼び出す関数）で定義することがあります。7.2.2項で説明する「関数へのポインタ」が使われます。

8

処理の流れ

フローチャート

　処理の流れを表現するときにはフローチャートという表記法が使われることがあります。情報処理試験で出題されるため、情報技術者は必ずといっていいほど学んでいます。

　　flow［名詞］流れ、流水、（電気・ガスなどの）供給（量）、上げ潮、氾濫、洪水
　　chart［名詞］海図、航路図、図表・グラフ、（病院の）カルテ、ヒットチャート

　フローチャートは、日本語では「流れ図」と呼ばれます。処理の流れを図形で表現する手法です。フローチャートには、特定のプログラミング言語に依存しないという特徴があります。このため、プログラミング言語を知らない人でも学ぶことができます。

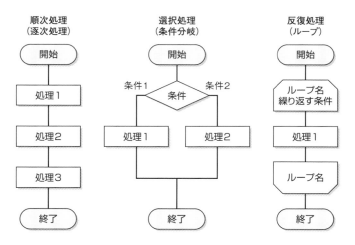

図8.2　フローチャート

　図8.2にフローチャートで3つの基本形を書きました。実際のプログラムはこの3つの基本形の組み合せで作られていると考えてかまいません。どんなに複雑なプログラムも、基本的にはこの3つの処理の流れで表現することができます。これを「構造化プログラミング手法」といい、E.W.ダイクストラ（Dijkstra）が提唱したプログラミング手法です。Cもこの構造化プログラミングをサポートするように作られています。

JISのフローチャートと独自のフローチャート **Column**

　本書で紹介しているフローチャートはJIS（日本工業規格）で定義されたフローチャートですが、会社によってはJISのフローチャートを使わず、独自のフローチャートを使っている場合があります。なぜJISのフローチャートを使わない会社があるのでしょうか？　その理由はJISのフローチャートには不便な点があるからです。

　まず、JISのフローチャートは描くのが大変です。プログラムに変更があった場合に修正する作業もとても大変です。

　次に、使用する面積が大きいのです。プログラムが大規模になれば、それだけたくさんの面積が必要になり、書類にまとめるのが大変です。

　最後に、プログラミング言語と見栄えがかなり違います。JISに則したフローチャートを見てプログラムを作ろうとすると、頭の切り替えが必要になってしまいます。つまり、フローチャートを考えるときと、プログラミングをするときで、使っている脳の部分が違うのではないかということです。これでは作業効率が落ちてしまいます。

　ですから、会社によっては、描くのが楽で、使用する面積が小さく、プログラミング言語に似たフローチャートを使っている場合があります。この場合には、JISのフローチャートではなく、自分が仕事をしている会社の表記方法を学び、それに基づいて流れ図を描く必要があるでしょう。

　逆に、JISのフローチャートには大きな利点があります。それはわざわざ勉強しなくても理解しやすい表記法だということです。覚えるのが楽なため情報処理技術者試験などでは出題しやすいのです。

　ですから、それぞれのフローチャートの特徴を生かして、使い分けることもあるでしょう。例えば、要求定義書（10.2.1項参照）はJISフローチャートを使い、内部設計書（10.2.2項参照）は独自のフローチャートを使う、という方法です。要求定義書は、プログラミングの専門家以外が読む可能性が高く、また流れ図で書かなければならないことも比較的少ないため、わかりやすいJISフローチャートが適しています。内部設計書はプログラミングの専門家しか読まないはずで、また書かなければならない流れ図の量も膨大になるため、独自のフローチャートの方が向いている場合があるのです。

8

処理の流れ

8.2 処理の流れの基本形

8.2.1 順次処理（sequential）

　順次処理（sequential）は一連の処理を順番に行うことです。逐次処理ともいいます。

　人の1日の行動に例えるならば次のような行動をすることです。

- 朝、起きる
- 食事をする
- 夜、寝る

　非常にぐうたらな1日になってしまいますが、例えばこのような処理は順次処理です。これらは繰り返しもなく、選択もなく、ただ単に一直線の処理です。このような処理を順次処理とか逐次処理といいます。この処理の流れをフローチャートで表すと図8.3のようになります。

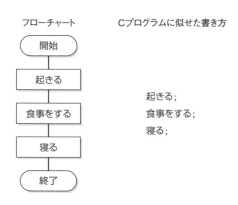

図8.3 順次処理

選択処理 （select）

　選択処理（select）とは、「もしも何々だったら」というような条件によって、その次に行う処理を選択することです。条件分岐ともいいます。例えば、

　　　もしも晴れていたら外で遊び、そうじゃなかったら家の中でごろごろする。

のように、条件の内容によって行動を変更することです。

　Ｃ言語ではif〜else文やswitch文などが利用できます。詳細はＣ言語の本で学んでもらうことになりますが、そのときの理解力が向上するように言葉が持っている意味だけは本書で覚えてしまいましょう。

　　if［接続詞］もしも…ならば
　　else［副詞］そのほかに、でなければ
　　switch［名詞］（電気の）スイッチ、（思いがけない）変更、（電車の）ポイント

　コンピュータに「知能」を持たせるのは、この選択処理の役割です。選択処理を複雑に組み合わせることによって、コンピュータがより人間に近い「判断力」を持ち、あたかも「知能」を持ったかのように振る舞うようになるのです。
　先ほどの天気の処理をフローチャートにすると、図8.4の左のようになります。Ｃプログラム流に書くと図の右のようになります。

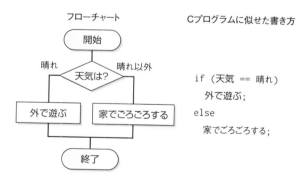

```
if （天気 == 晴れ）
    外で遊ぶ；
else
    家でごろごろする；
```

図8.4　もしも何々だったら（if文）

　Ｃ言語の if 文は、if の次のカッコの中が「真」のときにその次の文が実行され、「偽」のときはelseの後ろの文が実行されます。「真は0以外」「偽は0」でしたね。覚えていますか？　忘れていたら6.3.5項を読み返してください。

複雑な条件式を考えるときには、図を描きましょう。例えば次のような課題が出されたとします。

1）80点以上の時は"優"と表示
2）70点以上80点未満の時は"良"と表示
3）60点以上70点未満の時は"可"と表示
4）それ以外の時は"不可"と表示

このような課題を解くときには、頭の中だけで考えて済まそうとせず、図8.5のような数直線を書いて考えることが大切です。プログラムを作るときには、常にそばにノートと筆記用具を用意しましょう。そしてプログラムを考える過程をノートに残しながら作成するのです。そのうちに、頭の中だけですべてを考えられるようになるかもしれませんが、初めのうちは「ノートに書くクセ」を付けましょう。

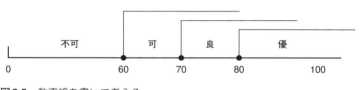

図8.5　数直線を書いて考える

8.2.3　反復処理（loop）

反復処理（loop）とは同じような処理を何回も繰り返すことです。繰り返し処理やループ（loop）ともいいます。人間は単純作業を何回も繰り返すとだんだんと嫌になってしまいますが、コンピュータは文句も言わずに何回でも繰り返してくれます。コンピュータがここまで社会に普及したのは、コンピュータが文句を言わずに反復処理をしてくれるからでしょう。人間だったら飽きてしまうことを、コンピュータはいくらでも繰り返し実行してくれます。

反復処理には、大きく2つの種類があります。

- 「100回繰り返す」など繰り返す前から繰り返す回数が決まっている反復処理
- 「雨が降るまで」などのように、繰り返す回数が決まっていない反復処理

Cでは反復処理にfor文、while文、do〜while文が利用されます。

> while［接続詞］…する間、…するうち、…と同時に、…する限り、…とは言え、…としても
> for［前置詞］…のために、…あての、…へ向かって、…をめざして、…の間、…分だけ、…の時に、…と引き替えに、…に対して、…を支持して、…の理由で

if文と同じで、「真」のときに繰り返しが行われ、「偽」のときは繰り返し処理は行われません。どちらかといえば、forは前のページの上記の処理に向いていて、whileは下記の処理に向いています。つまり、繰り返す回数が決まっているときにはfor文が使われる事が多く、決まっていない場合にはwhile文やdo〜while文が使われることが多くなっています。

8.2.4 while文によるループ

繰り返す回数が決まっていない反復処理とは、例えば図8.6のような処理です。

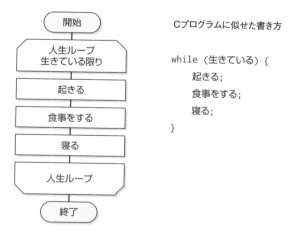

```
Cプログラムに似せた書き方

while（生きている）{
    起きる;
    食事をする;
    寝る;
}
```

図8.6 while文による繰り返し

人は何年生きられるか分かりませんので「生きている限り」というのは、いつ終わるか分かりません。（人生ループという割には、ぐうたらループになっていますが…）

このように「いつ終わるか決まらない処理」にはwhile文が向いています。入門者が作るプログラムの場合、「EOFになるまで標準入力から文字列（数値）を入力する」、「人間が"終わり"と指示するまで処理を続ける」のような処理でwhile文が使われます。

図8.7は、図8.6と同じことをwhile文を使わずに表現した方法です。

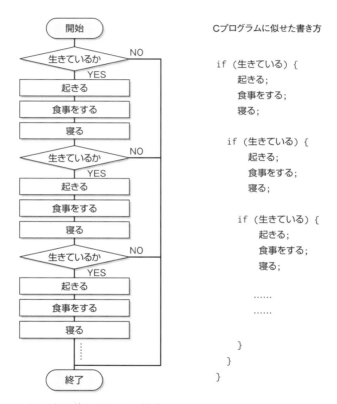

図8.7 while文を使わなかった場合

繰り返し処理を使わなくても、if文を大量に組み合わせれば同じような処理をすることができます。でも、莫大な行数になってしまいます。while文の便利さが分かることでしょう。

whileを使ったCプログラムのフローチャートの例を付録A.16に示しました。K&R第2版に掲載されているプログラムをフローチャート化したものです。実際にプログラムを学び始めてから参考にしてみてください。

8.2.5 for文によるループ

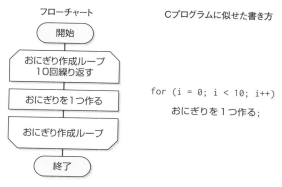

フローチャート　　　　　Cプログラムに似せた書き方

```
for (i = 0; i < 10; i++)
    おにぎりを1つ作る;
```

図8.8　for文による繰り返し

　繰り返す回数が決まっている反復処理にはfor文が向いています。例えば図8.8のような処理です。ループを実行する前に、おにぎりを作る数が決まっていれば、繰り返す回数が決まります。このようなときにはfor文が向いています。

　でも、この処理は、for文を使わなければできない、というわけではありません。図8.9のように、順次処理を使っても実現できるのです。

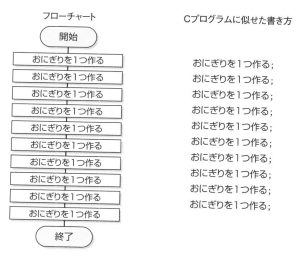

フローチャート　　　　　Cプログラムに似せた書き方

```
おにぎりを1つ作る;
おにぎりを1つ作る;
おにぎりを1つ作る;
おにぎりを1つ作る;
おにぎりを1つ作る;
おにぎりを1つ作る;
おにぎりを1つ作る;
おにぎりを1つ作る;
おにぎりを1つ作る;
おにぎりを1つ作る;
```

図8.9　順次処理を使って同じ処理をする

次のようなことを言う人がいます。

> 「while が繰り返しを意味するのは分かるが、for が繰り返しを意味するのは理解できない」

実は for は「～のために」という意味だけでなく「～の間ずっと」といった使われ方もされます。ですから for 文は

```
for（期間）{
    期間の間行なわれる処理
}
```

のように特定の期間、つまり条件を満たす間は、結果的に処理が「繰り返される」といったことが解釈できるでしょう。

また for 文の「期間」にあたる箇所を、なんだか呪文のようで難しく感じるかもしれません。これは C が「ALGOL」というプログラミング言語の影響を受けていることによります。ALGOL のことを理解すれば、C の理解が早まるかもしれません。ALGOL の for 文は次のような書き方になります。このプログラムに著者なりの説明を加えてみました。

```
for i:=0 step 2 until 10    （iを0と置き、2飛ばしで、10になるまで）
    begin                   （ここからはじめて）
        期間の間行なわれる処理
    end;                    （ここまでを）
```

C と ALGOL の for 文は、見栄えは異なりますが、意味は似ています。C 流に書くと以下のような書き方になります。

```
for (i = 0; i <= 10; i += 2) {
    期間の間行なわれる処理
}
```

C の for 文は ALGOL の「英語的な表現」を「記号的な表現」に置き換えたものです。それだけではありません。記号的な書き方になったおかげで、C の for 文は非常に柔軟な書き方ができるようになりました。「期間」の書き方について、プログラマが望めば ALGOL では表現不可能な、

```
for (a = 0; b < 10; c += 2)
```

のような、条件式の中で異なる変数を使う書き方もできるのです。

for 文の意味がパッとわかるようになりましたか？

　図8.8の方法と図8.9の方法、どちらがいいと思いますか？　後で説明しますが、図8.8の方がはるかによい方法です。

　今示した例はfor文は「全く同じことを繰り返す処理」でした。しかし実際のプログラムでは全く同じ処理を繰り返すことは少なく、繰り返すたびに少しずつ違う処理になるのが普通です。

　図8.10は、繰り返すたびに少しだけ処理内容が変わる例です。花が植えてある鉢が10個あり、この鉢に水をあげる処理をプログラム的に書いてみました。

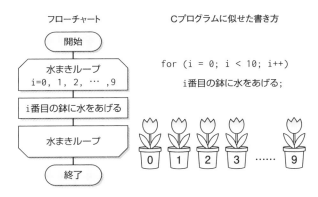

図8.10　for文による繰り返し

　単純なfor文にしてしまうと、同じ鉢に10回水をあげてしまいます。これは全く意味がないですね。そこで、繰り返しながら数を数えている変数iを利用して、i番目の鉢に水をあげるようにしています。これにより、繰り返すたびに違う鉢に水をあげることができます。iのような変数のことをループ変数と呼びます。そしてループ変数の名前にはiが使われることが多くなっています。その理由はiterationやindexの頭文字だからだと言われています。

　　iteration［名詞］繰り返し、反復
　　index［名詞］索引、目盛り

　図8.10のような繰り返し処理の便利さは、順次処理で同じ処理を書いてみると分かります。

図8.11は同じ処理を繰り返しを使わずに表した例です。

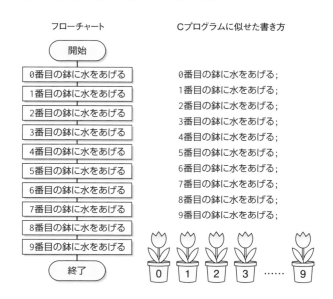

図8.11 順次処理を使って同じ処理をする

　繰り返し処理の便利さは、「プログラムが短くなる」ことと、少しの修正で「繰り返す回数を変更できる」ことです。鉢の数が20個に増えたとしましょう。for文を使った方は少し修正するだけで20個の鉢に水をあげられるようになりますが、for文を使わなかった場合には、かなり書き加えなければならなくなります。しかも、プログラムを作成するときのミスも増えるかもしれません。だから、似たような処理を繰り返すときにはfor文やwhile文が使えないか考えることが大切です。

　for文を使ったCプログラムのフローチャートの例を付録A.15に示しました。K&R第2版に掲載されているプログラムをフローチャート化したものです。実際にプログラムを学び始めてから参考にしてみてください。

for文とwhile文は置き換えられる　　Column

　for文とwhile文は置き換えられます。つまりfor文で作ったプログラムはwhile文で書き換えることができ、while文で作ったプログラムはfor文で表現することができます。その例を以下に示します。どちらもループ変数が繰り返し処理を制御します。そして「繰り返す条件」の部分が「真（0以外）」ならば繰り返すのです。

for文を使った例

```c
#include <stdio.h>
int main()          ループ変数の宣言
{
    int i;
                初期値  繰り返す条件  増減式
    for (i = 0; i < 10; i++) {
        printf("%d番目の鉢に水をあげる\n", i);
    }
    return 0;
}
```

while文を使った例

```c
#include <stdio.h>
int main()              ループ変数の宣言
{
    int i;              初期値

                        繰り返す条件
    i = 0;
    while (i < 10) {
        printf("%d番目の鉢に水をあげる\n", i);
        i++;            増減式
    }
    return 0;
}
```

8

処理の流れ

8.3 コンピュータの内部での処理の流れ

8.3.1 内部の流れを知ろう

　CPUがどのようにして処理の流れを実現しているのか知ることはとても大切です。コンピュータが精密な装置だということがよく分かるからです。そうするとコンピュータの気持ちがわかってきて、コンピュータに寄り添ったプログラムを作れるようになります。また、ミスを発見しやすくなったり、トラブルを解決しやすくなったりします。

　プログラムもオルゴールのように命令が並んでいるだけですが、オルゴールとは異なり、処理の順番を変えることができます。コンピュータのプログラムは条件によって、同じところを何回も繰り返したり、飛ばしたりします。そのことをきちんと理解しましょう。

8.3.2 基本は順次処理（sequential）

　プログラムを作るときには、コンピュータに指令する命令を順番に並べる必要があります。図8.12は、メモリ上に置かれたマシン語命令が順次処理（逐次処理）だった場合の処理の流れを示したイメージ図です。この図では1つのマシン語命令が2バイトになっています。最初の1バイトが「オペコード」で次の1バイトが「オペランド」だと考えてください。この場合、順次処理では、2バイト単位で上から下に向かって順番に命令が実行されます。

　5.2.4項でCPUはプログラムカウンタが指し示す番地の命令を「フェッチ」して「デコード」して「オペランドフェッチ」して「エグゼキュート」して「ライトバック」する、と説明しました。順次処理では1つのマシン語命令を実行するたびにプログラムカウンタが指し示す番地が、マシン語命令の長さ分、先に進みます。これを繰り返しながら処理が進みます。

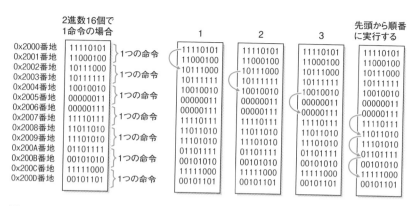

図8.12 順次処理

8.3.3 選択処理（select）

図8.13は、メモリ上に置かれたマシン語命令が選択処理（条件分岐）だったときの処理の流れを示したイメージ図です。この図では1つの命令が2バイトになっています。

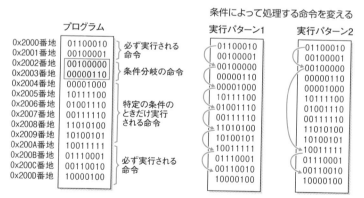

図8.13 選択処理（条件分岐）

実行パターン2では、0x2002番地の命令を実行したら、次に実行する命令が0x200A番地になっています。0x2002番地に選択処理の命令（条件分岐命令）があり、条件によっては0x200A番地に飛んだり、飛ばずに次の0x2004番地の命

令を実行したりするようになっているのです。つまり、選択処理とは、条件によって、プログラムカウンタの値を次に処理したい命令がある番地に変更するということです。

反復処理（loop）

　図8.14は、メモリ上に置かれたマシン語命令が反復処理（繰り返し処理）だったときの処理の流れを示したイメージ図です。反復処理というのは、特定の条件になるまで同じ様な処理を必要な回数繰り返して実行するということです。

　反復処理と選択処理の違いは先の番地に飛ぶか元の番地に戻るかということです。選択処理の時は条件によって先に飛ぶが、反復処理の時は条件によって元に戻るということです。0x200A番地に選択処理のときと同じ様な命令があります。この命令は特定の条件の間は「0x2002番地に戻る」という意味になっています。つまり反復処理とは、条件によってプログラムカウンタの値を繰り返し実行したい番地に戻すということです。選択処理も反復処理も、先に飛ぶか元に戻るかの違いだけなので、コンピュータの内部の仕組みでいえば、ほとんど同じ処理なのです。

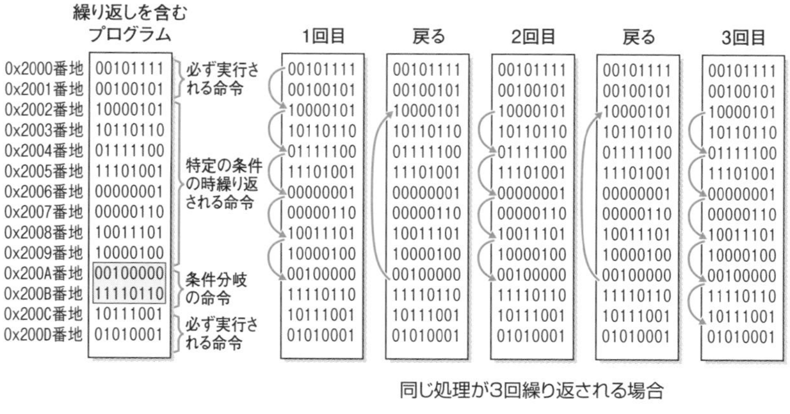

図8.14 反復処理（繰り返し）

デフォルト　　　　　　　　　　　　　　　　　Column

　パソコンを使っているとよく「デフォルト」という言葉が使われます。

　　default［名詞］怠慢、債務不履行、欠席、不出場

　コンピュータの世界で、デフォルトというと「特別な要望をしなかったときに採用されること」というような意味になります。初期値や初期設定という意味でも使われます。C言語にもdefaultという命令がありますが、これは、

　　「switch文（選択処理の1つ）で、指定された条件のすべてに一致しなかった場合に処理される部分」

という意味になります。

　このデフォルトという言葉は日常生活で使うことができます。例を示しましょう。

- にぎり寿司は、デフォルトでわさびが入っています（要望があればわさびを抜きます）
- 牛丼を注文すると、デフォルトだと並盛が出てきます（要望があれば、大盛や特盛、メガ盛、ギガ盛、テラ盛、つゆだく、ねぎだくに変更できます）
- 今晩の食事はデフォルトでタイのグリーンカレーです（要望があれば北海道スープカレーに変更します）」
　　　　・・・

　皆さんも「デフォルト」という言葉を使ってみましょう。選択処理についての理解が深まるかもしれません。

　同じ結果を得るにしても複数の処理方法が存在するのが普通です。できるだけ効率が良くなる方法を採用するのが望ましいでしょう。具体的には次のようなことが考えられます。

- 計算量が少ない
- プログラムが小さくなる（キャッシュメモリに入り切ると素晴らしい！）
- データ容量が小さくなる
- 開発期間が短い
- バグが入りにくい

　この中の最初の「計算量」は「オーダ」と呼ばれます。バイトオーダとは意味が異なります。この「オーダ」は10番台や100番台のような、大まかな桁数のような意味になります。

　オーダはデータが n 個あったときにどれだけの処理時間がかかるかを概念的に表したものです。詳しくは情報科学の本で学ばないといけませんが、ここではその概念だけを説明しましょう。

$$\mathrm{O}(n)$$

と書けば、データの数に比例して処理時間が多くなります。例えば、$1 \sim n$ の数の和を計算するときに、

$$1 + 2 + 3 + 4 + ...n$$

を計算すれば n の値に比例して処理時間が長くなります。これを $\mathrm{O}(n)$ と書き、「オーダーエヌ」と呼びます。ところが

$$n(n+1)/2$$

という数学の公式を使うと n の値の大小に関係なく、ほぼ一定の時間で計算できます。これを $\mathrm{O}(1)$ と書き「オーダーイチ」と呼びます。

　$\mathrm{O}(1)$ は理想的なアルゴリズムです。$\mathrm{O}(2^n)$ は n が少し大きくなっただけで計算できなくなるため非現実的なアルゴリズムです。プログラムを作るときには、できるだけ $\mathrm{O}(n \log n)$ 以下になるアルゴリズムがないか考えましょう。

$$\mathrm{O}(1) < \mathrm{O}(\log n) < \mathrm{O}(n) < \mathrm{O}(n \log n) < \mathrm{O}(n^2) < \mathrm{O}(n^3) < \mathrm{O}(2^n)$$

しかしながら、オーダだけにとらわれすぎるのも問題です。CPUチップやGPUチップの高速化・並列化、メモリの大容量化、莫大な数のコンピュータを並列駆動して処理するなど、総合的なコンピュータの処理速度の爆発的な向上により、今まで不可能と思われていたような計算量の演算が可能になってきたからです。AIが急速に進化していったのも理論よりも実践的な面が大きいとも言えます。

Exercises

演習問題

Ex8.1 | 次の英単語の読み方、意味が分かりますか？

	読み方	意味
flow	(	) (	)
chart	(	) (	)
if	(	) (	)
else	(	) (	)
switch	(	) (	)
while	(	) (	)
for	(	) (	)
iteration	(	) (	)
index	(	) (	)
default	(	) (	)

Ex8.2 | 次の計算結果を求めるフローチャートを書いてみましょう。

今日の日付（Y年M月D日）と、生まれた日付（y年m月d日）を入力して、年齢を求め、出力する。

Ex8.3 | 分岐を使って次の結果を求めるフローチャートを書いてみましょう。

点数が60点以上だったら合格、60点未満だったら落第と表示する。

8

処理の流れ

Ex8.4 | ループを使って、次のかけ声をするフローチャートを書いてみましょう（略の部分も省略せずに出力するフローチャートを書きましょう）。

「ひつじが 1 匹」「ひつじが 2 匹」「ひつじが 3 匹」「ひつじが 4 匹」「ひつじが 5 匹」「ひつじが 6 匹」「ひつじが 7 匹」....（略）....「ひつじが 99 匹」「ひつじが 100 匹」「Zzz...」

Ex8.5 | ループを使って、次のかけ声をするフローチャートを書いてみましょう。

「5」「4」「3」「2」「1」「0」「発射！」

Ex8.6 | 10 の階乗を求めるフローチャートを書いてみましょう。書けたら、本書の factorial 関数と比較してみましょう。

第**9**章

関数

Cのプログラムは「1つのmain関数」と「その他の複数の関数」から作られます。「関数を利用する」「関数を作る」ことができなければ、Cでプログラムを作ることはできません。
関数を作れるようになるための基礎知識について、しっかりと理解しましょう。

関数とは?

数学の関数のおさらい

　C言語の関数を学ぶ前に、数学の関数を理解していることはとても大切です。Cの関数は数学の関数に似ている面があるからです。でも、違う面も多いので注意しなければなりません。この項での説明は、厳密な数学の話ではなく、Cを学ぶための話だと思って読み進めてください。

　数学の関数は次のような意味があります。

　　yはxによってただ1つの値が定まるとき、yはxの関数と呼ぶ。

　例えば、$y = 2x + 2$という関係が成り立てば、yから見れば、xの関数になっていることになります。これを数学では次のように表します。

$$y = f(x) \quad ただし \quad f(x) = 2x + 2$$

　$f(x)$がyを定義する関数であり、「yは関数$f(x)$で表される」などと表現します。$f(x)$のfが関数名です。なぜfが使われるかといえば、functionの頭文字だからでしょう。同時に複数の関数を扱いたい場合には$g(x)$や$h(x)$など別の名前で関数を定義します。

　関数の括弧の中にxと書かれています。このxが重要で、xの値によってyの値が決まることになります。例えば、

$$f(1)ならy = f(1) = 2 \times 1 + 2 = 4 \; で \; y = 4、$$
$$f(2)ならy = f(2) = 2 \times 2 + 2 = 6 \; で \; y = 6、$$
$$f(3)ならy = f(3) = 2 \times 3 + 2 = 8 \; で \; y = 8$$

という値になります。数学ではこのxのことを媒介変数やパラメータと呼びます。

　　parameter［名詞］（数学、統計学の）媒介変数、母数、限定要素、要因、
　　　　　　制限（範囲）

　Cではxのことを引数（ひきすう）と呼んだりパラメータと呼んだりします[*1)]。引数というのは、「関数に値を引き渡す数」といった意味になります。「引数」

[*1)]　厳密にはxなどの関数定義の（　）の中の変数を仮引数（パラメータ：parameter）と呼び、実際にxで渡される値を実引数（アーギュメント：argument、9.2.2項参照）と呼びます。

を「いんすう」と呼ばないように注意してください。

この関数は x という引数1つで y の値を決めていました。引数が2つで値が決まる関数もあります。

例えば三角形の面積を求める関数を考えてみましょう。底辺の長さを l、高さを h とすると、三角形の面積 s を求める関数 $g(l, h)$ は次のように定義することができます。

$$s = g(l, h) \quad \text{ただし} \quad g(l, h) = \frac{lh}{2}$$

数学で関数を使うのはなぜでしょうか？　その理由は「式に名前を付けたい」からでしょう。名前が付いていないと、説明文を書くのが大変です。Cプログラミングでも基本的には同じです。処理に名前を付けたいのです。そしてプログラミングの世界では名前のことを「シンボル」（2.5.2項参照）と呼ぶのです。

9.1.2　Cの関数

Cの関数も数学と似ています。階乗のプログラムでは factorial という関数が使われていました。

```
x = factorial(n);
```

これは factorial という関数に引数 n の値を渡し、factorial 関数に書かれたプログラムに従って演算処理を行い、処理結果を x に代入するという意味です。関数から返される値を「戻り値」といいます。Cの関数は、「引数」を与えると、「処理」をして、「戻り値」を返してくれます。

Cの関数は「引数」と「戻り値」が必ずあるとは限りません。引数はあるが戻り値がなかったり、戻り値はあるが引数がなかったり、両方ともなかったりする場合があります。下記はそうした関数の例です[*2]。

```
y = sin(x)      /* sin関数は引数も戻り値もある */
exit(0)         /* exit関数は引数はあるが戻り値は無い */
c = getchar()   /* getchar関数は戻り値はあるが引数は無い */
abort()         /* abort関数は引数も戻り値も無い */
```

引数や戻り値が無いことを「ボイド」といいます。英語では void と書きます。

[*2]　それぞれ、sin は「正弦を求める」、exit は「プログラムを終了させる」、getchar は「標準入力から1文字入力する」関数です。abort は「プログラムを異常終了させる」関数で、Unix系OSなどで利用できます。

void［形容詞］全く無くて、欠けて、空（から）の、空虚な、（家など）あ
いた、欠員の、無効の

voidは、「引数」や「戻り値」が「無い」という意味を表すだけで、それ以
外には特別な意味はありません。Cを教えていると、

「voidがよく分からない」

という声を良く聞くのですが、特別な意味は何もありません。「無い」ことをは
っきり示したいからvoidと書くのです。voidは、

「リンゴが0個ある」

のように、何も無いことを数学的に表現するのと同じことだと思ってください。

関数を作る理由

数学の関数は$f(x)$のように、1文字の名前で表されることが多いのですが、C
の関数は処理内容が分かるように長い名前が付けられるのが普通です。例えば
「階乗を計算する関数の名前はfactorial」という具合です。

数学の関数は計算しかできませんが、Cの関数は計算だけではなく、さまざま
なことができます。画面に文字を出力したり、円を描いたり、音を鳴らしたり、
現在の時刻を教えてくれたりします。必ず決まった処理が行われるとは限りま
せん。呼び出すと乱数（でたらめな数）を教えてくれる関数もあります。付録
A.1の「ブラックジャック」のプログラムでは、乱数を使って引くカードが毎回
変わるようにしています。そうしなければゲームとして面白く無いからです。

関数には主に次の4つの役割があります。

1）複雑で絡み合った仕事を、基本的な仕事にまとめる。プログラムを分かり
　やすくする。
2）関数の内部の処理が分からなくても、その関数を利用できるようにブラッ
　クボックス化する。長いプログラムが作りやすくなる。
3）一度作った関数を同じプログラム内で何度も利用する。プログラムが短く
　なる。

４）一度作った関数を別のプログラムで再利用する。プログラムを作る手間が減る。

結局、

「物覚えが悪い人ほどたくさんの関数を作る。」

と、言えなくもありません。でも、どんなに物覚えがいい人でも、10年前、20年前に作ったプログラムを隅から隅まで覚えていられないでしょう。そんなときでもプログラムを「関数」に分けておき、その関数の説明をきちんと書いておけば、後からプログラムを見たときに、理解の手助けになるのです。

関数の作成と文書化（ドキュメント化） Column

プログラムを作ったり拡張しようとするときに、「せっかくだから先輩や自分が過去に作った関数を利用しよう」と思っても、利用方法が書かれた文書が整備されていないことがあります。そうするとその関数の中身を読まないと使えなかったり、関数内部のエラー処理が不完全で危なくて使えないことがあります。そうすると結局似たようなプログラムをもう一度作らなければならなくなる可能性が高くなり、楽ができません。そうならないように、みなさんが関数を作るときには「文書化」することを心がけてください。仕事で作るプログラムならば、会社ごとに文書の書式が決まっている場合があります。その場合には、それに従って文書を作成すればいいでしょう。

もし書式が決まってない場合には、最低限次のことを書くようにしましょう。

１）入力（引き数）
２）出力（戻り値）
３）処理内容
４）注意点

きちんと文書化することは、他人のためとは限りません。今日作ったプログラムを明日には忘れてしまうかもしれません。明日忘れなくても、1年後には忘れてしまうかもしれません。将来自分がそのプログラムを修正する可能性があるならば、文書化しておくことはとても重要なことなのです。

9

関数

9.2 関数の基礎知識

9.2.1 メインルーチンとサブルーチン

　何かの仕事をするときには、柱となる仕事と、それに付随する補助的な仕事に分かれます。処理内容を分析して、小さな仕事に分解して考えることはとても大切です。

　どのような仕事に分解するかを決めることは第10章で説明する「設計」に含まれます。うまく設計できれば、プログラムの行数を短く作ることができ、プログラムの作成にかかる期間を短くすることができ、含まれるバグも減らすことができます。

　同じプログラム中で何回も似たような処理をするのはむだです。似たような処理はモジュール化して関数にできないか考える必要があります。

　プログラムは「メインルーチン」と「サブルーチン」から構成されます。Cのプログラムには1つのmain関数と、サブルーチンとなるたくさんの関数から構成されるのが普通です。関数がルーチンの単位であり、モジュールを構成する基本単位になっています（3.1.4節も参照してください）。

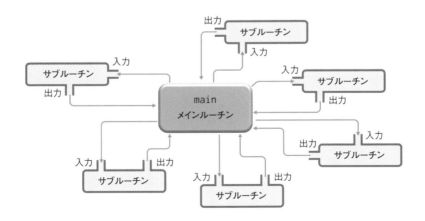

図9.1　メインルーチンとサブルーチン

オブジェクト指向　　　　　　　　　　　　　　　　　　Column

　C言語は手続き型言語と呼ばれます。現在は、C++やJava、Pythonなど、オブジェクト指向プログラミングが可能な言語が主流になってきています。

　手続き型とオブジェクト指向では何が違うのでしょうか？

　手続き型言語は、図9.1のように「処理」が重要で、その「処理」に出し入れするデータを考えながらプログラミングをします。

　これに対してオブジェクト指向では「データ」が重要で、その「データ」に対してどのような処理が必要になるかを考えながらプログラミングをします。

　料理で例えてみましょう。

　手続き型言語の場合「なべ」「フライパン」「包丁」「電子レンジ」「ゴミ箱」などの機能（関数）を考え、何を入れて、どんな処理がおこなわれ、何が出てくるかを考えます。

　例えば「包丁」に「玉ねぎ1個」と「みじん切りをする」を入れたら「みじん切りになった玉ねぎ」が出てくる、「フライパン」に「みじん切りになった玉ねぎ」と「加熱する」を入れたら「飴色玉ねぎ」が出てくるという感じです。

　これに対して、オブジェクト指向の場合には「野菜」「果物」「肉」「魚」などの目的・対象（オブジェクト）を考えます。そして、目的、対象（オブジェクト）に対してどのような処理方法（メソッド）を行う必要があるかを考えます。また、それぞれの目的・対象（オブジェクト）は状態（属性）を持っています。それを変化させるのが処理方法（メソッド）になります。

　例えば「玉ねぎ」があったとします。「玉ねぎ」の状態（属性）には「重量」、「生、茹でた、炒めた、腐った」、「未加工、みじん切り、くし形切り、輪切り、角切り」などがあります。

　「玉ねぎ」の処理方法には「みじん切りをする」「炒める」「煮る」「仕入れる」「廃棄する」「食べる」などがあります。

　「玉ねぎ」に対してまず「仕入れる」ことをしました。そうしたら「玉ねぎ」は「200g」「生」「未加工」の属性になりました。

　次に「玉ねぎ」に対して「みじん切りをする」という処理方法をしました。そうしたら「玉ねぎ」の属性が「200g」「生」「みじん切り」になりました。

　今度は「玉ねぎ」に対して「炒める」という処理方法をしました。そうしたら「玉ねぎ」の属性が「100g」「炒めた」「みじん切り」になりました。

　このように、処理が中心になるのが「手続き型」、データが中心になるのが「オブジェクト指向」です。本書を終えられたあとでオブジェクト指向を学ぶ場合には参考にしてみてください。

9

関数

引数と戻り値

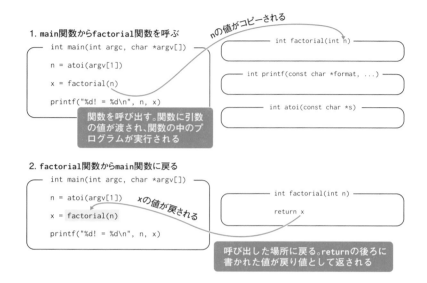

図9.2 関数の引数と戻り値

　関数を作成するときには、仮引数（パラメータ）の型と戻り値の型を指定する必要があります。本書のfactorial関数の場合には

```
int factorial(int n)
{
  ...
}
```

のような書き方になっています。これはfactorialの左側のintが「戻り値」の型を示し、（ ）の中のint nが「仮引数の型がint型である」ことを示しています。仮引数や戻り値が無いときには9.1.2項で説明したvoidと書きます。仮引数が複数ある場合には、カンマで区切って順番に並べます。

　実際に関数呼び出しが行われる様子は図9.2のようになります。CPUの処理すべき命令が関数を呼び出す命令に来たら、呼び出した側の「引数」を関数内の「仮引数」にコピーして、その関数の処理に飛びます。そして関数内部の処

理が終わったら「戻り値」が元の関数に戻されます。

実際に引数として渡される値を英語で**アーギュメント**といい、戻り値を**リターンバリュー**といいます。

argument［名詞］議論、論争、主張、言い争い、論点、要旨

return［名詞］帰り、復帰、返却、返事、報酬、報告、（ボールの）打ち返し、リターンマッチ

value［名詞］価値、値打ちがある物、評価、真義、明度、（音楽）音符・休符の表わす長さ、数値

また、引数の意味や、機能、戻り値の意味など、関数の仕様のことをAPI（**Application Programming Interface**）と呼びます。APIは関数を利用するときの「窓口」と考えればいいでしょう。関数に仕事を依頼するときには決められた手続きに従わなければなりません。関数を呼び出すときに、関数に入力する「引数」と関数から出力される「戻り値」の対応関係ともいえるでしょう。

9.2.3 関数を使うときには宣言が必要

関数を使うためには事前に宣言が必要です。何のために宣言をするかといえば、「引数の型と順番」、「戻り値の型」をはっきりさせるためです。引数は5.3.4項で説明したスタックに積まれてから関数に渡されます。このときに、スタックに積む引数の型と順番が間違っていたら、正しく渡せません。また戻り値は5.2.1項で説明したレジスタを介して渡されます。戻り値の型が一致していないと、レジスタに格納されている戻り値を正しく認識できなくなります。

関数を使うときには宣言をします。この宣言を**プロトタイプ宣言**と呼びます。

prototype［名詞］原型、模範、（生物の）原形

プロトタイプ宣言の例を示しましょう。例えば9.1.2項で登場した関数の場合には、プロトタイプ宣言は次のように書きます。

```
double sin(double); /* 引数は double型、戻り値も double型 */
void exit(int);     /* 引数は int型、戻り値は無い */
int getchar(void);  /* 引数は無い、戻り値は int型 */
void abort(void);   /* 引数は無い、戻り値も無い */
```

図9.3のプログラムですと、3行目がfactorial関数のプロトタイプ宣言になっています。printfなどのライブラリの関数を使うときにもプロトタイプ宣言が必要です。

図9.3を見てもprintf関数のプロトタイプ宣言が見つからないかもしれませんが、実はちゃんとあります。「stdio.h」に書かれているのです。#include <stdio.h>と書いて、stdio.hファイルをその位置に挿入すると、printfのプロトタイプ宣言が行われることになるのです。このプログラムでは、そのためにstdio.hをインクルードしていたのです。

このようにライブラリ関数を使用するときには、「その関数を使用するために必要となる宣言が含まれているヘッダファイル」をインクルードする必要があります。

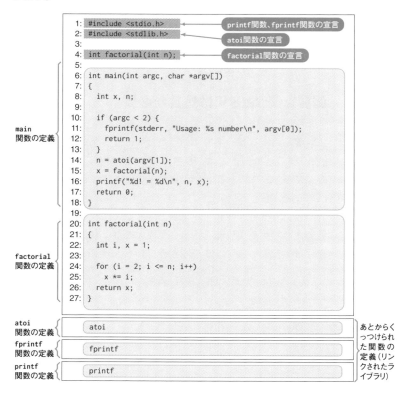

図9.3 関数の宣言と定義

9.2.4 スコープ（通用範囲）

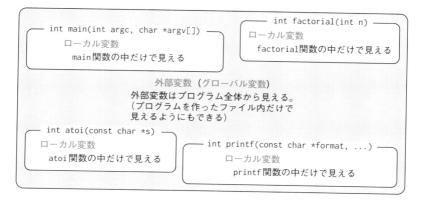

図9.4 スコープ（通用範囲）

　プログラムを実行しているプロセスの中では、どの関数を処理していても同じアドレス空間のままです（アドレス空間については 5.3.5 項参照）。つまり、ある関数から読み書きできるメモリ領域は、別の関数からも読み書きできるということです。これはプログラムを作成するときに、とても便利ですが、面倒なこともあるのです。

　どういうことかというと、

　　main関数の中で変数 i を使っていたとします。サブルーチンの中で変数 i の
　　値を変更しました。main関数の中の変数の値は変化するでしょうか？

という質問で考えましょう。値は変化するでしょうか？　変化するとしたら、main関数の中で使用しようと思った変数名が、利用するサブルーチンの中で使われているかどうかを調べなければならなくなります。自作のサブルーチンだけではありません。printfなどのライブラリの中で使われている変数も調べなければなりません。これはとても大変な作業です。

そこでスコープ（通用範囲）という仕組みが使われます。

scope［名詞］（知力・研究・活動などの及ぶ）範囲、視野

スコープとは「見える範囲」という意味です。スコープでは、関数ごとに見える変数と見えない変数が作られます。すべての関数から見える変数を外部変数（エクスターナル変数）、特定の関数の中だけで見える変数を局所変数（ローカル変数）と呼びます。外部変数のことを大域変数（グローバル変数）と呼ぶこともあります。

external［形容詞］外部の、外の、外国の、（内服薬でなく）外用の
local［形容詞］場所の、土地の、地方の、（病気など）局所的な、（電話が）
　　　　　　　市内の、（電車の）各駅停車の
global［形容詞］地球全体の、世界的な、全体的な、包括的な、球状の

このスコープにより、同じアドレス空間を使っていても、別の関数からは見えなくすることができます。

大規模なソフトウェアを開発するときには、

3人でサブルーチンを作りあって、1つにまとめる

ということも行われます。こういうときには、あらかじめ外部変数（大域変数）については3人できちんと話し合わなければなりませんが、ローカル変数については各自の判断で名前を付けても問題ないのです。

9.2.5 関数とマクロとインライン関数

関数は外部に処理が用意される

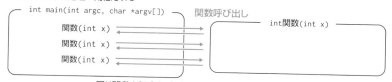

同じ関数を何度も呼び出すと、同じプログラムが何回も実行される
プログラムはスリムになるが、処理速度が遅くなることがある

マクロとインライン関数は内部に埋め込まれる

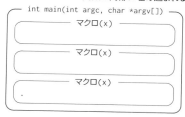

同じマクロ（インライン関数）を何度も使う
と、その箇所に全く同じ処理が挿入される。
処理速度が速くなることがあるが、プログラ
ムが大きくなる。（プログラムが大きくなる
と、プログラムの実行速度は落ちる）
なおC言語の規格のC99以降は、マクロの代
わりにインライン関数を使うことが奨励され
ている。（C99についてはp.130コラム参照）

図9.5 関数とマクロ（インライン関数）の違い

関数と似たものに「マクロ」があります。

macro［接頭語］「大きい」「長い」の意味（ギリシャ語）

マクロは「同じことを何回もするのは面倒だ。1回登録したら、自動的にそ
の処理をしてくれたら楽ができる。」ということを実現するときに使われます。
つまり「一つ一つのミクロな命令をまとめて大きな一つのマクロな命令とする」
という意味です。Cのマクロは3.1.6項で説明したプリプロセッサが処理してく
れます。つまり「エディタ」の機能として実現されています。

関数とマクロは似たような機能を実現してくれますが、図9.5のように実際の
動作はかなり異なっています。関数は「特定の処理が外部に用意され、それを
呼び出す」という処理になりますが、マクロの場合は「特定の処理を特定の場
所に埋め込む」という形になります。またマクロと似た機能を実現する「イン
ライン関数」が使える場合があります。これはプリプロセッサではなく、Cコ
ンパイラが「特定の処理を特定の場所に埋め込む」ことになります。

関数の場合には「特定の関数の中から、その関数自身を呼ぶ」という再帰が
できますが、マクロやインライン関数の場合にはそれができません。

9.3 関数呼び出しの仕組み

9.3.1 関数とメモリ

　結局のところ、C言語の関数は、CPUが理解できる命令で作られたプログラムにすぎません。プログラムはメモリに置かれます。当然、プログラムを構成する関数もメモリに置かれることになります。メモリ上に配置された関数の実態を関数オブジェクトと呼びます。関数名のmainやprintfは、これらの関数オブジェクトの実行開始アドレス（エントリーポイント）を表しているシンボルなのです。

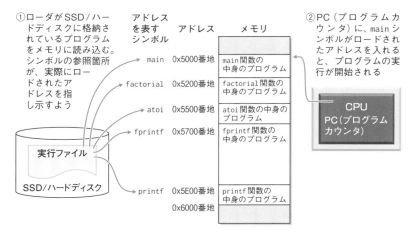

図9.6　関数の実際

　プログラムを「ローダ」がメモリに読み込むと、mainというシンボルが示しているアドレスからプログラムの実行が開始されるように、CPUのプログラムカウンタ（5.2.4項参照）にmainのアドレスがセットされます。mainは特別な関数名（シンボル）で、プログラムの実行時に一番最初に呼ばれるアドレスを表しているのです。つまり、**プログラム全体のエントリーポイント**を表しているのです。

9.3.2　関数呼び出しの実際

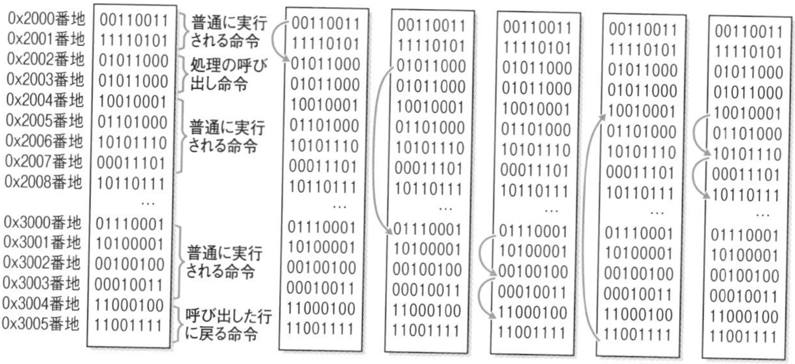

図9.7　関数呼び出し

　関数を呼び出すときには、関数名の右側に（ ）を書きます。実はこの（ ）は演算子です。（ ）は「関数を呼び出す演算子」です（演算子については第6章参照）。

```
printf("hello, world\n");
```

　関数名のprintfという名前は、（ ）を付けないprintfだけで意味があります。「printf関数のエントリポイント」を表しています。printfという名前自体はメモリ上のアドレスを指し示すポインタなのです。メモリに配置されたprintf関数を呼び出すためには具体的には何をしたらいいでしょうか。それは5.2.4項で説明したようにCPUの「プログラムカウンタ」にprintfポインタが指し示しているアドレスを入れればいいのです。そうすればprintf関数が実行されますが、その前にすることがあります。関数に「引数」を渡す作業が必要です。引数の受け渡しは「スタック（5.3.4項および9.3.3項参照）」を使って行われます。この例の場合は"hello, world\n"という文字列が格納されているアドレスがスタックに保存されます。それから関数の処理が終わった後で、元の処理に戻ってくるための作業も必要です。つまり関数の処理が終わった後で戻ってくるアドレスがわかるように保存しておく必要があります。これにもスタックが使われます。

　このような事前準備が行われてからprintfのエントリポイントが「プログラムカウンタ」に入れられて関数呼び出しが行われます。これらの処理をしてくれる演算子が、関数名の右に書く（ ）なのです。（ ）自体に意味があるため、（ ）

の中に何も書く必要がなくても（）を省略することはできないのです。演算子
の中でも（）演算子はとても重要な演算子です。

9.3.3 関数呼び出しとスタック

　関数を呼び出すときには、引数の値を渡します。渡す値はスタック（5.3.4項
参照）を使って渡されます。渡された側ではスタックを参照することで、渡さ
れた値を知ることになります。

　文字列や配列、構造体を関数に渡すときには、「アドレス渡し」や「ポインタ
渡し」が行われるのが普通です。配列や構造体の先頭アドレスだけをスタック
に格納して渡す方法です。この方法はスタックに大量のデータをコピーしなく
て済むため、処理速度が速くなるという利点があります。これはとても重要な
ことです。例えばゲームなどで画面を動き回るキャラクタがいたとします。そ
のデータは配列や構造体に格納されています。しかも1MBぐらいのデータ量だ
ったとします。これを関数呼び出しするたびにメモリにコピーをしていたので
は処理に時間がかかってしまいます。キャラクタがぎこちなく動いたり、操作
が重くなって遊んでいられないかもしれません。これはゲームに限らず、ワー
プロソフトでもグラフィックソフトでもどんなソフトでも関係する話です。こ
のようにメモリコピーを減らすことはコンピュータを高速に使うためにとても
重要なことなのです[3]。

　さらに、スタックには「呼び出す関数の処理が終わって戻ってきたときに実
行されるアドレス」も格納されます。つまり、関数の処理に飛ぶ直前に「プロ
グラムカウンタが指し示していたアドレス」をスタックに格納するのです。そ
の後でCPU内部のプログラムカウンタに、呼び出す関数のエントリーポイント
が入れられます。このようにして関数呼び出しが行われます。

　関数の内部でもスタックを利用します。関数内でレジスタの値を変更すると
きには、変更する前にそのレジスタの値をスタックに保存しなければなりませ
ん。関数から元の処理に戻るときには、レジスタの値を元通りにします。そう

---

[3]　今ではないことが考えられないインターネット。それを動かしているプロトコルのTCP/IPの開発
では「いかにメモリコピーを減らせるか」が課題になっていました。そしてメモリコピーの回数を
できるだけ減らすことこそが実用的な通信を行う上でとても重要だと考えられ、設計と開発が進
められました。このTCP/IPを追うように国際標準化団体ISOによって華々しくOSIというプロトコ
ルが登場しました。しかしながらOSIではメモリコピーを減らすことの重要性が考えられていませ
んでした。その結果、実用的な通信速度を出すことができませんでした。このためOSIは普及せず、
TCP/IPが普及したのです。TCP/IPで動いているインターネットが普及したのは「メモリコピーを減
らせる設計、実装（プログラミング）」になっていたからだ、ということも大きな要因なのです。

しないと、関数から元の処理に戻ったときに、それまでやっていた処理を続行できなくなります。関数呼び出しとは、5.3.4項のコラムで説明した「話をしていて横道にそれる」のと同じようなことなのです。

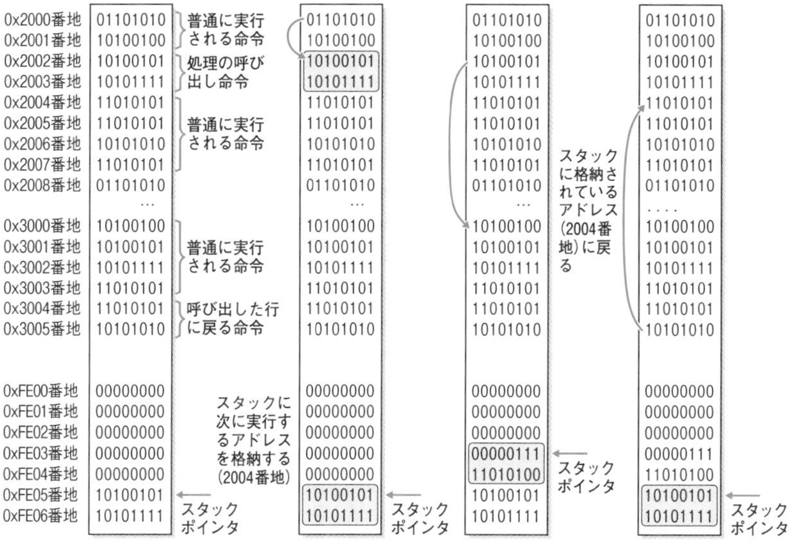

図9.8 関数呼び出しとスタック

　関数の処理が終わって元に戻るときには、return文を使って戻り値を指定します。この戻り値はレジスタに格納されて、呼び出した側に伝えます。整数型やポインタ型のときには汎用レジスタのどれかに格納されます。実数型のときには浮動小数点レジスタのどれかになります。どれになるかは、CPUの種類ごとにだいたい決まっています。

　戻り値の型を整数型にするか実数型にするかは、プログラムを作る人が決めます。プログラムを書くときの宣言で「戻り値の型」として指定します。これを正しく設定しないと、戻り値がおかしくなってしまい、プログラムが正しく動かなくなってしまいます。

　関数の処理が終わって呼び出したところに処理が戻るときには、スタックの位置を呼び出す前の状態に戻したり、変更したレジスタの値を戻したり、さまざまな処理をします。これらの処理はすべて「関数呼び出しをする前の状態に戻す」ための処理です。「横道にそれた話から元の話に戻る」のと同じようなことだと思ってください。

main の引数と戻り値 Column

　Cプログラミングの勉強を始めたばかりの人の中には、書籍によってmain関数の書き方が違うため、混乱する人がいるようです。例えばK&Rには次のような書き方が登場します。

```
a) main()
b) int main(int argc, char *argv[])
c) int main(int argc, char **argv)
```

　これらはいずれもmainの書き方として正しいのです。
mainは、

　戻り値がint型
　1つ目の引数はint型、2つ目の引数はchar型へのポインタ配列

と決まっています[*4]。ですから、b）とc）の書き方が正しいのですが、a）の書き方でもかまいません。
　a）はmainの左側に何も書かれていませんが、書かれていないと「intと書かれているのと同じ意味」になります。Cには「省略時はint」という規則があるためです。引数を使用しないときには、書かなくてもいいことになっています。引数を使用しないことを次のようにvoidと書いて、明示的に示してもかまいません。

```
d) int main(void)
```

　ただし、次の書き方は間違いです。

```
e) void main(void)　　（誤り）
```

　voidは「何もない」ことを意味しますが、mainの戻り値はint型と決まっているためmainの左側にvoidと書いてはいけません[*5]。

一番短いCプログラムはmain; Column

一番短いCプログラムはなんだと思いますか？

```
main()
{
}
```

---

*4) Unix系OSでは3番目の引数を利用することができます。具体的には次のように書くことができます。
int main(char argc, char *argv[], char *envp[])
*5) 例外もあります。組込みシステムなどでは、このように書くことがあります。

でしょうか？私の答えは

```
main;
```

です。

　「そんなバカな！」

　Cを少しでも知っている人はそう思われるかもしれません。でも入力してみてください。警告が表示されるかもしれませんが、コンパイル（ビルド）できます。ただし実行した時の結果は不定です。

　これは一番短いCプログラムにも関わらず「Cプログラミング入門以前」の最後を締めくくるには難しすぎるプログラムコードかもしれません。このプログラムが理解できなくてもCで複雑なプログラミングをすることができます。Cの上級者、Cのプロのプログラマになることができます。

　しかし、これはC言語の柔軟性と危険性を理解するための良い教材だと思いますので少し解説をしたいと思います。本書のことを忘れるぐらいプログラミングをしたあとで、気になったらもう一度ここを読み返してみてください。

　このプログラムの意味は「初期値0のint型のグローバル変数mainを用意する」になります。「mainは関数じゃないの！？」と言われればそうですが、mainはシンボルです。シンボルとはオブジェクトが格納されているメモリのアドレスを表すものであり、それが関数オブジェクトだったり変数オブジェクトだったりするのです。

　実行すると機械語0x00000000が実行されます。従来型のOSの場合には本当に実行されますが、最近のモダンなOSの場合にはセキュリティ制限に引っかかって、機械語0x00000000を実行できず、プログラムが中断します。なぜかといえば、関数オブジェクトはテキストセグメントに格納され、変数オブジェクトはデータセグメントに格納されます。セキュリティが強化されたOSではデータセグメントは実行できないため、このプログラムを実行しようとするとエラーになるのです。

　データセグメントが実行されてしまうOSでもこのプログラムは異常終了してしまうことでしょう。機械語0x00000000が「ここで終わり」を意味する機械語命令ではない限り、CPUはこの先のメモリに格納されているデータを正しい命令だと信じて実行し続けます。その結果、いつかは不正な処理をしてエラーになることが多いでしょう。最悪の場合にはフリーズしたり、システムが破壊されたり、情報漏洩などにつながる可能性もあります。C言語はメモリ上にどんなデータが格納されているかわからない領域でも安易に実行できてしまう可能性があるなど、気をつけなければならない言語でもあるのです。

 **Exercises** —————— 演習問題

Ex9.1 | 次の英単語の読み方、意味が分かりますか?

	読み方			意味	
parameter	(	)	(		)
void	(	)	(		)
argument	(	)	(		)
return	(	)	(		)
value	(	)	(		)
prototype	(	)	(		)
scope	(	)	(		)
external	(	)	(		)
local	(	)	(		)
global	(	)	(		)
macro	(	)	(		)

Ex9.2 | 「引数」は、なんと読みますか?

Ex9.3 | 日常生活についてよく観察すると、我々は関数のようにまとまった処理をしてくれる製品をよく使ってることに気がつくはずです。関数をプログラミングのことだけと考えず、日常生活に例えて考えることもプログラミングの上達に効果があります。次のような関数があったとしたら、どのような処理をしてくれるでしょう。頭を柔軟にして、引数と戻り値と処理内容について考えてください。

電子レンジ	(	)	炊飯器	(	)
ミキサー	(	)	食器洗い乾燥機	(	)
洗濯機	(	)	自動販売機	(	)
ペット	(	)	自分	(	)

第10章

ソフトウェア開発の基礎

ある程度の規模のプログラムを開発することになったら、いきなりプログラムを作るのではなく、計画的にプログラムを作るべきです。いきなり作り始めると、なかなか完成しなかったり、目的と違うプログラムになったりなど、困ったことが起こる可能性が大きいのです。

特に、複数の人で1つのプログラムを開発することになったら、いきなりプログラムを作ることはできません。それぞれの人の間で意思の疎通を図ったり、役割分担を決める必要があります。そのためには作成するプログラムの内容を文書化する必要があるのです。このようなソフトウェア開発の基礎知識について学びましょう。

10.1 プログラムの開発と実践

10.1.1 プログラムを作る目的・使用する目的

　なぜプログラムを作るのか考えたことがありますか？　目的を知らずに、「プログラミングの方法」だけを学んでも仕方がありません。プログラミングの目的や位置付けを知らなければ、見当違いのことばかり学んで時間を浪費してしまう可能性があります。時間を浪費せず、「C プログラミングを習得する」という目的に向かって進んでいくために、「プログラムを作る目的」「プログラムの役割」について考えてみましょう。

　我々がプログラムを作るのは、コンピュータで何かをしたいという「動機」があるからです。コンピュータを使う必要がなかったら、プログラムを作る必要はありません。プログラムを作るということは、コンピュータととても密接な関係があるのです。

　「プログラムを作る動機」は人によって違います。天気予報などの科学計算をしたい、会計処理などの金銭計算をしたい、顧客の住所データを管理したい、学生の成績データを管理したい、レポートを作るために文書作成をしたい、物を作るロボットを制御をしたい、ゲームで遊びたい、遠く離れた人と通信をしたい、カップラーメンができたことを知らせるラーメンタイマを作りたい、など、さまざまな目的があるでしょう。これらを実現するためにプログラムを作成することになるのです。

　あなたはどんなプログラムを作りたいですか。プログラミングの力を上達させるためには、「なぜプログラムを作るのか」という「動機」を持つことが大切です。でもプログラミングを初めたばかりのときにはなかなか「動機」が浮かばないかもしれません。どんなプログラムが作れるのか、思いつかないかもしれません。

　ここで知っておいてほしいことがあります。私は多くの学生を指導してきましたが、私が見る限り、プログラミングの上達が早い人は「自分でどんなプログラムを作りたいかを考えて、実際に作ろうと努力する人」です。興味を持ってとことん取り組むと、どんどん上達していくのです。

　逆に「何を作ったらよいのか分からない」と言う人は、いつまでたっても上達しません。このことは、まさに「入門以前」の問題です。プログラミングを

上達したかったら、どんなプログラムを作りたいか空想をふくらませることが大切です。いきなり難しい課題を目指すと挫折してしまうかもしれません。それよりは、小さなハードルを少しずつクリアしていくように、手軽な課題を見つけた方がよいでしょう。自分で思いつかなかったらCの本を開いて演習問題をやってみるのもいいでしょうし、身近な人から課題をもらってもいいでしょう。そういう課題をやりながら、

　　「こういう風に課題を発展させることはできないかな？」

と考えて、自分で課題をアレンジしてみましょう。言われたとおりのプログラムを作るだけではなかなか上達しません。自分で課題を考えて、それを自分で実践できるようになったとき、あなたのプログラミング能力は飛躍的に上達することになるのです。

課題を発展させる　　　　　　　　　　　　　　　　Column

　　自分で課題を考えてみるといっても最初はなかなか難しいかもしれません。そこで、例題を発展させる例を紹介しましょう。

　　K&R第2版のp.10には、℃ = (5/9) (F - 32) という公式（温度の摂氏を華氏に変換するプログラム）を使って、下記左の出力を得るプログラムが掲載されています。これを発展させて右のような表を作るのです。これを作るだけでもかなり実力が向上します。

```
0        -17          Table of C to F
20       -6           +-------+----+
40       4            |celsius|fahr|
60       15           +-------+----+
80       26           |   -30 | -22|
100      37           |   -20 |  -4|
120      48           |   -10 |  14|
140      60     ➡     |    0  |  32|
160      71           |   10  |  50|
180      82           |   20  |  68|
200      93           |   30  |  86|
220      104          |   40  | 104|
240      115          |   50  | 122|
260      126          |   60  | 140|
280      137          |   70  | 158|
300      148          |   80  | 176|
                      |   90  | 194|
                      |  100  | 212|
                      +-------+----+
```

具体的には次のことをする必要があります。

- 温度を、摂氏から華氏に変換する。範囲は摂氏-30～100で、10刻み
- 表の上に表のタイトルを書く
- 表に枠を付ける
- 表の項目名を書く

　ここまでできたら、K&R 第2版の p.28 ページのプログラム（個々の数値と空白文字とその他すべての文字の出現する回数を数えるプログラム）も改造してみましょう。オリジナルの出力結果はこれです。

```
digits = 9 3 0 0 0 0 0 0 0 1, white space = 123, other = 345
```

　これを次のような表にするのです。

```
+--+--+--+--+--+--+--+--+--+--+
| 0| 1| 2| 3| 4| 5| 6| 7| 8| 9|
+--+--+--+--+--+--+--+--+--+--+
| 9| 3| 0| 0| 0| 0| 0| 0| 0| 1|
+--+--+--+--+--+--+--+--+--+--+


+-------------+-------------+
| white space |    other    |
+-------------+-------------+
|     123     |     345     |
+--+--+--+--+--+--+--+--+--+--+
```

　さらに、A～Zの個数、a～zの個数まで表示できるようにすれば完璧です。

```
+--+--+--+--+--+--+--+--+--+--+--+--+--+--+--+--+--+--+--+--+--+--+--+--+--+--+
| A| B| C| D| E| F| G| H| I| J| K| L| M| N| O| P| Q| R| S| T| U| V| W| X| Y| Z|
+--+--+--+--+--+--+--+--+--+--+--+--+--+--+--+--+--+--+--+--+--+--+--+--+--+--+
| 0| 0| 0| 0| 1| 1| 0| 0| 0| 0| 0| 0| 0| 1| 0| 0| 0| 0| 0| 0| 0| 0| 0| 0| 0| 0|
+--+--+--+--+--+--+--+--+--+--+--+--+--+--+--+--+--+--+--+--+--+--+--+--+--+--+


+--+--+--+--+--+--+--+--+--+--+--+--+--+--+--+--+--+--+--+--+--+--+--+--+--+--+
| a| b| c| d| e| f| g| h| i| j| k| l| m| n| o| p| q| r| s| t| u| v| w| x| y| z|
+--+--+--+--+--+--+--+--+--+--+--+--+--+--+--+--+--+--+--+--+--+--+--+--+--+--+
| 3| 0|11|10|18| 7| 6|13|35| 0| 0| 4| 1|21| 8| 4| 0|11| 5|23| 1| 0| 6| 0| 0| 0|
+--+--+--+--+--+--+--+--+--+--+--+--+--+--+--+--+--+--+--+--+--+--+--+--+--+--+


+--+--+--+--+--+--+--+--+--+--+
| 0| 1| 2| 3| 4| 5| 6| 7| 8| 9|
+--+--+--+--+--+--+--+--+--+--+
| 9| 3| 0| 0| 0| 0| 0| 0| 0| 1|
+--+--+--+--+--+--+--+--+--+--+


+-------------+-------------+
| white space |    other    |
+-------------+-------------+
|     123     |     345     |
+--+--+--+--+--+--+--+--+--+--+
```

　このようにプログラムを発展させるアイディアを自分で考えて、楽しみながらプログラミングをする姿勢ができたら、ぐんぐん実力が伸びていくことでしょう。

10.1.2　ソフトウェア開発工程

　動機があればいきなりプログラムが作れるでしょうか？　プログラムを作るためにはそれなりの準備が必要です。初級者が作るような単純なプログラムの場合にはいきなり作れる場合もあるでしょうし、熟練プログラマが1人でプログラムを作るならば、何でも頭の中だけで考えて、完璧なプログラムが作れるかもしれません。

しかし、非常に複雑なプログラムを作ろうとしたり、複数の人でプログラムを作ろうとしたら、必ずやらなければならないことがあります。それは

　「プログラムの設計」

です。プログラムを作り始める前に、どのようなプログラムを作るか十分に考えを練る作業のことです。設計が悪ければ、作り直さなければならなくなるなど後から苦労することがあります。

また、プログラムを作った後でもやることがあります。それは

　「プログラムの検査」

です。完成したプログラムが正しく動作するかチェックする必要があります。そうしなければ、プログラムを作る動機が達成できたかどうか分かりません。

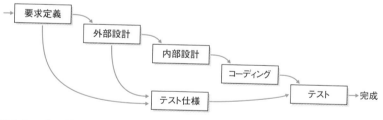

図10.1　プログラムの開発工程（ウォーターフォール）

　プログラムを作っていく課程のことを「ソフトウェア開発工程」といいます。さまざまな開発手順がありますが、最も基本的なのが「ウォーターフォールモデル」と呼ばれるプログラム開発モデルです。ウォーターフォールとは、図10.1のように上から下に向かって水が流れるような順番でシステムを開発していく方法です。他にもたくさんの開発モデルがありますが、まず最初はこのウォーターフォールモデルを学ぶことが大切です。

10

ソフトウェア開発の基礎

10.2 ウォーターフォールモデル

前ページ図10.1で取り上げた「ウォーターフォールモデル」の1つひとつの課程について、少し解説しておきましょう。

10.2.1 要求定義（要件定義）

まず最初にどのようなプログラムを作成するか決めなければなりません。これを要求定義（要件定義）といいます。

家を建てるときに例えれば、要求定義は「その家に住む人」が決めることです。でも、家に住みたい人は曖昧にしか要望を言えないかもしれません。建てる人は専門家ですから何でも知っているかもしれませんが、家に住みたい人の多くは家に関する知識が少ないのが普通でしょう。だから曖昧にしか要望を言えないのです。そこで曖昧な要望をきちんと文書にして間違いがないかどうかを話し合う必要がでてきます。

ソフトウェア開発も同じです。ソフトウェアを使いたい人は、コンピュータのプロとは限りません。コンピュータに詳しくないかもしれません。ですが、その分野に関するプロなはずです。科学計算をしたいならば、物理や数学のプロ、金銭計算をしたければ金融のプロなど、その道のプロのはずです。プログラマは、その人たちが使うためのソフトウェアを作ることになります。でも「その道のプロ」はコンピュータに関する詳しい知識があるとは限りませんので、プログラマに対して曖昧な要求や、コンピュータで実現するのは難しいことを要求してくるかもしれません。

だから、要求をきちんとまとめて、プログラム開発をしやすくするように「要求定義書」にまとめる作業が必要になるのです。完成したプログラムが正しいかどうかは、要求定義を満たしているかどうかで決定されるため、「要求定義を作る作業」はとても大切です。

家を建てるときも、曖昧な要求定義で済ませてしまうと、建てた後で後悔することになりますし、また建て直すのはとても大変です。先に進む前に、要求定義の部分でじっくりと考えることが大切です。

文書作成は情報技術者の仕事　Column

　学生の中には「文書を書くのが苦手」という人が少なくありません。でも、実際にソフトウェア開発をするようになったら、会社によっては、

　　プログラムを書いているのか、文書を書いているのか、どっちか分からない

ほどたくさんの文書を書くことになるでしょう。

　　上司の仕事は、部下が書いた文書の添削

と言われるほどです。情報技術者にとって文書を書くことはとても重要な仕事なのです。

　だとしても、高校や大学で「国語」や「文学」の授業が苦手だった人も心配する必要はありません。学校で習う国語と、情報技術者が作成しなければならない文書には違いがあるからです。

　学校で習う国語は、どちらかといえば「文芸的要素」が強くなっているように思います。音楽や絵画、彫刻などと同じで、高度に文学的な作品は、人の心に感動や安らぎを与えてくれるものです。

　その感動や安らぎを感じたかどうかが「学校教育の国語」の主題になっていて、主人公の気持ちを読み取ったり、作者の意図を感じ取れたかどうかを、テストや作文で採点するのです。高校や大学で国語を教えている教師の方も、「国語は文化である」と考えていますから、その方向性は強くなっていると思います。

　これに対して、情報技術者が作成する文書は少し異なっていて、これから作るソフトや作ったソフト、作業内容などについて正確で不足のない説明が要求されます。感動を与えたり余韻を残す必要はありません。文学作品のように、人によって解釈が異なるようなことがあってはならないのです。「ありのままのことをありのまま伝えなければならない」のです。

　　必要なことは何でも書ききる

という姿勢が大切です。情報技術者にとって、言葉は「コミュニケーションのための道具」です。「仕事の記録」です。「曖昧な表現」をできるだけさけ、正確でわかりやすく書かなければいけないのです。

　正確でわかりやすく書かれた技術文書であっても、その道の技術に精通している人が読むと、ほほえんでしまったり、感動してしまうことがあります。私も技術書を読んで、感動のあまり声を出してしまうことがあります。財布の中身が256円、自動車のナンバープレートが1024だったときに感動してしまう我々は、文学者とは違ったものの見方、考え方が身に付いているのかもしれません。

10

ソフトウェア開発の基礎

　要求定義ができたら、次は要求を満たすプログラムをどのように作るかを考える作業に入ります。これが設計です。

　設計にはプログラムを使う人の立場から見た「外部設計（基本設計）」と、プログラムを作成する人の立場から見た「内部設計（詳細設計）」に分かれます。

　家の建築に例えるならば、「住む人から見える外見・外装部分が外部設計」で「住む人から見えない建物の壁の中、基礎が内部設計」と言えるでしょう。

　例えば「間取り、壁の表面や屋根瓦の材質・色、キッチン、風呂などの設備」は、住む人にとってすぐに分かる部分であり、これが外部設計です。内部設計は「壁や柱・梁の強度、壁の中・床下・屋根裏の断熱材、基礎の耐久性、通風性」になります。素人には分からなかったり、部屋の中からは見えなかったりする部分ですが、地震などへの耐久性や家の寿命、冷暖房効率、光熱費、過ごしやすさに影響します。

　プログラムの場合も同じで外部設計がしっかりしていないと、人にとって使いにくかったり、決められた機能を満たさない場合があります。内部設計がしっかりしていないと、プログラムを作るのが困難で納期に時間がかかったり、処理速度が遅かったり、拡張性がなかったりします。

　設計をするためには、ある程度の「勘」と「経験」が必要です。ですから会社の業務ではプログラミングの経験を積んだ人が要求定義や設計の作業をすることになります。

　プログラミングを学習をしている人にとっては、書籍に載っている課題や教師、先輩が出題した課題が要求定義であり、非常に単純な設計で作成できる課題が出されることが多いでしょう。課題に取り組むときには、使いやすくするにはどうしたらよいか、楽に作るためにはどうしたらよいか、処理速度を速くしたり、拡張性を持たせたりするにはどうしたらよいか、などを考えてください。

　これらの課題を解きながら、問題を出題するにはどうしたらよいか考えると良いでしょう。問題に曖昧な点がないかよく考え、出題者に質問してみるのも良いでしょう。この作業によって、要求定義、設計の勘を磨くことができます。

10.2.3 コーディング（実装）

　プログラムをコンピュータ言語として作成する作業を「コーディング（実装）」といいます。

　　　code［動詞］（電文を）暗号（信号）にする、（コンピュータで）コード化する

　コーディングとはコードを記述することです。つまりCなどのプログラミング言語を使って具体的にコンピュータの仕事内容を書き表す作業です。

　家を建てるときに例えれば「建築」に相当します。大工さんの仕事です。建築がもっとも時間がかかり、もっとも大変な作業です。

　すでに外部設計と内部設計が終わっていれば、それを作るだけともいえますが、そう簡単な話ではありません。設計書には曖昧な点がつきものです。100%完璧に設計するのはまずむりです。かなりの部分をコーディングする人の腕に頼らざるを得ません。ですからコーディングというのはとても大切な仕事なのです。コーディングする人が曖昧さが残る仕様書から完璧なものに仕上げる必要があるのです。

　設計がだめなら、いくら建築やコーディングでがんばっても無意味ですが、どんなに設計がすばらしくても、建築やコーディングの腕が悪ければやはりだめです。最終的に、すばらしい家になるかどうかは大工の腕次第、良いシステムになるかどうかはプログラマの腕次第なのです。

　見習い技術者は、まず「コーディング」から学ぶ必要があります。「コーディング」ができない人が、「外部設計や内部設計」はできないからです。できたとしても、コーディングしにくい設計になってしまっては大変です。

　一流の建築設計士は大工仕事も一通りできるのではないかと思います。釘の打ち方、木の切り方を知らない人が家の図面を書いているとしたら怖いと思いませんか？

　人それぞれ得意不得意があり、自分が決めた道を究めるために精進するため、すべての作業を「プロ並みにこなせる」という人は少ないでしょうが、建築設計士も一通りの作業はできる必要があると思いますし、大工さんも設計図面を誤解無く読める必要があります。

　ソフトウェア開発も同じです。ソフトウェア開発について一通りの作業を経験する必要があります。その上で、自分がすべき仕事を極めていくことになるのです。

10.2.4　テスト

　コーディングが終了したら、プログラムが正しく作られているか検査する必要があります。間違っていたら作り直さなければなりません。

　理屈の上では「要求定義」に書かれている項目をすべて満たしていれば良いことになります。ですから、「要求定義」に従って、どのような検査をすればよいかを決定します。これを「テスト仕様」といい、書き記した書類を「テスト仕様書」といいます。このテスト仕様をすべて満たしていれば「合格」と言うことになります。

　家を建てるときに例えれば、「テスト」とはその家に住む人の要望通りになっているかどうかを調査することです。

　このため「要求定義」はとても大切です。「要求定義」が曖昧ならば「テスト仕様」も曖昧になり、作ったプログラムが本当に作りたかったプログラムかどうかがよく分からなくなります。ですから「要求定義」を作成するときには、最後にどのようなテストをしたらよいかということまで考えながら作成する必要があります。

　でも、はじめから完璧な「要求定義」を作るのは難しいことです。外部設計をしたり内部設計をしているときに、要求定義の誤りや、足りない点に気が付いたり、コーディングをしているときに気が付いたり、テストして初めて間違いに気が付いたりします。でもこれは良い方で、完成したと思って実際に使っているときにトラブルが発生することもあります。

　事前に十分に予想できなかったことが発生すると、プログラムが誤動作して、市民生活に影響を与えることもあります。ですから、多くの人に影響を与えるようなプログラムの場合には、本当に慎重に検討をしながら作成しなければなりません。

間違いの発見はできるだけ早く！

　ソフトウェア開発では、できるだけ早い段階で誤りを発見したいものです。上流行程であればあるほど、修正が簡単にできます。下流行程に行けば行くほど、直すのは大変です。

　これは家を建てるときと同じです。設計する段階で、建て主の要望と設計図面に違いがあることに気が付いたり、建物の耐震強度に問題があることがわかれば、修正は簡単です。図面上で書き換えるだけでよいからです。

　ところが、建築している途中だとそうはいきません。すでに作った壁を壊したり、柱を太くしたりしなければならないかもしれません。

　もっと大変なのは完成した後です。建った後で、「ここが違う」とか「震度5で倒壊する」とわかったら大変です。もしも補強工事ではだめで、建て直さなければならないとしたらどうでしょう。作るときよりも余計にお金がかかってしまうことになります。

　一番大変なのは住んでから誤りが発見されることで、どれほど大変なことになるかは想像に難くないと思います。

　ソフトウェア開発も同じです。要求定義を修正するのは簡単ですが、プログラムを動かし始めてから直すのは大変です。飛行機、電車、自動車の制御プログラムなど、人命に関わるプログラムもあります。このようなプログラムが異常動作したら大変です。

　実際に、飛行機の管制システム、航空券の販売管理システム、銀行の預け入れ支払いシステム、証券取引所システムで異常が発生してサービスが停止し、膨大な数の人に迷惑をかけたことがあります。被害総額はとんでもない金額になってしまいました。

　ですから、間違いの発見は早ければ早いほどよいのです。ソフトウェア開発をするときには、常に矛盾が無いかを考えながら作業をする必要があるということです。

10.3 開発以外に大切なこと

10.3.1 運用

　運用とは、そのプログラムを動かすことです。プログラムにはたくさんの種類があります。ときどき起動するプログラムもあれば、ずっと動きっぱなしのプログラムもあります。

　例えば、電車の駅の自動改札を制御するプログラムは、改札が開いている間はずっと動きっぱなしです。途中で止まると電車を利用する客が困ることになります。運用とは、主にこのような動きっぱなしのプログラムが正しく動くようにきちんと管理することをいいます。

　運用中のプログラムに不具合が見つかるときがあります。このときには早急に修正しなければなりませんが、完璧に修正するには何日もかかる場合があります。しかし「修正が完了するまで自動改札を閉鎖する」ことはできません。手動に切り替えるのはとても大変で、お金もかかります。だから、なんとかだましだまし動かし続けなければならなくなります。だますといっても、人をだますわけではありません。完璧な修正作業をしなくても、なんとか問題が起こらないように手を打つということです。そういうことを

　　「運用でカバーする」

と呼ぶことがあります。もとからプログラムに不具合がなければこんなことにはならないのですが、なかなか難しいことです。新規導入時やバージョンアップ時にはこのような問題がつきものです。ですから、「運用でカバーする技術」というのもとても大切になります。これを身に付けるにはたくさんの経験を積むしかありません。ただ単に、ぼーっとしながら経験を積むのではなく、常に「最善手」を考えながら経験を積むとよいでしょう。そうすればいつの日にか百戦錬磨の達人プログラマになることも夢ではないでしょう。

10.3.2 スキルアップ

スキルアップ（**skill up**）は開発モデルには含まれませんが、とても大切なことです。

skill［名詞］手腕、腕前、技量、（訓練・熟練を必要とする特殊な）技能、技術

「スキル」は「個人が持っている技術」のような意味で、「スキルアップ」は「技術を磨く」というような意味になります。

ソフトウェアを作るときには、ただ単にそのソフトウェアが作れればいいというわけではありません。自分が持っている技術力を向上させ、より高度で高品質なソフトウェアが作れるように成長する必要があります。このため、開発を始める前に、スキルアップの目標を立てることが大切です。今回のソフトウェア開発で何を学ぶのか、どのような技術を身に付けるのか、目標を立てて、開発が終わった後で目標が達成できたかどうかを確認するのです。

はじめは時間がかかっても良いものが作れないかもしれませんが、実力が付くに従って、短期間で良いものが作れるようになってきます。人間、誰しも弱点を持っているものですが、達人技術者になるためには、弱点を克服し、得意な点を更にのばしながら、最新技術に対応していく必要があります。

このことは、研修や授業の課題でも実務でも同じことです。目の前の仕事や課題に追われて、自分の位置を見失ってしまうこともあるでしょうし、がむしゃらにやっているうちに一人前になることもあるでしょうが、常に自分の位置を確認しながら進んでいけるような心の余裕を持ってほしいと思います。

さて、本書を読むことだってスキルアップの1つです。皆さんの技術力はあがったでしょうか？　どうでしょうか？　皆さんのこれからの成長がとても楽しみです。

10

ソフトウェア開発の基礎

　私は大学の教員をしていますが、次のような学生をたくさん見てきました。

　　前期の授業ではすばらしいプログラムを作ってきてくれたのに、夏休みの間
　　にすっかり忘れてしまった。

　大学に入学してから初めてプログラミングを学んだ人の中に、1年生の前期のレ
ポートで6,000行もある大作アドベンチャーゲームを作ってきてくれた学生がい
ました。「これはすごい」「将来が楽しみ」と思っていたのですが、驚いたことに
後期が始まったときには全くプログラムが作れなくなっていました。私もびっく
りしましたが、もっとびっくりしたのは本人でしょう。まるで別人みたいでした。
　これは極端な例ですが、苦労しながら4ヶ月かけて学んだことを2ヶ月で完全
に忘れてしまう人が実に多いのです。私はいつも、

　　夏休み、春休みは要注意！

と言っています。なぜこんなことが起きてしまうのでしょうか。
　人間が物事を学習すると、しばらくの間は脳の「海馬（かいば）」というところ
に記憶されるそうです。海馬は短期記憶を行う部分で、「海馬」だけで学習したら、
そのうちに忘れてしまいます。
　忘れないようにするためには「大脳新皮質」で学習する必要があります。大脳
新皮質は人生そのものを記憶している脳であり、大脳新皮質で覚えたことは死ぬ
まで覚えているかもしれません。ならば最初から「大脳新皮質」で学習したいと
思うかもしれませんが、脳の仕組み上、それはできないそうです。まずは「海馬」
で学習し、それが徐々に「大脳新皮質」に移っていくそうです。こう考えると続
けることの大切さが分かると思います。
　だからみなさんに分かってほしいのです。「完全に身に付くまでは続けなけれ
ばいけない」ということを。「Cが分かってきた」と思い始めてから少なくとも6
ヶ月以上、できれば1年間はプログラミングを続けてください。「海馬」だけで終
わらせないでください。「大脳新皮質」が覚えるまで続けてください。せっかく
学んだのに忘れてしまってはもったいないじゃありませんか（ちなみに、コンピ
ュータの仕組みでいえば「大脳新皮質がSSD/ハードディスク」「海馬はキャッシ
ュ」といったところでしょう）。

演習問題

Ex10.1 次の英単語の読み方、意味が分かりますか？

　　　　　　読み方　　　　　　　　　　意味
```
code    (                ) (                    )
skill   (                ) (                    )
```

Ex10.2 ウォーターフォールモデルによる開発工程の順番になるように並べてみましょう。

　「外部設計」「要求定義」「コーディング」「テスト」「内部設計」

Ex10.3 最後の設問です。本書を作成した著者は、どのような気持ちで本書を作成したでしょう。

おわりに

　おめでとうございます。とうとうこの本を読破されたのですね。私から1つお詫びしなければならないことがあります。それは、

　　「本書を読み終わっても、Cプログラミングができるようになっていない」

ということです。

　　「えっ。そんなぁ。こんなに苦労して読んだのに〜。」

という声が聞こえてきそうですが、残念ながら本書を読んだだけではCプログラミングができるようにはなりません。

　でも、Cプログラミングを学ぶための「しっかりとした土台」は完成しました。さあ、Cの本を読んでください。そしてプログラムを入力して、実行してください。自分の頭で考えて、プログラムを作ってください。書籍に載っているプログラムを解読して、自分なりに改造・拡張してください。自分でアイディアを出していろいろなプログラムを作ってください。

　こういう作業を繰り返しているうちにどんどんプログラミングの能力が向上していくはずです。

　今、あなたの頭の中は耕され、肥料がすき込まれています。Cを吸収するために必要な「根」を伸ばすチャンスです。今から始めても、本書を読まずにいきなりCプログラミングを学び始めた人達にあっという間に追いつき、追い越してしまうに違いありません。さあ、これからが本番です。いざ、出陣！

　私からのささやかなプレゼントです。本書を読破した記念すべき今日の日付と、今の気持ちを書いてください。あなたにとって思い出の1日になるはずです。

年　　月　　日　　曜日

サイン

10

ソフトウェア開発の基礎

参考文献

1. 藤堂明保・松本昭・竹田晃編集，「新英和中辞典6版」，研究社，1994
2. B.W. カーニハン，D.M. リッチー著，石田晴久訳，「プログラミング言語 C 第2版」，共立出版，1989（本文中では『K&R 第2版』と記載）
3. 塚越一雄著，「PC -8001 マシン語入門 I」，電波新聞社，1982
4. 塚越一雄著，「PC -8001 マシン語入門 II」，電波新聞社，1982
5. 林晴比古著，「Play the C 初級 C 言語講座上巻」，ソフトバンク，1987
6. 林晴比古著，「Play the C 初級 C 言語講座下巻」，ソフトバンク，1987
7. Brian W. Kernighan，Dennis M. Ritchie 著，「The C Programming Language Second Edition」，Prentice Hall，1988
8. 藤原秀夫著，「コンピュータの設計とテスト」，工学図書，1990
9. 村山公保著，「基礎からわかる TCP/IP ネットワークコンピューティング入門」第3版，オーム社，2015

付　録

A.1 サンプルプログラム

　トランプのブラックジャックのゲームです。人間が、コンピュータと1対1で対戦します。本書のプログラムでのブラックジャックのルールは次の通りです。

ブラックジャックプログラムのルール

- 最初に1枚カードを引く。
- 好きな数だけ追加でカードを引くことができる。
- 引いたカードの値を合計し、21に近い方が勝ち。21を「ブラックジャック」と呼ぶ。
- カード値の合計が22以上になると負け。
- J（ジャック）、Q（クイーン）、K（キング）の値は10と数える。
- A（エース）は1と11のどちらかの値を選択することができ、自動的に都合がよい方の値で計算される。

　正式なルールと異なる部分があるかもしれませんが、それを直したり、機能を追加したりするのは皆さんへの課題として残しています。

　このプログラムの入力は休み時間を入れずに一気に行ってください。せっかくですから、入力にかかった時間を計りましょう。1年後、2年後に再挑戦してみましょう。自分の実力が上がったかどうか分かるはずです。

1回目（今日の日付 　　年　　月　　日）

		時刻		かかった時間
a	入力開始	：：		
b	入力終了	：：	b -a	：：
c	コンパイルエラーがなくなった	：：	c -a	：：
d	コンピュータに勝った	：：	d -a	：：

2回目（今日の日付 　　年　　月　　日）

		時刻		かかった時間
a	入力開始	：：		
b	入力終了	：：	b -a	：：
c	コンパイルエラーがなくなった	：：	c -a	：：
d	コンピュータに勝った	：：	d -a	：：

3回目（今日の日付　　　年　　　月　　　日）

		時刻		かかった時間
a	入力開始	：　　：		
b	入力終了	：　　：	b -a	：　　：
c	コンパイルエラーがなくなった	：　　：	c -a	：　　：
d	コンピュータに勝った	：　　：	d -a	：　　：

ブラックジャックソースリスト

```c
 1 /*******************************************************************
 2  *ブラックジャック Ver 1.7 Cプログラミング入門以前
 3  * 2019. 1. 1 村山公保
 4  *******************************************************************/
 5 #include <stdio.h>
 6 #include <stdlib.h>
 7 #include <string.h>
 8 #include <time.h>
 9
10 /* トランプのカードの枚数 */
11 #define CMAX 52
12 /* キーボードからの入力バッファの大きさ */
13 #define BUFF_SIZE 256
14
15 /* 引いたカードを格納する構造体 */
16 struct input {
17   int card[CMAX];    /* 引いたカード */
18   int num;           /* カードの数 */
19 };
20
21 int  comp(void);                        /* コンピュータがカードを引く */
22 int  getcard(struct input *inp_card);   /* 人がカードを引く */
23 void print_card(const struct input *inp_card, const char *card[]);
24                                         /* 引いたカードの表示 */
25 int calc(const struct input *inp_card); /* 得点の計算 */
26
27 /* 乱数の初期化 */
28 #define randmize() srand(time(NULL))
29
30 /*******************************************************************
31  * int main();
32  * 機能
33  *     メインループ、勝敗判定
34  * 引き数
35  *     なし
```

345

```
36  *    戻り値
37  *       int                  正常終了時に 0を返す
38  **************************************************************************/
39
40 int main()
41 {
42   const static char *card[]={"0", "A", "2", "3", "4", "5", "6", "7", "8",
43                              "9", "10","J", "Q", "K"}; /* カードの種類 */
44 int x;                       /* 引いたカード */
45 int c_score;                 /* コンピュータ(computer)の点数 */
46 int h_score;                 /* 人間(human)の点数 */
47 char in[BUFF_SIZE];          /* 入力した文字列 */
48 struct input h_card = {{0},0}; /* 人間が引いたカード */
49
50 printf("ブラックジャックゲーム \n");
51 randmize();
52 c_score = comp();
53
54 x = getcard(&h_card);
55 printf("'%s'を引きました。 \n", card[x]);
56 printf("もう 1枚引きますか?(y/n):");
57
58 while (h_card.num < CMAX && fgets(in, BUFF_SIZE, stdin) != NULL) {
59   if (strncmp(in, "y", 1) == 0) {
60     x = getcard(&h_card);
61     printf("'%s'を引きました。 ", card[x]);
62     print_card(&h_card, card);
63     printf("もう 1枚引きますか?(y/n):");
64   } else if (strncmp(in, "n", 1) == 0)
65     break;
66   else
67     printf("yか nのどちらかを入力してください \n");
68 }
69
70 h_score = calc(&h_card);
71 printf("あなたは%d点です。コンピュータは%d点です。\n", h_score, c_score);
72
73 if (c_score <= 21 && (h_score > 21 || c_score > h_score))
74   printf("コンピュータの勝ち！\n");
75 else if (h_score <= 21 && (c_score > 21 || h_score > c_score))
76   printf("あなたの勝ち！ \n");
77 else
78   printf("引き分け \n");
79
```

346

```
 80   return 0;
 81 }
 82
 83 /***********************************************************************
 84 *   int comp(void);
 85 *  機能
 86 *      コンピュータがカードを引く。超強力な人工知能を使用している。  :-)
 87 *  引き数
 88 *      なし
 89 *  戻り値
 90 *      int                 引いたカード
 91 ***********************************************************************/
 92 int comp(void)
 93 {
 94   return rand() % 7 + 17; /* xxx */
 95 }
 96
 97 /***********************************************************************
 98 *   int getcard(struct input *h_card);
 99 *  機能
100 *      人がカードを引く。引いたカードを inp構造体に格納する。
101 *  引き数
102 *      struct input *h_card; 引いたカードのデータ
103 *  戻り値
104 *      int                 引いたカード
105 ***********************************************************************/
106 int getcard(struct input *h_card)
107 {
108   int x; /* 引いたカード */
109
110   x = rand() % 13 + 1;
111   h_card->card[h_card->num] = x;
112   ++(h_card->num);
113
114   return x;
115 }
116
117 /***********************************************************************
118 *   void print_card(const struct input *inp_card, const char *card[]);
119 *  機能
120 *      引いたカードの表示
121 *  引き数
122 *      const struct input *inp_card; 引いたカードのデータ
123 *      const char *card[];          カードの種類
```

```
124  *   戻り値
125  *       なし
126 **********************************************************************/
127 void print_card(const struct input *inp_card, const char *card[])
128 {
129    int i; /* ループ変数 */
130
131    printf("いままでに引いたカードは ");
132    for (i = 0; i < inp_card->num; ++i)
133      printf("%s ", card[inp_card->card[i]]);
134    printf("です \n");
135 }
136
137 /*********************************************************************
138  *   int calc(const struct input *inp_card);
139  *   機能
140  *       引いたカードから得点を計算する。
141  *       ・Aは 1点または 11点
142  *       ・2〜10はそれぞれの値がそのまま点数
143  *       ・J、Q、Kは 10点
144  *   引き数
145  *       const struct input *inp_card; 引いたカードのデータ
146  *   戻り値
147  *       int 計算された得点
148 **********************************************************************/
149 int calc(const struct input *inp_card)
150 {
151    /* カードの点数:            0 A 2 3 4 5 6 7 8 9 10 J Q K */
152    const static int ncard[] = { 0, 1, 2, 3, 4, 5, 6, 7, 8, 9, 10, 10, 10, 10};
153    int i; /* ループ変数 */
154    int n1 = 0; /* Aのカードの枚数 */
155    int score = 0; /* 合計点数 */
156
157    for (i = 0; i < inp_card->num; ++i) {
158      score += ncard[inp_card->card[i]];
159      if (inp_card->card[i] == 1) /* カードが Aの場合 */
160        ++n1;
161    }
162    while (n1-- > 0) /* カードが Aの場合の点数処理 */
163      if (score <= (21 - 10))
164        score += 10;
165
166    return score;
167 }
```

A.2　演算子の優先順位

優先順位	演算子	結合規則
高	`()` `[]` `->` `.` `++`[*1] `--`[*1]	→
↑	`!` `~` `++`[*2] `--`[*2] `+`[*3] `-`[*3] `*` `^` `sizeof`	←
	`(type)`	←
	`*` `/` `%`	→
	`+`[*4] `-`[*4]	→
	`<<` `>>`	→
	`<` `<=` `>` `>=`	→
	`==` `!=`	→
	`&`	→
	`^`	→
	`|`	→
	`&&`	→
	`||`	→
	`?:`	←
↓	`=` `+=` `-=` `*=` `/=` `%=` `&=` `^=` `|=` `<<=` `>>=`	←
低	`,`	→

　一番上に書いてある( )は関数呼び出しの( )のことです。演算の結合を表す( )は演算子ではないため、この表にはありません。

A
付録

[*1]　後置演算子
[*2]　前置演算子
[*3]　符号（単項演算子）
[*4]　加減演算子

A.3 2進数と桁数

2n	10進数	2進数	16進数	8進数
2^0	1	1	0x1	01
2^1	2	10	0x2	02
2^2	4	100	0x4	04
2^3	8	1000	0x8	010
2^4	16	10000	0x10	020
2^5	32	100000	0x20	040
2^6	64	1000000	0x40	0100
2^7	128	10000000	0x80	0200
2^8	256	100000000	0x100	0400
2^9	512	1000000000	0x200	01000
2^{10}	1024	10000000000	0x400	02000
2^{11}	2048	100000000000	0x800	04000
2^{12}	4096	1000000000000	0x1000	010000
2^{13}	8192	10000000000000	0x2000	020000
2^{14}	16384	100000000000000	0x4000	040000
2^{15}	32768	1000000000000000	0x8000	0100000
2^{16}	65536	10000000000000000	0x10000	0200000
2^{17}	131072	100000000000000000	0x20000	0400000
2^{18}	262144	1000000000000000000	0x40000	01000000
2^{19}	524288	10000000000000000000	0x80000	02000000
2^{20}	1048576	100000000000000000000	0x100000	04000000
2^{21}	2097152	1000000000000000000000	0x200000	010000000
2^{22}	4194304	10000000000000000000000	0x400000	020000000
2^{23}	8388608	100000000000000000000000	0x800000	040000000
2^{24}	16777216	1000000000000000000000000	0x1000000	0100000000
2^{25}	33554432	10000000000000000000000000	0x2000000	0200000000
2^{26}	67108864	100000000000000000000000000	0x4000000	0400000000
2^{27}	134217728	1000000000000000000000000000	0x8000000	01000000000
2^{28}	268435456	10000000000000000000000000000	0x10000000	02000000000
2^{29}	536870912	100000000000000000000000000000	0x20000000	04000000000
2^{30}	1073741824	1000000000000000000000000000000	0x40000000	010000000000
2^{31}	2147483648	10000000000000000000000000000000	0x80000000	020000000000
2^{32}	4294967296	100000000000000000000000000000000	0x100000000	040000000000

A.4 数の接頭語（接頭辞）

1 K （キロ）	1024	2^{10}	1,024
1 M （メガ）	1024 K	2^{20}	1,048,576
1 G （ギガ）	1024 M	2^{30}	1,073,741,824
1 T （テラ）	1024 G	2^{40}	1,099,511,627,776
1 P （ペタ）	1024 T	2^{50}	1,125,899,906,842,624
1 E （エクサ）	1024 P	2^{60}	1,152,921,504,606,846,976
1 Z （ゼタ）	1024 E	2^{70}	1,180,591,620,717,411,303,424
1 Y （ヨタ）	1024 Z	2^{80}	1,208,925,819,614,629,174,706,176
1 R （ロタ）	1024 Y	2^{90}	1,237,940,039,285,380,274,899,124,224
1 Q （クエタ）	1024 R	2^{100}	1,267,650,600,228,229,401,496,703,205,376

　日常生活で使う接頭語（SI接頭語）は1kmは1000m、1kgは1000gです。これがコンピュータの場合に1Kバイトが1024バイトになるのは紛らわしいと言われることがあります。そこで日常の接頭語にビットを意味するiを付ける表記法が登場しました。Ki（キビ）、Mi（メビ）、Gi（ギビ）のように表記します。これは1024単位であることを誤解なく表記したい場合に使われることがあります。

A.5 10進数 ←→ 16進数変換表

0	0x0	32	0x20	64	0x40	96	0x60	128	0x80	160	0xA0	192	0xC0	224	0xE0
1	0x1	33	0x21	65	0x41	97	0x61	129	0x81	161	0xA1	193	0xC1	225	0xE1
2	0x2	34	0x22	66	0x42	98	0x62	130	0x82	162	0xA2	194	0xC2	226	0xE2
3	0x3	35	0x23	67	0x43	99	0x63	131	0x83	163	0xA3	195	0xC3	227	0xE3
4	0x4	36	0x24	68	0x44	100	0x64	132	0x84	164	0xA4	196	0xC4	228	0xE4
5	0x5	37	0x25	69	0x45	101	0x65	133	0x85	165	0xA5	197	0xC5	229	0xE5
6	0x6	38	0x26	70	0x46	102	0x66	134	0x86	166	0xA6	198	0xC6	230	0xE6
7	0x7	39	0x27	71	0x47	103	0x67	135	0x87	167	0xA7	199	0xC7	231	0xE7
8	0x8	40	0x28	72	0x48	104	0x68	136	0x88	168	0xA8	200	0xC8	232	0xE8
9	0x9	41	0x29	73	0x49	105	0x69	137	0x89	169	0xA9	201	0xC9	233	0xE9
10	0xA	42	0x2A	74	0x4A	106	0x6A	138	0x8A	170	0xAA	202	0xCA	234	0xEA
11	0xB	43	0x2B	75	0x4B	107	0x6B	139	0x8B	171	0xAB	203	0xCB	235	0xEB
12	0xC	44	0x2C	76	0x4C	108	0x6C	140	0x8C	172	0xAC	204	0xCC	236	0xEC
13	0xD	45	0x2D	77	0x4D	109	0x6D	141	0x8D	173	0xAD	205	0xCD	237	0xED
14	0xE	46	0x2E	78	0x4E	110	0x6E	142	0x8E	174	0xAE	206	0xCE	238	0xEE
15	0xF	47	0x2F	79	0x4F	111	0x6F	143	0x8F	175	0xAF	207	0xCF	239	0xEF
16	0x10	48	0x30	80	0x50	112	0x70	144	0x90	176	0xB0	208	0xD0	240	0xF0
17	0x11	49	0x31	81	0x51	113	0x71	145	0x91	177	0xB1	209	0xD1	241	0xF1
18	0x12	50	0x32	82	0x52	114	0x72	146	0x92	178	0xB2	210	0xD2	242	0xF2
19	0x13	51	0x33	83	0x53	115	0x73	147	0x93	179	0xB3	211	0xD3	243	0xF3
20	0x14	52	0x34	84	0x54	116	0x74	148	0x94	180	0xB4	212	0xD4	244	0xF4
21	0x15	53	0x35	85	0x55	117	0x75	149	0x95	181	0xB5	213	0xD5	245	0xF5
22	0x16	54	0x36	86	0x56	118	0x76	150	0x96	182	0xB6	214	0xD6	246	0xF6
23	0x17	55	0x37	87	0x57	119	0x77	151	0x97	183	0xB7	215	0xD7	247	0xF7
24	0x18	56	0x38	88	0x58	120	0x78	152	0x98	184	0xB8	216	0xD8	248	0xF8
25	0x19	57	0x39	89	0x59	121	0x79	153	0x99	185	0xB9	217	0xD9	249	0xF9
26	0x1A	58	0x3A	90	0x5A	122	0x7A	154	0x9A	186	0xBA	218	0xDA	250	0xFA
27	0x1B	59	0x3B	91	0x5B	123	0x7B	155	0x9B	187	0xBB	219	0xDB	251	0xFB
28	0x1C	60	0x3C	92	0x5C	124	0x7C	156	0x9C	188	0xBC	220	0xDC	252	0xFC
29	0x1D	61	0x3D	93	0x5D	125	0x7D	157	0x9D	189	0xBD	221	0xDD	253	0xFD
30	0x1E	62	0x3E	94	0x5E	126	0x7E	158	0x9E	190	0xBE	222	0xDE	254	0xFE
31	0x1F	63	0x3F	95	0x5F	127	0x7F	159	0x9F	191	0xBF	223	0xDF	255	0xFF

A.6 10進数←→16進数、2進数変換表

		|	上　位　桁															|	
		0x00	0x10	0x20	0x30	0x40	0x50	0x60	0x70	0x80	0x90	0xA0	0xB0	0xC0	0xD0	0xE0	0xF0		
	0x0	0	16	32	48	64	80	96	112	128	144	160	176	192	208	224	240	0000
	0x1	1	17	33	49	65	81	97	113	129	145	161	177	193	209	225	241	0001
	0x2	2	18	34	50	66	82	98	114	130	146	162	178	194	210	226	242	0010
	0x3	3	19	35	51	67	83	99	115	131	147	163	179	195	211	227	243	0011
	0x4	4	20	36	52	68	84	100	116	132	148	164	180	196	212	228	244	0100
	0x5	5	21	37	53	69	85	101	117	133	149	165	181	197	213	229	245	0101
下位桁	0x6	6	22	38	54	70	86	102	118	134	150	166	182	198	214	230	246	0110
	0x7	7	23	39	55	71	87	103	119	135	151	167	183	199	215	231	247	0111
	0x8	8	24	40	56	72	88	104	120	136	152	168	184	200	216	232	248	1000
	0x9	9	25	41	57	73	89	105	121	137	153	169	185	201	217	233	249	1001
	0xA	10	26	42	58	74	90	106	122	138	154	170	186	202	218	234	250	1010
	0xB	11	27	43	59	75	91	107	123	139	155	171	187	203	219	235	251	1011
	0xC	12	28	44	60	76	92	108	124	140	156	172	188	204	220	236	252	1100
	0xD	13	29	45	61	77	93	109	125	141	157	173	189	205	221	237	253	1101
	0xE	14	30	46	62	78	94	110	126	142	158	174	190	206	222	238	254	1110
	0xF	15	31	47	63	79	95	111	127	143	159	175	191	207	223	239	255	1111
		0000	0001	0010	0011	0100	0101	0110	0111	1000	1001	1010	1011	1100	1101	1110	1111	

上　位　桁

A.7 2進数から10進数に変換する方法

　2進数から10進数に変換するのはとても簡単です。2進数の右から数えて n 桁目の値は10進数で

$$2^{(n-1)}$$

を意味します。ですから右から数えて n 番目の数が1ならば $2^{(n-1)}$ を加え、0ならば加えなければいいのです。2進数で 1100101 を10進数に変換するときの計算例を示します。

1	1	0	0	1	0	1
1	1	0	0	1	0	1
×	×	×	×	×	×	×
2^6	2^5	2^4	2^3	2^2	2^1	2^0
‖	‖	‖	‖	‖	‖	‖

64 ＋ 32 ＋ 0 ＋ 0 ＋ 4 ＋ 0 ＋ 1 ＝ 101

A.8 10進数から2進数に変換する方法

　10進数を2進数に変換するにはどうしたらいいでしょう？　2進数を10進数に変換するときの逆の計算をします。つまり元の数を $2^{(n-1)}$ の合計で表せないか考えればいいのです。10進数の110を2進数に変換する例を示します。

110は $2^7 = 128$ で引けない
110は $2^6 = \ \ 64$ で引くと残りは46
46 は $2^5 = \ \ 32$ で引くと残りは14
14 は $2^4 = \ \ 16$ で引けない
14 は $2^3 = \ \ \ \ 8$ で引くと残りは6
6 は $2^2 = \ \ \ \ 4$ で引くと残りは2
2 は $2^1 = \ \ \ \ 2$ で引くと残りは0
0 は $2^0 = \ \ \ \ 1$ で引けない

$$110 = 2^6 + 2^5 + 0 + 2^3 + 2^2 + 2^1 + 0$$
$$\ \ \ \ \ \ \ \ \ \ 1 \ \ \ \ 1 \ \ \ 0 \ \ \ 1 \ \ \ \ 1 \ \ \ \ 1 \ \ \ 0$$

```
              余り
  2)110   …  0
    ‾55

              余り
  2)110   …  0
  )  55   …  1
     27

              余り
  2)110   …  0
  2) 55   …  1
  2) 27   …  1
  2) 13   …  1
  2)  6   …  0
  2)  3   …  1
      1
```

1　　1　　0　　1　　1　　1　　0

　左の方法はストレートに求める方法ですが、すこし、行き当たりばったりに感じるかもしれません。右の方法は、左の方法を下の桁から計算する方法です。右の方法のほうがスマートですが、どちらの方法を覚えてもかまわないでしょう。

A.9 16進数から10進数に変換する方法

16進数から10進数に変換するのは、2進数から10進数に変換する方法の応用で求めることができます。16進数で表された数値で右から数えて n 桁目の数字は10進数で

$$16^{(n-1)}$$

を意味します。ですから右から数えて n 番目の数値に $16^{(n-1)}$ をかけ、最後にその和を計算すればいいのです。16進数で `0xF0A7D` を10進数に変換する例を示します。

F	0	A	7	D

F	0	A	7	D
15	0	10	7	13
×	×	×	×	×
16^4	16^3	16^2	16^1	16^0
‖	‖	‖	‖	‖
15	0	10	7	13
×	×	×	×	×
65536	4096	256	16	1
‖	‖	‖	‖	‖
983040 +	0 +	2560 +	112 +	13 = 985725

A.10 10進数から16進数に変換する方法

10進数から16進数に変換するのは、10進数から2進数に変換する方法の応用で求めることができます。つまり元の数を $n \times 16^{(n-1)}$ の合計で表せないか考えればいいのです。10進数の36826を16進数に変換する例を示します。

36826 は $16^4 = 65536$ で割れない
36826 は $16^3 = 4096$ で割ると、商は 8 余りは 4058
4058 は $16^2 = 256$ で割ると、商は 15 余りは 218
218 は $16^1 = 16$ で割ると、商は 13 余りは 10

$$36826 = 0 \times 16^4 + 8 \times 16^3 + 15 \times 16^2 + 13 \times 16^1 + 10$$
$$\qquad\qquad\qquad 8 \qquad\quad F \qquad\quad D \qquad\quad A$$

```
              余り
16 ) 36826 … 10
      2301
              余り
16 ) 36826 … 10
   ) 2301 … 13
      143

16 ) 36826    余り
   ) 2301 … 10
   )  143 … 13
        8 … 15

   8  15  13  10
   8  F   D   A
```

左の方法は上の桁から求める方法で、右の方法は下の桁から計算する方法です。下の桁から計算した方が求めやすいでしょう。

A.11 ASCII文字セット (ASCII character sets)

10進数表記

0	nul	1	soh	2	stx	3	etx	4	eot	5	enq	6	ack	7	bel
8	bs	9	ht	10	nl	11	vt	12	np	13	cr	14	so	15	si
6	dle	17	dc1	18	dc2	19	dc3	20	dc4	21	nak	22	syn	23	etb
24	can	25	em	26	sub	27	esc	28	fs	29	gs	30	rs	31	us
32	sp	33	!	34	"	35	#	36	$	37	%	38	&	39	'
40	(	41	)	42	*	43	+	44	,	45	-	46	.	47	/
48	0	49	1	50	2	51	3	52	4	53	5	54	6	55	7
56	8	57	9	58	:	59	;	60	<	61	=	62	>	63	?
64	@	65	A	66	B	67	C	68	D	69	E	70	F	71	G
72	H	73	I	74	J	75	K	76	L	77	M	78	N	79	O
80	P	81	Q	82	R	83	S	84	T	85	U	86	V	87	W
88	X	89	Y	90	Z	91	[	92	\	93	]	94	^	95	_
96	`	97	a	98	b	99	c	100	d	101	e	102	f	103	g
104	h	105	i	106	j	107	k	108	l	109	m	110	n	111	o
112	p	113	q	114	r	115	s	116	t	117	u	118	v	119	w
120	x	121	y	122	z	123	{	124			125	}	126	~	127	del

16進数表記

0x00	nul	0x01	soh	0x02	stx	0x03	etx	0x04	eot	0x05	enq	0x06	ack	0x07	bel
0x08	bs	0x09	ht	0x0a	nl	0x0b	vt	0x0c	np	0x0d	cr	0x0e	so	0x0f	si
0x10	dle	0x11	dc1	0x12	dc2	0x13	dc3	0x14	dc4	0x15	nak	0x16	syn	0x17	etb
0x18	can	0x19	em	0x1a	sub	0x1b	esc	0x1c	fs	0x1d	gs	0x1e	rs	0x1f	us
0x20	sp	0x21	!	0x22	"	0x23	#	0x24	$	0x25	%	0x26	&	0x27	'
0x28	(	0x29	)	0x2a	*	0x2b	+	0x2c	,	0x2d	-	0x2e	.	0x2f	/
0x30	0	0x31	1	0x32	2	0x33	3	0x34	4	0x35	5	0x36	6	0x37	7
0x38	8	0x39	9	0x3a	:	0x3b	;	0x3c	<	0x3d	=	0x3e	>	0x3f	?
0x40	@	0x41	A	0x42	B	0x43	C	0x44	D	0x45	E	0x46	F	0x47	G
0x48	H	0x49	I	0x4a	J	0x4b	K	0x4c	L	0x4d	M	0x4e	N	0x4f	O
0x50	P	0x51	Q	0x52	R	0x53	S	0x54	T	0x55	U	0x56	V	0x57	W
0x58	X	0x59	Y	0x5a	Z	0x5b	[	0x5c	\	0x5d	]	0x5e	^	0x5f	_
0x60	`	0x61	a	0x62	b	0x63	c	0x64	d	0x65	e	0x66	f	0x67	g
0x68	h	0x69	i	0x6a	j	0x6b	k	0x6c	l	0x6d	m	0x6e	n	0x6f	o
0x70	p	0x71	q	0x72	r	0x73	s	0x74	t	0x75	u	0x76	v	0x77	w
0x78	x	0x79	y	0x7a	z	0x7b	{	0x7c			0x7d	}	0x7e	~	0x7f	del

A.12 Cのエスケープシーケンス

Cのエスケープ文字	対応するASCIIコード		機能
\0	0x00	null character	文字列の終わり
\a	0x07	bell	音を出す
\b	0x08	backspace	一文字戻る
\t	0x09	horizontal tab	水平タブ
\n	0x0a	newline	改行
\v	0x0b	vertical tab	垂直タブ
\r	0x0d	carrige return	復帰
\\	0x5c	\	\を意味する
\"	0x22	"	"を意味する
\'	0x27	'	'を意味する
\x	続く2桁（以内）の16進数で、直接コードを表す		

A.13 読みにくい記号

記号	読み方
++	プラス・プラス、インクリメント
--	マイナス・マイナス、デクリメント
*	アスタリスク、アスタ、こめ、コメ印、星、星形
\	バックスラッシュ、バックスラ
/	スラッシュ、スラ
<	小なり、未満、レスザン（lt: less than）
<=	小なりイコール、以下、レスオアイコール（le: less or equal）
>	大なり、グレーターザン（gt: greater than）
>=	大なりイコール、以上、グレーターオアイコール（ge: greater or equal）
<<	左シフト
>>	右シフト
~	チルダ、にょろ
&	アンド、アンパサンド
&&	アンドアンド
|	縦棒、パイプ、オア
||	縦棒、パイプ、オアオア
"	ダブルクォーテーション
'	シングルクォーテーション、アポストロフィー
%	パーセント
+	プラス、足す
-	マイナス、ハイフン、ホリゾンタルバー、引く
_	アンダーバー、アンダースコア、下線
=	イコール、代入
==	イコールイコール、等しい
.	ドット、点、ピリオド、ぽち、ぽつ
->	アロー、アロー演算子、矢印
!	びっくりマーク、エクスクラメーションマーク、感嘆符、ノット
!=	ノットイコール、びっくりイコール
^	ハット、山形印、サーカムフレックス、キャレット
;	セミコロン
:	コロン
,	カンマ、コンマ
#	シャープ、井下駄、ナンバー
[ ]	角カッコ、カギカッコ、ブラケット
{ }	波カッコ、ブレース、大カッコ
( )	丸カッコ、パーレン
< >	山カッコ、カギカッコ

開くかっこを「カッコ」、
閉じるかっこを「コッカ」
と呼ぶこともある。

A.14 読みにくい単語

キーワード（予約語）

英字列	読み方	元になった単語
char	キャラ、チャー、キャラクター	character
const	コンスト、コンスタント	constant
double	ダブル	double floating point
enum	イーナム（エナム）	enumerate
extern	エクスターン	external
float	フロート	floating point
int	イント、インテジャー	integer
struct	ストラクト	structure
typedef	タイプ・デフ	type define

ヘッダ

英字列	読み方	元になった単語
ctype	シー・タイプ	character type
errno	エラー・ナンバー	error number
math	マス、マセマティック	mathematics
setjmp	セット・ジャンプ	set jump
stdarg	スタンダード・アーギュ	standard argument
stddef	スタンダード・デフ	standard define
stdio	スタンダード・アイ・オー	standard I/O
stdlib	スタンダード・リブ	standard library

変数名、typedef 名、define 名

英字列	読み方	元になった単語
argc	アーギュ・シー	argument counter
argv	アーギュ・ブイ	argument vector
EOF	イー・オー・エフ	end of file
NULL	ヌル（ナル）	null
size_t	サイズ・ティー	size typedef
stdin	スタンダード・イン	standard input
stdout	スタンダード・アウト	standard output
stderr	スタンダード・エラー	standard error

関数名（標準ライブラリ関数）

英字列	読み方	元になった単語
abs	アブス	absolute
atoi	エー・トゥー・アイ	ascii to integer
atol	エー・トゥー・エル	ascii to long
fopen	エフ・オープン	file open
fclose	エフ・クローズ	file close
fflush	エフ・フラッシュ	file flush
fprintf	エフ・プリント・エフ	file print formatted
fscanf	エフ・スキャン・エフ	file scan formatted
fgetc	エフ・ゲット・シー	file get character
fgets	エフ・ゲッツ	file get string
fputc	エフ・プット・シー	file put character
fputs	エフ・プッツ	file put string
isalnum	イズ・アル・ナム	is alphabetic or numeric?（疑問文）
isalpha	イズ・アルファ	is alphabetic?（疑問文）
iscntrl	イズ・コントロール	is control?（疑問文）
isdigit	イズ・ディジット	is digit?（疑問文）
memcpy	メム・コピー	memory copy
memset	メム・セット	memory set
malloc	エム・アロック（マロック）	memory allocation
printf	プリント・エフ	print formatted
perror	ピー・エラー	print error
qsort	キュー・ソート	quick sort
rand	ランド、ランダム	random
scanf	スキャン・エフ	scan formatted
snprintf	エス・エヌ・プリント・エフ	string number print formatted
sscanf	エス・スキャン・エフ	string scan formatted
strncpy	ストラ・エヌ・コピー	string number copy
strncat	ストラ・エヌ・キャット	string number concatenate
strtok	ストラ・トック	string token
strncmp	ストラ・エヌ・コンプ	string number compare
tolower	トゥー・ローワー	to lower
toupper	トゥー・アッパー	to upper

A.15 for文プログラムの フローチャートの例

フローチャート

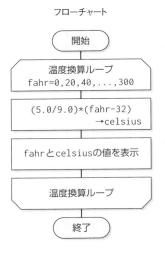

K&R第2版16ページのプログラムを
少し変更したプログラム

```c
#include <stdio.h>
main()
{
  int fahr;
  double celsius;

  for (fahr=0; fahr <= 300; fahr = fahr + 20) {
    celsius = (5.0/9.0)*(fahr-32);
    printf("%3d %6.1f\n", fahr, celsius);
  }
}
```

A.16 while文プログラムの フローチャートの例

フローチャート

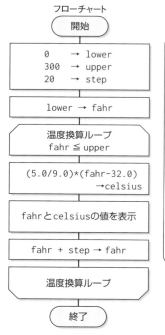

K&R第2版11ページのプログラム

```c
#include <stdio.h>

main()
{
  int fahr, celsius;
  int lower, upper, step;

  lower = 0;
  upper = 300;
  step = 20;

  fahr = lower;
  while (fahr <= upper){
    celsius = 5 * (fahr-32) / 9;
    printf("%d\t%d\n", fahr, celsius);
    fahr = fahr + step;
  }
}
```

INDEX：索引

数字・英字

--	235
' '	153
!	242
" "	153
#include<stdio.h>	70
&&	242
*	260
||	242
¥	155
¥n	71
++	235
<<	231
=	40, 222, 240
==	40, 240
>>	231
10進数	39
16進数	38, 166, 355, 359
1の補数	144
2進数	34, 37, 44, 228, 353, 356, 357, 358
2進法	32
2の補数	144
3項演算子	243
5大構成要素	167
ALU	163, 176, 187
AND ＆	217, 229
API	313
ASCII文字セット	55, 361
bit	34
byte	38
char	90
CPU	45, 162, 176
CPU コア	49
C言語	66
Cプログラム	64
double	150
EUC	156
FILO	199
float	150
for文	293, 297, 366
IDE	68
K&R 第2版	66
LIFO	199
main	93, 115, 310, 322
malloc	90, 274
NOT ~	229, 230
NULL	263
OR |	229, 230
OS	193
OT	174
PLC	174
printf	87
Python	102
RAM	171
read	168
ROM	171
Shift-JIS	156
static	252
stdio.h	78
Unicode	156
UTF-8、UTF-16	156
void	308
while文	291, 297, 367
write	168
XOR ^	229, 230

あ行

アセンブラ	124
アセンブル	122, 124
アドレス	165, 169, 320
アドレス空間	170
アナログ	140
アプリケーション	193
アルゴリズム	54
アルファベット	39
イベントドリブン	285
入れ子	101
インクリメント	235
インストール	180, 192
インターフェイス	196
インデックス	265
インデント	99, 102
ウォーターフォール	329
運用	336
英語	69
エグゼキュート	181, 184
エスケープシーケンス	154, 362
エスケープ文字	155
エラー	132
演算子	218, 233, 352
演算装置	163, 167, 176, 187
エントリーポイント	91, 318
応用ソフト	193
オーダ（計算量）	302
オーバーフロー	57, 148
オープン	210
オブジェクト指向	123, 311
オペランドフェッチ	184
オペレータ	218

音読 …………………………………………… 73

か行

改行 …………………………………………… 71
階乗 …………………………………… 64, 141
外部設計 ……………………………………… 332
外部変数 ……………………………………… 316
仮想記憶 …………………………… 185, 203
型 ……………………………… 142, 248, 262
型変換 ………………………………………… 274
カッコ ………………………………………… 94
関数 ………………………… 97, 115, 306, 317
関数呼び出し ………………………………… 319
カンマ演算子 ………………………………… 235
キーボード …………………………………… 67
記憶装置 ……………………………………… 167
機械 …………………………………………… 28
機械語 ………………………………………… 45
記号 …………………………………………… 84
基本ソフトウェア …………………………… 193
キャスト ……………………………………… 274
キャッシュ …………………………………… 163
キャッシュメモリ …………………………… 186
行番号 ………………………………………… 66
クローズ ……………………………………… 210
グローバル変数 ……………………………… 316
クロスコンパイル …………………………… 130
桁あふれ ……………………………………… 57
高級言語 ……………………………………… 46
構造化プログラミング手法 ………………… 286
構造体 ………………………………… 271, 273
コーディング ………………………………… 333
心構え ………………………………………… 51
誤差 …………………………………………… 151
コメント ……………………………………… 95
コントロールバス …………………………… 169
コンパイル …………………………………… 122
コンピュータ ………………………… 27, 30

さ行

サブルーチン ………………… 58, 115, 310
シェル ………………………………………… 196
字下げ ………………………………………… 99
システムコール ……………………………… 195
四則演算 ……………………………… 56, 233
実数型 ………………………………………… 142
シフト演算 …………………………………… 231
ジャンプ ……………………………………… 98
主記憶装置 …………………………………… 163
出力 …………………………………………… 29
出力装置 ……………………………… 163, 167
順次処理 ………………… 184, 285, 288, 298
条件演算子 …………………………………… 243
条件分岐 ……………………………… 184, 299

剰余 …………………………………………… 233
処理 …………………………………………… 29
処理系依存 …………………………………… 134
シンボル ………………………… 93, 129, 307
真理値表 ……………………………………… 229
数値 …………………………………………… 182
スキルアップ ………………………………… 337
スコープ ……………………………… 315, 316
スタック ……………………………………… 319
スタティック ………………………………… 198
ストリーム …………………………………… 213
スレッド ……………………………………… 201
制御コード …………………………………… 153
制御装置 ………………………… 163, 167, 176
整数型 ………………………………………… 142
セグメント …………………………………… 197
接頭語 ………………………………………… 354
セレクタ ……………………………………… 177
全角 …………………………………………… 156
選択処理 ………………… 184, 285, 289, 299
ソースプログラム …………………………… 123
ソフトウェア ………………………… 43, 48
ソフトウェア開発工程 ……………………… 329

た行

ターミナル …………………………………… 206
ダイナミック ………………………………… 198
代入 …………………………………………… 222
代入演算子 …………………………………… 238
逐次処理 ……………………………………… 288
中央処理装置 ………………………………… 45
低級言語 ……………………………………… 46
定数 …………………………………………… 221
データバス …………………………………… 169
テキスト ……………………………………… 67
テキストエディタ …………………………… 67
テキストデータ ……………………………… 213
デクリメント ………………………………… 235
デコード ……………………………………… 184
手作業 ………………………………………… 52
デジタル ……………………………………… 140
手順 …………………………………………… 112
テスト仕様 …………………………………… 334
デバイスドライバ …………………………… 192
デバッグ、デバッガ ……………………… 133
デフォルト …………………………………… 301
テンポラリ …………………………… 177, 257
同期 …………………………………………… 204
ドキュメント化 ……………………………… 309

な行

内部設計 ……………………………………… 332
日本語 ………………………………………… 155
入出力 ………………………………………… 194

入力 ……………………………………………… 29
入力装置 …………………………………… 153, 167
ネスト …………………………………………… 98, 101

は行

バーコード ……………………………………… 32
パーソナルコンピュータ …………………… 162
ハードウェア ……………………………… 43, 48
排他的論理和 ………………………………… 230
バイト …………………………………………… 38
バイトオーダ ………………………………… 254
バイナリデータ …………………………… 34, 213
配列 …………………………………………… 264
バグ …………………………………………… 133
バス ……………………………………… 164, 169
パソコン ……………………………………… 162
パターン認識 …………………………… 74, 81
バッファ ……………………………… 205, 208
パラメータ …………………………………… 306
反復処理 ………………… 184, 285, 290, 300
汎用レジスタ ………………………………… 177
比較演算子 …………………………………… 240
引数 ………………………………… 306, 312, 319
ビッグエンディアン ………………………… 254
ビット …………………………………………… 34
ビット演算 ……………………………… 228, 230
ビット数 ……………………………………… 189
否定 …………………………………………… 229
標準ライブラリ ………………………… 118, 206
ファイル入出力 ……………………………… 114
フェッチ ……………………………………… 182
符号付き整数型, 符号なし整数型 ……… 142
プッシュ ……………………………………… 199
浮動小数点 ……………………………… 142, 150
負の数 ………………………………………… 143
フラグ …………………………………………… 34
ブラックジャック ……………………… 21, 346
ブラックボックス …………………………… 59
プリプロセッサ ……………………………… 120
フローチャート ………………………… 284, 286
プログラマ …………………………………… 31
プログラミング ……………………………… 26
プログラム ……………………………… 26, 191
プログラムカウンタ …………………… 184, 318
プロセス ……………………………………… 201
ブロック ……………………………………… 101
文書作成 ……………………………………… 331
ヘッダファイル ……………………………… 79
変数 ………………………… 221, 238, 248, 255
ポインタ ………………………… 168, 259, 269, 320
法則性 ………………………………………… 53
補助記憶装置 ………………………………… 164
ポップ ………………………………………… 199

ま行

マークシート …………………………………… 32
マイクロプロセッサ ………………………… 49
前処理プログラム …………………………… 120
マクロ ………………………………………… 317
マシン …………………………………………… 28
マシン語 ………………………… 45, 124, 182
マスク ………………………………………… 230
マルチスレッド ……………………………… 201
マルチプロセス ……………………………… 201
マン・マシン・インターフェイス …… 196
無限ループ …………………………………… 135
命令 …………………………………………… 182
メインルーチン ………………………… 115, 310
メモリ ………………… 163, 248, 273, 318
メモリマップドI/O ………………………… 172
メモリリーク ………………………………… 276
メンバ ………………………………………… 271
文字化け ……………………………………… 155
モジュール …………………………………… 115
戻り値 …………………………………… 307, 312

や行

有効桁 ………………………………………… 151
ユーザ …………………………………………… 31
優先順位 ……………………………………… 352
要求定義 ……………………………………… 330
予約語 ………………………………………… 257

ら行

ライトバック ………………………………… 184
ライブラリ …………………………………… 117
ラン …………………………………………… 181
リードオンリ ………………………………… 198
リソース ……………………………………… 166
リダイレクト ………………………………… 209
リトルエンディアン ………………………… 254
リンカ ………………………………………… 129
リンクエラー ………………………………… 132
ルーチン ……………………………………… 116
ループ ………………………………………… 184
ループ変数 …………………………………… 295
レジスタ ………………………… 163, 176, 178
ローカル変数 ………………………………… 316
ロード ………………………………………… 180
論理演算子 …………………………………… 242
論理積 ………………………………………… 229
論理和 ………………………………………… 229

［著者プロフィール］
村山公保（むらやまゆきお）
倉敷芸術科学大学 危機管理学部危機管理学科 教授、博士（工学）

［主な著書］
「基礎講座 C」（マイナビ出版）
「基礎からわかるTCP/IP ネットワーク実験プログラミング 第2版」
「基礎からわかるTCP/IP ネットワークコンピューティング入門 第3版」
「マスタリングTCP/IP 入門編 第6版」（共著）（以上、オーム社）
「岩波講座インターネット 第3巻 トランスポートプロトコル」（共著）（岩波書店）

［STAFF］
カバーデザイン：海江田 暁（Dada House）
制作：島村龍胆
編集担当：山口正樹

Cプログラミング入門以前 ［第3版］

2006年6月1日　初　版　第1刷発行
2019年3月15日　第2版　第1刷発行
2023年2月27日　第3版　第1刷発行

著　者　　　村山公保
発行者　　　角竹輝紀
発行所　　　株式会社 マイナビ出版
　　　　　　〒101-0003 東京都千代田区一ツ橋2-6-3　一ツ橋ビル2F
　　　　　　TEL：0480-38-6872（注文専用ダイヤル）
　　　　　　　　　03-3556-2731（販売）
　　　　　　　　　03-3556-2736（編集）
　　　　　　E-mail：pc-books@mynavi.jp
　　　　　　URL：https://book.mynavi.jp
印刷・製本　　シナノ印刷 株式会社
©2006, 2019, 2023 村山公保 Printed in Japan.
ISBN978-4-8399-8255-3